U0347441

外国现代建筑史图说

（十八世纪—二十世纪）

毛坚韧 编著

上海·同济大学出版社

自序

现代建筑是伴随着工业革命起步的。在工业革命的促动下，社会走向现代化，几乎每一个人类活动的领域都得到空前的拓展，新思想不断涌现，建筑的发展突飞猛进，出现了大量的新风格、新手法和新的美学观念。广大建筑师从以往传统的设计建造模式中挣脱出来，以更开阔的视野，关注建筑的功能处理、材料运用、建造技术、经济效果、人情体验以及其他的各种社会性问题，使现代建筑既反映出现代物质生产的结果和科学技术发展的水平，又成为现代社会意识形态与探索精神的体现，从而成就了人类文明史上辉煌的一页。

本书的介绍范围起自 18 世纪中叶，迄于 20 世纪末，涵盖约两个半世纪，以 3 章内容分述国外现代建筑运动发生、普及和异化的全过程。书中选择了约 400 个建筑案例以及部分与建筑或建筑师密切相关的其他门类的艺术作品，通过近千幅图片，以图说的形式增强文本的可读性，希望借此帮助读者寻找到一条了解外国现代建筑史的有效途径。

本人从事外国建筑史教学多年，一直希望为初学者编写一本简明适用的学习参考书，今尽绵薄而偿夙愿，但限于学识，错误和不当之处在所难免，欢迎各位专家和读者批评指正，以待不断修正、完善。

在本书的编写过程中，我得到同事与朋友们的热情鼓励和支持，原上海大学美术学院邓靖老师和原同济大学出版社余蓝编辑提供了许多珍贵的照片，建筑时报社李武英主编给予了宝贵的建议和多方面的帮助，在此一并表示衷心感谢！本书初版于 2008 年，2012 年获上海大学优秀教材奖，此次经过修订，并有幸经由同济大学出版社武蔚、朱笑黎等多名编辑的精心审校与排版制作后再度出版。一书在手，希望美好的阅读感受始终伴随在读者左右。

毛坚韧

2020 年 10 月于上海

目录

第一章

探索现代建筑的运动

18 世纪工业革命以后，西方资本主义国家的城市与建筑发展遭受了前所未有的冲击，自然资源、资本、人力、生活空间渐渐趋向集中，传统建筑已无法解决一系列新问题。在建筑创作方面，多数人因循传统观念，以复古求稳妥，迎合社会上层阶级的口味；但是，有一部分思想先进的建筑师，从创新中求建树，努力探寻建筑中新功能、新技术与新形式的可能性。

工业革命促使新材料大量涌现，也推动了扩大工业化成果的工程项目大量出现。社会生活方式的变化要求具有新内容的建筑类型，科学技术的发展更促进了这种要求。

启蒙运动点燃了理性的光辉，从精神上引领西方世界走向现代文明。古典建筑形式的永恒性被质疑，敏感而清醒者努力探求一种能适应时代变化和社会要求的新建筑。在这一过程中，每个国家、每个人都表现出不同特点：有的从形式变革着手，带动其他；有的关注对功能与形式间矛盾问题的解答；有的寄希望于新技术，并为之寻找相应的美学观念和艺术形式。这些探索使建筑发展摆脱了砖石结构手工业建造方式的拖累和复古主义、折中主义（Eclecticism）的思想羁绊，开始走上现代化道路。

1.1

技术冲击传统：从钢铁开始的工程实践

（1770 年代 — 1880 年代）

1.1.01 莫奈（Claude Monet）的绘画《圣拉扎尔火车站》

工业社会的“筋骨”可谓是用钢铁支撑起来的。例如，铁轨、桥梁成为火车通行的必备条件，拱廊、展览大厅、火车站等人流集散的大型建筑的兴起也给了钢铁不可小觑的用武之地。

19 世纪，作为革命化能源的蒸汽迅速被采用，推动着陆地及海上交通也同时发生革命。1825 年，世界上第一条铁路在英国通车，比利时、法国、德国等欧洲国家也紧随其后，纷纷大力建设铁路、运河、港口等大型工程。铁路网把世界各地联系起来：欧洲开通了从巴黎到君士坦丁堡（今伊斯坦布尔）的东方快车，修建了横贯西伯利亚的大铁路，美国也建成横贯东西部的铁路。快速大量的铁路兴建面临复杂的涵洞、桥梁问题，迫使人们必须在短时间内解决许多复杂的工程技术问题，这也为后来的建筑设计奠定了技术基础。建筑的数量和类型迅猛增加。工业发展、城市扩张与人口膨胀需要建设大量道路、运河交通网，数量空前的住宅、供水和卫生设施；公共活动的增加要求更大的公共建筑，如图书馆、百货公司、市场、博览会馆等；多样的投资建设活动不断产生对全新类型建筑物的需求，这些快速建造的新建筑和新设施，如工厂、仓库、车站、港口等成为工业经济的基础工程。

铁和玻璃虽然早已在建筑中使用，然而，直到工业革命以后，炼铁技术的突飞猛进扩大了它们的使用范围，它们才作为设计“新观念”被完全带入建筑中。对于现代建筑来说，影响最大的技术因素之一就是钢铁在建筑中越来越广泛的应用。起初，铁只是作为在砖石结构中起辅助作用的链条、拉杆等连接件，以保持结构稳定。另外，铁还被用于建筑的屋顶。然而，铁以往的有限生产阻碍了这些用法的普及，是英国铸铁业取得的决定性进步使铁的生产得以增长，从而充分满足了时代发展的新需求。与工程建设同时，铸铁在建筑中的运用愈来愈广。铁制的梁、柱成为许多工业建筑的结构框架，人们还用轻型、防火的铁结构来建造大空间的屋顶。在民用建筑中，人们愈来愈多地将铸铁用于装饰和辅助性构件，如栏杆、格栅、阳台等。

18 世纪后半叶，在玻璃工业取得了很大的技术进步后，人们尝试了更多的用法，并将玻璃和铁结合起来建造透明的屋顶。19 世纪中期，快速预制的铸铁柱、熟铁梁和模数制的玻璃窗一起成为建造市区商业中心里诸如市场大厅、交易所、拱廊街等的标准化配套系统。这种铸铁系统的预制装配特点不但保证了一定的安装速度，而且使长距离运送建筑部件成为可能，工业化国家因此开始向世界各地出口预制铸铁结构。

19 世纪中叶，随着工业革命的深入，欧洲各国先后进入资本主义阶段。为了促进国际贸易，各国纷纷削减关税，并且重视出口贸易，作为宣传本国工业产品、促进贸易的重要手段之一的世界博览会因而产生了。博览会的历史不仅促进了铁结构在建筑中的发展，而且引发了建筑审美观念的重大转变。

1.1.02 塞文河上的铁桥（Iron Bridge on the River Severn，Coalbrookdale，1777－1779，设计者：Thomas Farnolls Pritchard，营造者：Abraham Darby Ⅲ）这是世界上第一座生铁桥，架设在英国科尔布鲁克代尔附近的塞文河上，高 12 米，跨度 30.5 米，结构为两个半拱对接，半拱由单片构件组成。这些构件是在工厂里浇铸成型，再运到现场拼装的。不过，限于当时的技术知识，结构采用了四边形而不是稳定的三角形格构单元。

1.1.02 塞文河上的铁桥

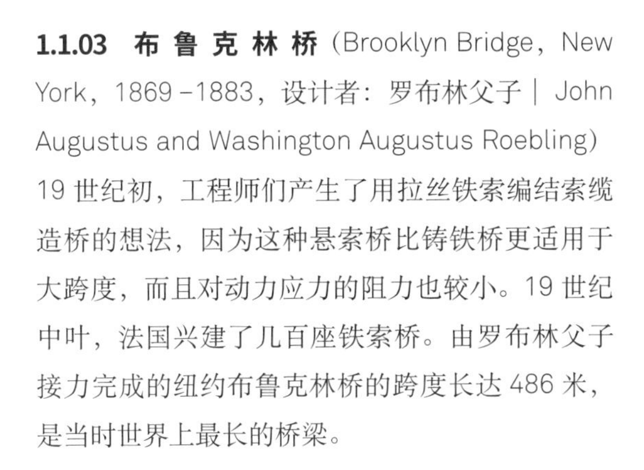

1.1.03 布鲁克林桥（Brooklyn Bridge，New York，1869－1883，设计者：罗布林父子 | John Augustus and Washington Augustus Roebling）19 世纪初，工程师们产生了用拉丝铁索编结索缆造桥的想法，因为这种悬索桥比铸铁桥更适用于大跨度，而且对动力应力的阻力也较小。19 世纪中叶，法国兴建了几百座铁索桥。由罗布林父子接力完成的纽约布鲁克林桥的跨度长达 486 米，是当时世界上最长的桥梁。

1.1.03 布鲁克林桥桥塔

1.1.04 费城杰恩大厦（Jayne Building，Philadelphia，1849–1852，设计者：William L. Johnston）用以代替承重墙的铁框架结构在美国最先得到发展。1850—1880 年间，美国大量建造用生铁构件作为门面或框架的商店、仓库和政府大楼。费城这座花岗岩饰面的商业建筑，在立面上裸露出纤细的结构，上部高耸着哥特式的屋顶。

1.1.04 杰恩大厦外观

1.1.05 巴黎老皇宫奥尔良廊（Galerie d'Orléans，Palais Royal，Paris，1829 –1831，设计者：P.F.L. Fontaine）建于巴黎老皇宫内的奥尔良廊是世界上最早采用玻璃拱顶的建筑，是 19 世纪玻璃顶拱廊的原型。铁构件与玻璃组合建成的透光顶棚与周围沉重的柱式和拱廊形成强烈的对比。

1.1.05 巴黎老皇宫奥尔良廊

1.1.06 维克多·伊曼纽尔二世拱廊（Galleria Victor Emmanuel Ⅱ，Milano，1865 –1877，设计者：Giuseppe Mengoni）米兰这个著名拱廊街的屋顶用快速预制的铸铁柱、熟铁梁和模数制的玻璃窗一起组合而成，它是意大利工业化时期的缩影。

1.1.06 维克多·伊曼纽尔二世拱廊

1.1.07 巴黎中央市场（Halles Centrales de Paris，1854 –1857，1860 –1866 年扩建，设计者：Victor Baitart ，Félix Callet）19 世纪，运用铁质材料的建造技术在市场类建筑中获得新成就。过去一间间封闭的铺面被巨大铁质框架结构的大厅所取代。

1.1.07 巴黎中央市场室内

1.1.08 巴黎廉价商场（Bon Marché，Paris，1876，设计者：建筑师 L.A. Boileau，工程师 埃菲尔｜Gustave Eiffel）随着工业发展，城市人口增多，出现了大规模的商业建筑。百货商店借用仓库建筑的形式逐渐发展起来。这是世界上第一座以铁和玻璃建造的具有全部自然采光的百货商店。

1.1.08 巴黎廉价商场室内

1.1.09 巴黎植物园温室（Serre des Jardins Botaniques de Paris，1833 –1836， 设计者：Charcles Rouhault）园艺活动在 19 世纪的欧洲各国相当风行。由于那些来自异国的物种耐受不住欧洲冷峭的气候，因而需要为它们建造全玻璃的温室。这是世界上第一座完全以铁框架和玻璃构成的大型建筑，屋顶在 1874 年维修时有改动。

1.1.10 巴黎冬季花园（Jardin d'hiver de Paris，1847，设计者：Hector Horeau）该建筑平面尺度达到 300 英尺 ×180 英尺（约 91.4 米 × 约 54.9 米），高度达 60 英尺（约 18.3 米）。它甚至被用作公共聚会场所。

1.1.11 英国皇家植物园棕榈房（英国皇家植物园又名“邱园”，Palm House，Royal Botanic Garden | Kew Garden，London，1844－1848，设计者：Decimus Burton ， Richard Turner）这座暖房长达 110 米，全部由铁和玻璃建造，还配有 12 台热水锅炉，以保证室内在冬季也能达到 27℃，雨水通过中空的铸铁管柱收集后，汇入地下。

1.1.12 查特斯沃思温室（The Greenhouse at Chatsworth，Derbyshire，1836－1841， 设计者：帕克斯顿 | Joseph Paxton）帕克斯顿原是一名园艺师，他在担任德文郡公爵（Duke of Devonshire）首席园艺师期间，通过这座用装配方法建造的温室获得了工程经验，这对他后来“水晶宫”的设计建造方式有很大的启示。

1.1.13 伦敦世界博览会展览馆（又名“水晶宫”，Hall of the Great Exhibition | Crystal Palace，London，1851，设计者同上）为了炫耀工业革命

1.1.10 巴黎冬季花园

1.1.11-1 英国皇家植物园棕榈房外观

1.1.11-2 英国皇家植物园棕榈房室内

1.1.09 巴黎植物园温室外观

1.1.12 查特斯沃思温室外观

带来的伟大成果，工业革命的发源地——英国在1850年提出举办世界博览会的建议，得到欧洲各国的积极响应。博览会地点选择在伦敦的海德公园（Hyde Park）内，1850年进行公开设计竞标，有245人参加，帕克斯顿的方案因能切实地及时建设完成而中标。他根据之前装配温室的经验，放手采用钢铁与玻璃作为主结构，通过预制装配技术来完成这个庞大的博览会展览大厅。

该展览馆总面积为74 000平方米，长度达1851英尺（约564.2米）——用以象征1851年建造，宽度为408英尺（约124.40米）。整个建筑采用8英尺（约2.44米）的基本模数，以符合当时生产的最大玻璃4英尺（约1.22米）长度的规格，并可以组成24英尺～72英尺（约7.32米～21.95米）一系列跨度的结构。该展览馆为简单的阶梯状长方体，在建造过程中，为了保留基地的一组大树，多加了一道拱顶。建筑外观各面只显露出铁架与玻璃，没有任何多余的装饰，完全表现了工业生产的机械本色。所有建筑构配件在英国各地的工厂预制，运到现场组装，建设时间只用了不到9个月。结构全部由网格构件组成，平行与斜交的杆件形成了壮观的透视效果，远处的杆件好像会逐渐消失在透明的光雾之中。这座全玻璃外墙建筑的出现轰动一时，向人们展示了当时建筑工程的奇迹，颠覆了人们的审美习惯。博览会结束后，“水晶宫”被移至西德纳姆（Sydenham），1936年毁于大火。

1.1.13-1 伦敦世界博览会展览馆外观局部

1.1.13-2 伦敦世界博览会展览馆室内

1.1.13-3 伦敦世界博览会展览馆细部

1.1.13-4 伦敦世界博览会展览馆外观（画作）

1.1.14 巴黎世界博览会埃菲尔铁塔和机械馆

（Eiffel Tower and Hall of Machines at the Exposition Universelle，Paris，1887 -1889）

l889 年是法国大革命 100 周年纪念，法国建筑工程技术也进入成熟阶段。1889 年的巴黎世界博览会建筑堪称现代工程技术上的重大突破。

机械馆（设计者：建筑师 Charles Dutert，工程师 Contamin，Pierron，Charton）长度 420 米，跨度 115 米，是当时世界上跨度最大的建筑，首次使用三铰拱结构。它的内部有活动观览平台，沿高架轨道移动，使参观者对两边的展品有一个迅速而全面的了解。四壁与屋顶全为大片玻璃，是“水晶宫”之后最惊人的玻璃和钢铁结构的展览建筑。

324 米高的埃菲尔铁塔（设计者：工程师 埃菲 尔，Emile Nouguier，Maurice Koechlin，建筑师 Stephen Sauvestre）成为整个博览会的视觉焦点。它全部采用钢铁结构，内部设有 4 部水力升降机。此次博览会的绝大部分展览建筑都在 1910 年被拆除，而高耸入云的埃菲尔铁塔则作为时代纪念碑留存至今。

1.1.14-1 巴黎世界博览会埃菲尔铁塔外观

1.1.14-2 巴黎世界博览会埃菲尔铁塔细部

1.1.14-3 巴黎世界博览会机械馆的三铰拱结构

1.1.14-4 巴黎世界博览会机械馆外观

1.2

旧梦重温：复古思潮

（1760 年代 —1910 年代）

1.2.01 大卫（Jacques-Louis David）的绘画《拿破仑翻越阿尔卑斯山》

从 18 世纪下半叶到 19 世纪末，与欧洲工业革命略相先后，西方在政治上也进入新的阶段。以英国资产阶级革命、美国独立战争和法国大革命为代表的资产阶级革命运动颠覆了封建制度，资产阶级逐渐成为社会的主导者，他们为了自己的政治和文化需要，在艺术领域掀起复古思潮，试图利用过去的历史样式，从古代艺术遗产中寻求思想上的共鸣。这种文化延续在建筑风格上先后表现为古典复兴（Classical Revival）、浪漫主义（Romanticism）和折中主义。

古典复兴建筑是指 18 世纪中期到 19 世纪末在欧美盛行的模仿古典的建筑形式，其流行时间大致相当于美术史上的新古典主义 (Neo-Classical) 时期。这种思潮的社会基础是当时的启蒙运动，它以“自由”“平等”“博爱”为口号，向往标榜“民主”“共和”的资本主义制度，在文化艺术领域，则借助政治共和制度源头的古希腊、古罗马的艺术形式来象征“自由”“理性”的进步形象。在此思想指导下，欧洲对希腊、罗马废墟的考古发掘工作十分重视，并取得显著成绩。人们从古希腊艺术的纯洁优雅、古罗马艺术的雄伟壮丽中看到了理性的光辉，古典建筑遗产成了当时创作的源泉和攻击繁冗奢靡、矫揉造作的巴洛克与洛可可风格的有力武器。

古典复兴建筑在各国的发展有相似之处，也有不同侧重。大体上法国以罗马式样为主，而英国、德国则希腊式样较多。采用古典复兴的建筑类型主要是为资产阶级政权与社会生活服务的国会、法院、银行、交易所、博物馆、剧院等公共建筑，还有纪念性的建筑。

浪漫主义是 18 世纪下半叶到 19 世纪下半叶活跃在欧洲文学艺术领域中沉湎于中世纪风尚和异国情调的一种思潮，在建筑上也有所反映。资产阶级革命胜利以后，封建贵族没落，小资产阶级与农民地位也相对降低，他们初尝工业化城市导致的恶果，感受时代风尚转变引起的内心道德冲突。在这样复杂的社会矛盾下，他们批判现实却无力扭转乾坤，于是转向消极的虚无主义态度，向往中世纪的世界观，崇尚传统的文化艺术，宣扬民族传统文化的优越感。浪漫主义要求发扬个性自由，提倡自然天性，反对资本主义制度下用机器制造的粗劣的工艺品，企图用中世纪手工业艺术的自然形式来和古典艺术抗衡。

1760 年代—1830 年代是英国浪漫主义的早期，称为先浪漫主义时期，在建筑上多表现为模仿中世纪的城堡，追求奇特的趣味和东方异国情调。19 世纪中后期，浪漫主义真正成为一种建筑创作潮流，以哥特风格为主，故又称“哥特复兴”（Gothic Revival）。

浪漫主义建筑的范围主要限于教堂、学校、车站、住宅等类型。它在各个地区的发展也不尽相同，大体来说，在受传统的中世纪形式影响较深的英国、德国流行较广，时间也较早，而在受古典影响较多的法国、意大利则相反。

折中主义是 19 世纪上半叶兴起的另一种建筑创作思潮，19—20 世纪初在欧美盛极一时，由于提倡任意选择与模仿历史上的各种风格，并把它们组合成各种式样，所以也被称为“集仿主义”。折中主义产生的原因是多方面的。19 世纪中叶，欧美主要国家的资本主义制度巩固，经济发展迅猛，现代大工业代替了工场手工业，世界市场建立了。此时，幽怨缠绵的浪漫主义情调和象征民主、自由、独立的古典外衣都已失去了意义，社会需要丰富多彩的式样来满足商业化的要求和个人玩赏猎奇的嗜好。于是希腊、罗马、拜占庭、哥特、文艺复兴和东方情调等各种历史式样的建筑纷纷呈现。同时，借助便利的交通、发达的考古、出版事业和新发明的摄影术，描摹古代建筑的形式特征变得相当容易而且准确，便于人们选择各种历史风格进行模仿和拼凑。另外，新的社会生活方式、新建筑类型的出现以及建筑新材料、新技术和旧形式之间的矛盾，也造成了建筑艺术观点的混乱。这些是折中主义形成的基础。折中主义建筑并没有固定的风格，它语言混杂，讲究形式美，在总体形态上没有突破复古主义的范畴，并没有真正的创造性，也没有解决建筑内容与形式之间的矛盾。

折中主义在欧美的影响非常深刻，持续的时间也比较长，19 世纪中叶以法国最为典型。由路易十四设立的皇家艺术学院在 1816 年扩充调整后改名为“巴黎美术学院”（Ecole des Beaux-Arts），它在 19 世纪和 20 世纪初成为欧美各国艺术和建筑创作的领袖，是传播折中主义的中心。19 世纪末到 20 世纪初，折中主义以美国较为突出。1893 年美国在芝加哥举行的哥伦比亚世界博览会上，为了急于表现当时自己在各方面的成就，采用欧洲折中主义样式的建筑，并特别热衷于表现古典柱式，意图以“文化”来装潢门面，与欧洲相抗衡，因而被讥讽为“商业古典主义”。这种急功近利的精神状态实际反映了其思想上的保守与落后。

1.2.02 巴黎万神庙（又名“先贤祠”，Panthéon，Paris，1755—1792，设计者：苏夫洛 | Jacques - Germain Soufflot）这本来是奉献给巴黎的守护者圣热纳维耶芙（Ste. Geneviève）的教堂，建成后改作供奉名人的公墓，并改名为“万神庙”。它是法国资产阶级革命前夜最大的建筑物，启蒙主义的重要纪念碑，标志着古典复兴风格的开端。

万神庙平面是希腊十字式的，宽 84 米，连柱廊一起长 110 米。中央的穹顶采用 16 世纪罗马坦比哀多（Tempietto in S. Pietro in Montorio）的构图，高高耸起，采光亭的尖端高 83 米。穹顶分 3 层，内层直径 20 米，中央有圆洞，可以见到第二层上画的粉彩画；外层穹顶也用石砌，下缘厚 70 厘米，上面只有 40 厘米。支撑穹顶的鼓座结构仿伦敦的圣保罗大教堂，内层鼓座通过帆拱支承穹顶，外层鼓座为一圈柱廊，上部挑出飞券以支撑穹顶的水平推力。四臂的屋顶结构是扁穹隆。

万神庙的正立面直接采用古罗马神庙的构图，门廊有 6 根 19 米高的柱子，上面顶着山花，下面没有基座层，只有 12 级台阶。为了保证檐部的稳定性，加了根据不同应力排列的金属条网，接近现代钢筋混凝土的原理。

原建筑形体简洁，几何性明确：下部是方形的，上部是圆柱形的，对比很强，明净、庄严。改为万神庙之后，教堂原有的窗子被堵死了，虽然增加了稳重感，但显得较为沉闷，鼓座以上部分同下部的风格也不够协调。

1.2.02-1 巴黎万神庙外观

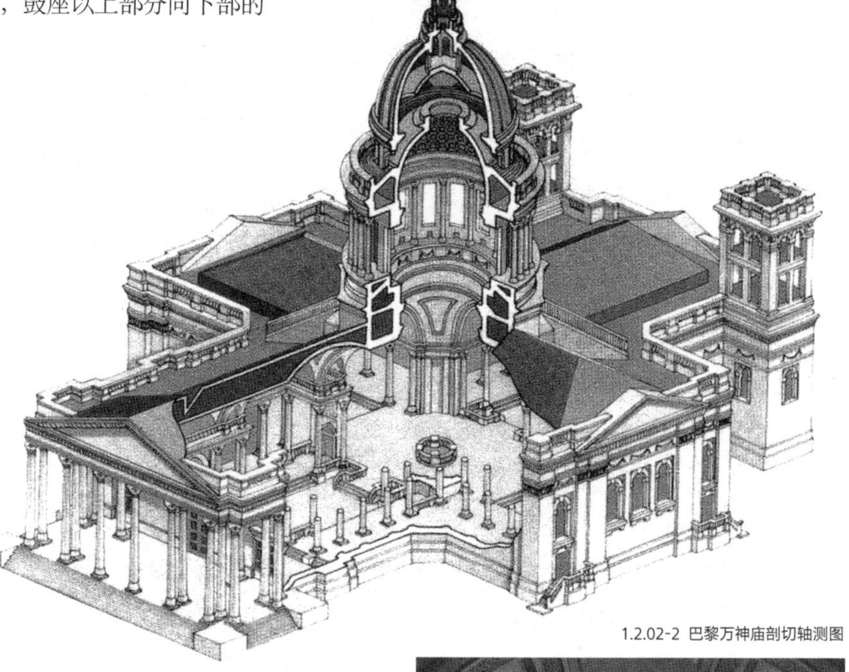

1.2.02-2 巴黎万神庙剖切轴测图

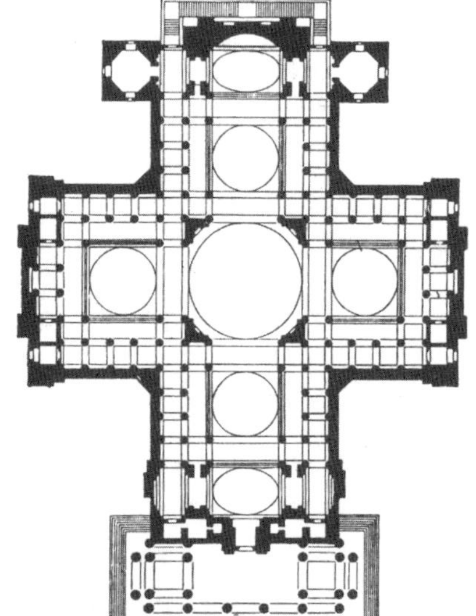

1.2.02-3 巴黎万神庙平面图

1.2.02-4 巴黎万神庙室内

万神庙的重要成就之一是结构空前地轻，墙薄，柱子细。建筑结构的科学性有了明显进步。原中央大穹顶下面由细细的柱子支承，后来因为地基沉陷，引起基础裂缝，才把柱子改成 4 个墩子。内部空间因为支柱细，跨距大，所以相当开敞。结构逻辑清晰，条理分明。

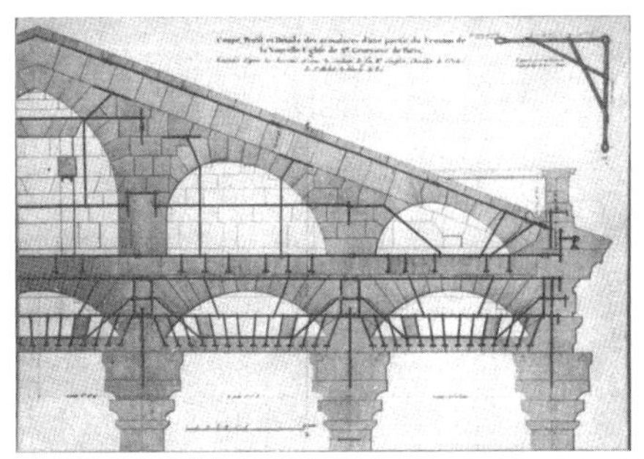

1.2.02-5 巴黎万神庙金属条网细部

1.2.03 帝国风格（Empire Style）**建筑** 拿破仑（Napoléon Bonaparte）当政时期建造了许多重要的纪念性建筑，以颂扬其军队对外战争的胜利。这些建筑物占据着巴黎市中心最主要的广场和道路，彼此呼应，控制着巴黎主要部分的面貌。这类建筑都是罗马帝国时期建筑式样的翻版，外形雄伟壮观，内部装饰华丽，因此形成所谓的“帝国式”风格。图示为枫丹白露拿破仑寝宫。

1.2.03 枫丹白露拿破仑寝宫

1.2.04 星形广场凯旋门（L'Arc de l'Etoile, Paris，1808 –1836， 设计者：Jean-François Chalgrin）这座凯旋门由檐部、墙身和基座三段组成，尺度巨大，高 49.4 米，宽 44.8 米，厚 22.3 米；正面券门高 36.6 米，宽 14.6 米。构图方正，

1.2.04-1 星形广场凯旋门鸟瞰

1.2.04-2 星形广场凯旋门外观

气度浑厚，墙身没有复杂细密的划分，没有壁柱或线脚，只有 4 组巨大的浮雕。在它周围开拓的圆形广场地势居高，且成为 12 条放射形大道的中心，从而形成一股庄严、雄伟的艺术张力。

1.2.05 马德莱娜教堂（L'église de la Madeleine，Paris，1806－1842，设计者：Pierre Alexandre Vignon）这是拿破仑时期建成的一座陈列战利品的军功庙，采用了罗马科林斯柱式的列柱围廊式神庙形制，尺度很大，宽 44.9 米，长 101.5 米，柱子高 19 米，基座高 7 米。正面 8 根柱子，侧面 18 根柱子。柱间距只有两个柱径，柱高不及底径的 10 倍。柱廊后面是大片不加装饰的呆板的粗石墙。整座建筑僵直沉重，缺少生气。它的大厅由 3 个扁平的铸铁骨架的穹顶覆盖，这是世界上较早的铸铁结构之一。

1.2.05 马德莱娜教堂

1.2.06-1 牛顿纪念堂外观

1.2.06 牛顿纪念堂方案（Cénotaphe de Newton，1784，设计者：部雷 | Etienne Louis Boullée）法国大革命前后，一些建筑师在资产阶级革命英雄主义的激情影响下，追求理性主义的设计表现，采用简单的几何形体，或直接简化古典建筑，使之具有雄伟的新风格。在这个方案中，一个巨大的光滑、完整的石球体被安置在简洁的圆柱形台基上，其侧有两圈水平向的绿化带。在空荡荡的石球内部，白天，阳光由球面镂空的孔洞射入，仿佛夜晚天穹上闪烁的繁星；夜间，被点亮的悬挂在建筑中央的发光球体则代表着太阳。部雷通过对牛顿式经典宇宙观的象征性表达，力求激发人们对宇宙浩瀚无垠的感叹，产生仿佛身处天国的幻想。然而，由于建筑体量过大，这个设计并没有被实际建造出来。

1.2.06-2 牛顿纪念堂日景

1.2.06-3 牛顿纪念堂夜景

1.2.07 绍村理想城（Ville Idéale de Chaux，Arc-et-Senans，1804，设计者：勒杜 | Claude-Nicolas Ledoux）1773—1779 年，勒杜在法国东部贝桑松附近的阿尔克 - 塞南为路易十六兴建了一个国王盐场（Saline royale），并把这组半圆形

1.2.07-1 绍村理想城鸟瞰图

的建筑群扩大为他的理想城市——绍村的核心。轴线上是制盐车间，场长住宅位于中心，广场长轴的后端是市政厅，短轴两端是法院和神父住宅。外围是带院子的工人和市民住宅，还有各种公共建筑散布在广场之外的树林中，大体也是按环形排列。这些建筑都是以象征性手法设计的，以其外观暗示内部功能。在这里，生产性建筑和工人住宅的地位相同，反映了资产阶级大革命时期的人道主义理想。

1.2.07-2 绍村理想城局部

1.2.08 巴黎圣热纳维耶芙图书馆（Bibliothéque Sainte-Geneviève，Paris，1843－1850，设计者：拉布鲁斯特｜ Henri Labrouste）拉布鲁斯特勇于挑战学院派权威，摒弃拘泥于古典教条的审美标准，追求建筑形式与工业化社会的新结构与新材料的有机结合。这座图书馆虽然具有古典主义外观，但其内部结构已采用了铸铁构件和新的结构形式，成为拉布鲁斯特的代表作之一。图书馆的布局简单明了：平面长方形，底层是门厅和两侧的书库、珍本室与办公室，阅览大厅占据整个二层，气氛庄严。铸铁的一列中柱和两侧拱券形成构架，与石材、玻璃配合在一起，取得了宽敞的空间效果。

1.2.08-1 巴黎圣热纳维耶芙图书馆二楼阅览大厅

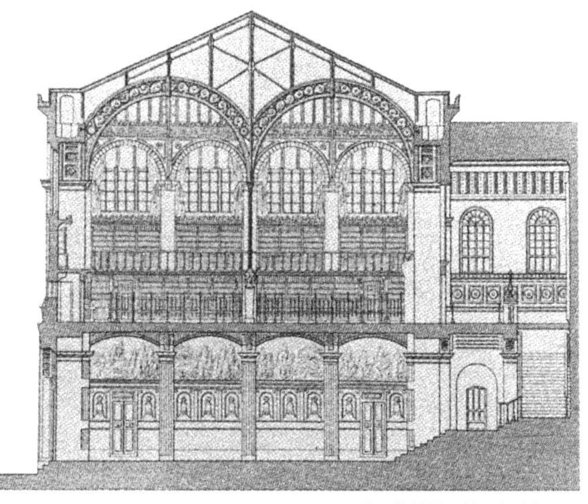

1.2.08-2 巴黎圣热纳维耶芙图书馆剖面图

1.2.08-3 巴黎圣热纳维耶芙图书馆外观

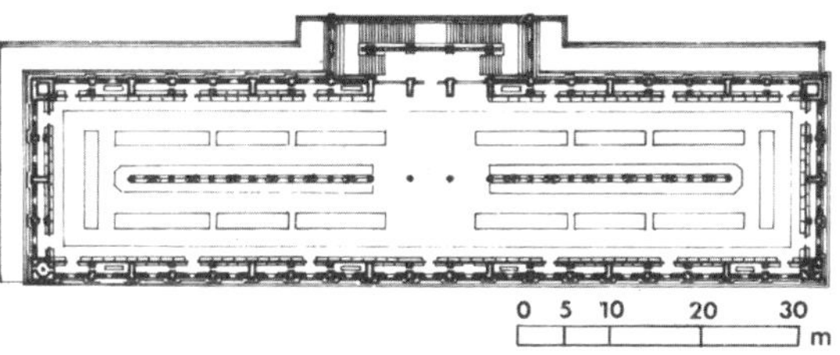

1.2.08-4 巴黎圣热纳维耶芙图书馆平面图

1.2.09 巴黎国立图书馆（Bibliothéque Nationale，Paris，1858－1868，设计者同上）这是拉布鲁斯特设计的第二个著名作品。阅览大厅为方形平面，16 根细长的铸铁柱子支撑起巨大的穹顶。屋顶开圆形的玻璃天窗，为室内提供自然光照明。它的书库连地下室共有 5 层，能藏书 90 万册。拉布鲁斯特最终摆脱了历史主义的影响，根据功能需要把书库设计成一个顶部采光的骨架，地面与隔墙全部由铁架和玻璃构成，光线通过铁架从屋顶直泻底层。这样，既可以解决采光问题，又具有很好的防火性能，呈现出全新的视觉效果。

1.2.09-1 巴黎国立图书馆书库室内

1.2.10 巴斯圆形广场和皇家新月（The Circus，1754－1770，Royal Crescent，1767－1775，Bath，设计者：伍德父子｜John Wood Ⅰ and John Wood Ⅱ）英国巴斯在古罗马时代就是一个休闲城市，18 世纪上半叶，因作为温泉疗养地而兴盛，现存有古罗马浴场遗址。在复古思潮的影响下，老伍德希望恢复城市的古典风格，为巴斯

1.2.09-2 巴黎国立图书馆阅览大厅

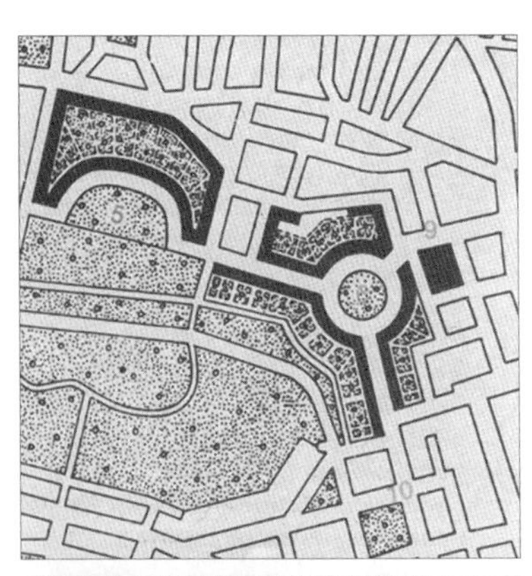

1.2.10-1 巴斯圆形广场和皇家新月总平面图

1.2.09-3 巴黎国立图书馆柱顶细部

1.2.10-2 巴斯圆形广场

1.2.10-3 巴斯皇家新月外观

城提出了宏大的建设设想，并为城市住宅赋予了古罗马宫殿般的面貌。在临终前，老伍德设计完成所谓的“圆形广场”——30 多座联排住宅环绕广场排列，立面是三层叠柱式，像一个向里翻转的古罗马角斗场。小伍德实现了他父亲的设计方案，还兴建了“皇家新月”等多处建筑。皇家新月是一个半圆形广场，几十户联排住宅形成一座半椭圆形建筑，采用三段式的古典主义手法，底层是基座层，上两层采用爱奥尼巨柱式。皇家新月与圆形广场之间由一条笔直的大路相连，路两侧也是联排住宅。

1.2.11-1 英格兰银行外观

1.2.11 英格兰银行（Bank of England，London，1788－1835，设计者：John Soane）这座银行建筑为英国罗马复兴的代表作品，其外立面和内院都是罗马复兴式的，但也不乏希腊复兴的元素。它的多个大厅采用了铁构架的轻盈的玻璃穹顶，充分利用新结构解决了大型圆顶空间的采光问题，将古典建筑语言大大简化。银行老利息大厅（Old Dividend Office，1818–1823）的天窗下有 16 个少女雕像，完全模仿雅典卫城上厄瑞克忒翁（Erechtheion）神庙的女像柱。

1.2.11-2 英格兰银行室内

1.2.12 爱丁堡皇家高等学校（Royal High School，Edinburgh，1825－1829，设计者：Thomas Hamilton）这座校舍位于爱丁堡的卡尔顿山（Carlton Hill）南坡，是希腊复兴的典型实例。它的正面展开很宽，正中一幢围廊式建筑物高踞在台阶上，以山花向前，颇似雅典卫城的山门。

1.2.12 爱丁堡皇家高等学校

1.2.13 伦敦大英博物馆（British Museum，London，1823－1847，设计者：Robert Smirke）该博物馆围廊式的南面入口设置 8 根爱奥尼柱式，承托着布满雕刻的山花，建筑两翼前伸，采用了严格的古希腊建筑比例和细部，端庄典雅。整个建筑围绕内院，分别安排了展览大厅、公共阅览室和皇家阅览室，布局与功能相呼应。

1.2.13 伦敦大英博物馆

1.2.14 柏林勃兰登堡门（Brandenburger Tor, Berlin，1788－1791， 设计者：Carl Gotthard Langhans）作为德国古典复兴建筑的代表，它基本模仿雅典卫城的山门。主体用 6 根希腊多立克柱式，但顶部却用罗马式的女儿墙代替了希腊式的山花，以便在上面布置四驾马车的群雕。

1.2.14 柏林勃兰登堡门

1.2.15 柏林宫廷剧院（Schauspielhaus Berlin，1818－1821，设计者：申克尔｜Karl Friedrich Schinkel）该剧院中央是带山花的突起的观众厅，两翼一侧布置化妆室和其他后台附属房间，另一侧设置院子，立面显得很开阔。观众厅的前厅设置有 6 根爱奥尼柱式的柱廊，以此加强入口的鲜明度，并造成其形体和构图层次的变化。建筑处理新颖简洁，主次分明。申克尔的这一作品是德国古典复兴建筑中最杰出的代表。

1.2.15 柏林宫廷剧院

1.2.16 柏林阿尔特斯博物馆（Altes Museum, Berlin，1824－1828，设计者同上）柏林阿尔特斯博物馆是希腊复兴建筑的代表作。建筑构图单纯，风格严谨，正面是 19 间一长列的希腊爱奥尼柱廊。廊内侧墙壁上绘有华丽的壁画，鲜艳明亮，衬托出柱廊端庄典雅的同时，又消除了长柱廊常见的单调枯燥感。

1.2.17 柏林建筑学院（Academy of Architecture, Berlin，1831－1836，设计者同上）项目基地为三角形，申克尔没有刻意强调建筑主立面，采用了中心（而非中轴）对称构图。这是一个非常实用的设

1.2.17 柏林建筑学院

1.2.16 柏林阿尔特斯博物馆

计，申克尔采用灵活的内部布局，使 64 个小空间根据不同需要组成房间。密实的顶棚具有良好的防火性能。连续的立面显示了秩序。外观的支柱是装饰性的，实际的承重结构是实墙部分。通过运用诸如砖工的细条、窗楣，以及拱券上的陶雕等朴素的点缀元素，使这座学院建筑与当时不被看作是“建筑物”的无装饰的工业建筑（工程物）区分开来。

1.2.18 慕尼黑雕刻陈列馆

1.2.18 慕尼黑雕刻陈列馆（Glyptothek，Munich，1816 –1834，设计者：克伦策 | Leo von Klenze）该雕刻陈列馆中央部分完全采用神庙式的构图和爱奥尼柱式，两翼体量的墙面没有开窗，而是在三角形窗楣下的盲券内安放雕像。

1.2.19 吉伯斯大厦

1.2.19 殖民时期风格（Colonial Style）**建筑** 美国在独立以前，建筑造型多是采用欧洲宗主国的式样；但是，由于材料和气候与欧洲不同，美洲的建筑渐渐有了自己的特色。这些由不同国家的殖民者所盖的房屋风格被称为“殖民时期风格”，其中主要是英国式。英国的殖民者大多采用中世纪以来民间的木构架房屋和简单的砖石建筑。在冬季气候凛冽的北美新英格兰地区，为防风保温，渐渐流行在房屋外面钉上一层横向长条木板，并粉刷成白色。这样一来，源于欧洲的木构架房屋就形成了新的殖民时期风格。

独立战争时期，美国资产阶级在摆脱殖民制度的同时也力图摆脱殖民时期风格，由于没有自己的悠久传统，只能借助希腊、罗马的古典建筑来表达“民主”“自由”“光荣”和“独立”，所以古典复兴（又称“联邦风格” | Federal Style）在美国盛极一时。例如，约建于 1772 年南卡罗来纳州查尔斯顿的吉伯斯大厦（William Gibbes Mansion）。

1.2.20 弗吉尼亚州议会大厦

1.2.20 弗吉尼亚州议会大厦（The State Capitol，Richmond，Virginia，1789 –1798，设计者：杰斐逊 | Thomas Jefferson）这是杰斐逊（美国第三任总统）的代表作，其形制仿古罗马

尼姆城（Nimes）列柱围廊式的方殿（卡雷神庙 | Maison Carrée），但以爱奥尼柱式替代了科林斯柱式，以壁柱取代了侧面和背面的倚柱。建筑有显著的殖民时期特点：檐部薄，柱身没有凹槽，开间宽，线脚简单，山墙上开窗，等等。这座建筑为当时美国官方建筑树立了样板。

1.2.21 美国国会大厦

1.2.21 美国国会大厦（The United States Capitol，Washington D.C.，1793 –1867，设计者：William Thornton， Benjamin H. Latrobe et al. 穹顶设计者：Thomas U. Waiter）国会大厦的建设在美国激起了强烈的民族情感，其原型来自古罗马——民主制度的策源地，建筑形式明显基于帕拉第奥的古典主义和他的比例理论。这个罗马复兴的典型实例仿照了巴黎万神庙的造型，洁白的大厦坐落在宽阔的大草坪中，气势雄伟，典雅壮丽。它饱满有力的穹顶是华盛顿的城市标志，象征着关于自由和无限可能性的美国梦。它是大胆的技术成就，结构上采用了两层栓接在一起的铸铁构架。

1.2.22 草莓山庄

1.2.22 草莓山庄（Castle of Horace Walpole，Strawberry Hill，Twickenham，1753 –1776）这是哥特式小说首创者沃波尔（Horace Walpole）在伦敦附近特威肯汉的草莓山上的府邸。业主邀请众多朋友参与设计，经过多年一点一点地建造起来。建筑形式模仿中世纪的城堡，对英国先浪漫主义建筑产生了很大影响。

1.2.23 方特希尔修道院

1.2.23 方特希尔修道院（Fonthill Abbey，Wiltshire，1796 –1814，设计者：James Wyatt）这座建筑实际上是艺术收藏家贝克福德（William Beckfort）的庄园府邸，却建成了中世纪修道院般的古旧模样。中央挺拔的塔楼毫无实用价值，而且很脆弱，在建成 25 年后坍塌，并累及周围其他部分，使府邸变成“崭新的废墟”。这景象恰好反映了旧封建贵族所醉心的末世情调：一个梦境刚出现，就已颓败不堪。

1.2.24 邱园宝塔（Pagoda，Kew Garden，London，1761，设计者：钱伯斯 | William Chambers）瑞典裔英国建筑师钱伯斯曾作为瑞典东印度公司的雇员到过中国广州，他返回英国后为英国王室服务，在伦敦西郊的邱园设计了如画式花园，其中建有东西方各式传统建筑。这座中国式八角宝塔有 10 层（在中国，塔的层数通常是奇数），高 49.7 米。

1.2.25 布赖顿皇家别墅（Royal Pavilion，Brighton，1815 –1822，设计者：纳什 | John Nash）1800 年左右，英国在印度建立了稳固的殖民地，英国艺术家带回他们在热带异国感受到的浪漫情调。此例模仿印度莫卧儿王朝的清真寺，并混合了哥特装饰。它那泰姬陵式的大穹顶是铁制的，重约 50 吨，由细瘦的铁柱支撑着。厨房的柱子也是铁制的，被装饰成热带的棕榈树模样。

1.2.24 邱园宝塔

1.2.25-1 布赖顿皇家别墅厨房

1.2.26 新天鹅堡（Schloss Neuschwainstein，Füssen，1869 –1886）巴伐利亚大公路德维希二世（Ludwig II）召集一批设计师和工匠建造了这座模仿中世纪的城堡。它位于阿尔卑斯山麓，与秀丽的风景融为一体。塔楼轮廓参差，跳跃在山林雾霭之间，极富浪漫情调，一扫中世纪城堡因防御性而产生的沉重感。这类新城堡与古典复兴建筑相比，更有创造性。

1.2.26 新天鹅堡

1.2.25-2 布赖顿皇家别墅外观

1.2.27 英国国会大厦（Houses of Parliament，London，1836－1868，设计者：巴里｜Charles Barry，普金｜Augustus Welby Pugin）19 世纪中后期，西欧各国出现复兴哥特建筑以张扬民族传统文化的风尚。英国在亨利五世（1413—1422 年在位）时期曾一度征服法国，因此王室提倡采用亨利五世时期兴起的垂直哥特式，把英国国会大厦建成“民族胜利的象征”。尽管建筑对称的平面显示出古典主义特征，但在外观上有几座高耸跳跃的塔楼和角楼，外露框架形成格子状立面，强调竖向线条的装饰细节，使建筑显示出整体统一的哥特复兴风格。

1.2.28 伦敦法庭（The Law Courts，London，1874－1882，设计者：George Edmund Street）伦敦法庭是 1866 年设计竞赛的中选方案。此次竞赛中的所有方案都具有中世纪哥特式城堡的某些特点，反映了当时盛行维多利亚风格（即英国哥特复兴）建筑设计的思维模式。

1.2.29 巴黎改建 自 1853 年起，法国塞纳区行政长官奥斯曼（Georges-Eugène Haussmann）根据拿破仑三世的授意，在巴黎市中心实施了规模宏大的城市改建，重点在于整顿城市交通和美化市中心区的市容。

1.2.28 伦敦法庭

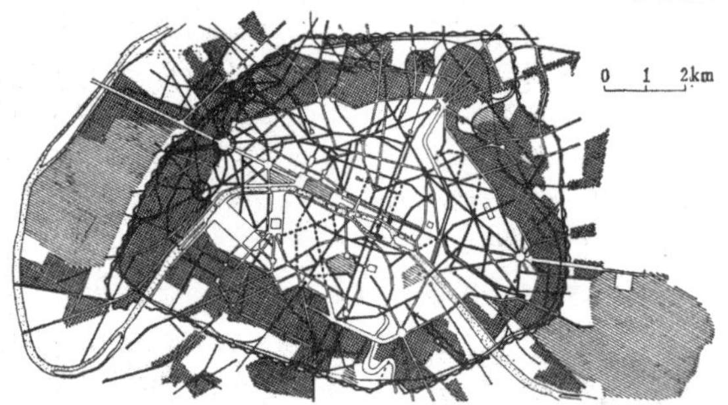

1.2.29-1 巴黎改建规划图

1.2.27-1 英国国会大厦外观

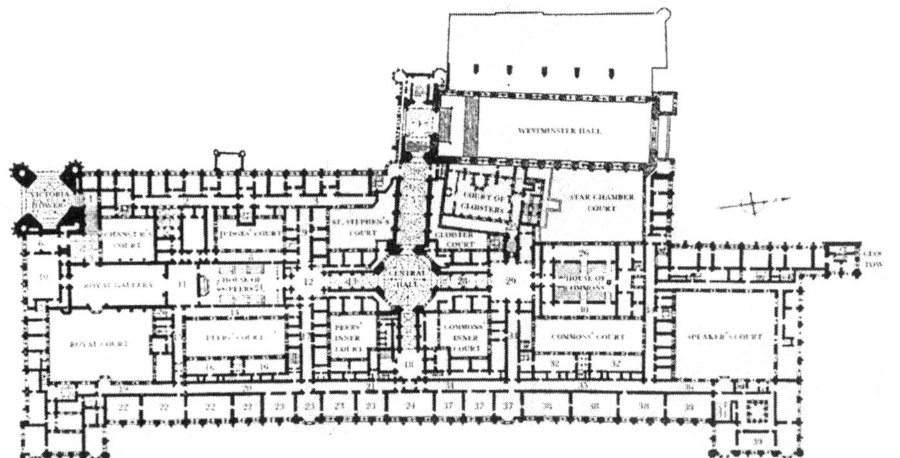

1.2.27-2 英国国会大厦平面图

巴黎宏伟的干道规划为直线交叉加环形路，以香榭丽舍大道（Avenue des Champs-Élysées）为主轴，在市中心区整理拓宽大道，消除狭街陋巷。道路按照古典规则对称布局，交会处点缀着带有纪念性碑柱或塑像的广场，丰富了巴黎的城市面貌。市区新建和整修了许多小公园，主干道向东、西延伸，引进郊区公园的大面积绿化。市中心的改建以卢浮宫至凯旋门为重点，承袭帝国风格，将道路、广场、绿地、水面、林荫带和大型纪念性建筑物组成一个完整的统一体，使巴黎成为当时世界上最壮丽的大都会。

1.2.29-2 香榭丽舍大道

1.2.30 巴黎歌剧院（Opéra national de Paris，1861－1874，设计者：加尼耶｜J.L.Charles Garnier）巴黎歌剧院是法兰西第二帝国的重要纪念物，奥斯曼改建巴黎的重点之一，是折中主义的代表作。它的立面构图骨架是古典主义的三段式，混合了意大利晚期巴洛克风格，其艺术形式对欧洲各国的折中主义建筑影响很大。它的马蹄形观众厅有 2150 个座位，分布在池座和周边四层带小休息室的包厢里，观众厅外环绕着宽大的休息廊，屋顶外观像一顶华贵的皇冠。门厅和休息厅金碧辉煌、花团锦簇，满是巴洛克式的雕塑、吊灯、绘画等。歌剧院有多个出入口，其中主要的楼梯厅设有豪华气派的多折式大楼梯，是歌剧院建筑艺术的高潮，实际上也是当时上流社会人士展示身份、姿态的场所。

1.2.30-1 巴黎歌剧院主立面

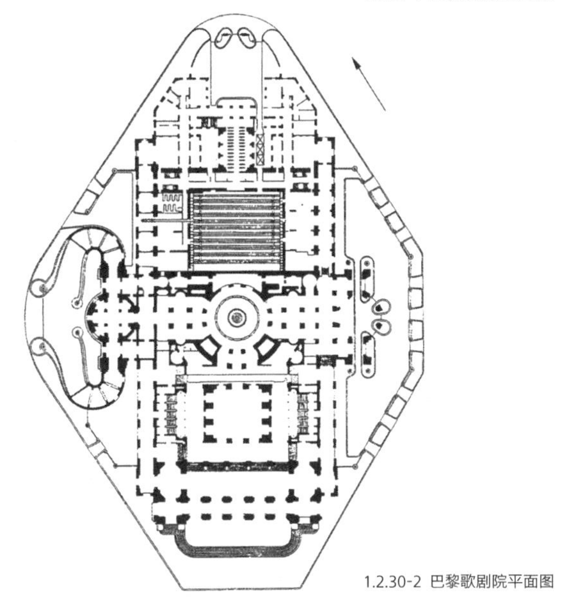

1.2.30-2 巴黎歌剧院平面图

1.2.30-3 巴黎歌剧院大楼梯

1.2.30-4 巴黎歌剧院休息厅

1.2.31 巴黎圣心教堂（La basilique du Sacré Coeur，Paris，1875 –1919， 设计者：Paul Abadie）圣心教堂位于巴黎艺术家聚集的蒙马特区（Montmartre）的小山顶上，采用白色大理石砌筑，显得纯洁而庄重，与周边建筑迥异。屋顶由四角的小穹顶拱卫着中央穹顶，收尖穹顶的轮廓线秀丽动人，加上厚实的墙体，使建筑呈现出拜占庭建筑与罗马风建筑的混合风格。

1.2.32 伊曼纽尔二世纪念碑正立面

1.2.32 伊曼纽尔二世纪念碑（Monument to Victor Emmanuel Ⅱ，Rome，1885 –1911， 设计者：Giuseppe Sacconi）这座大型纪念碑是为纪念意大利在经历了长时期的分裂后于 1870 年重新统一而建造的。形制模仿古希腊晚期贝尔加马(Pergamon)的宙斯神坛（Altar of Zeus），柱廊却采用罗马的科林斯柱式。它规模宏大，面宽 135.1 米，深 129.9 米，全高 70.2 米，用白色大理石贴面，多处耸立着青铜雕像，总体效果十分壮观。

1.2.31-1 巴黎圣心教堂外观

1.2.31-2 巴黎圣心教堂鸟瞰

1.3

艺术绮思：西欧探求建筑新形式

（1850 年代—1910 年代）

1.3.01 比尔兹利（Aubrey Beardsley）的绘画《莎乐美》

工业时代，社会生活现实的冲击使反对复古的思想成为 19 世纪一批先进建筑师的时代共识。他们在设计实践中自觉地运用新材料、新结构，竭力主张寻找符合时代精神的新的建筑形式。

英国是世界上最早发展工业的国家，也最先领受到由工业发展带来的各种问题与危害。城市人口膨胀，交通、居住与卫生条件极为恶劣，各种粗制滥造的廉价工业产品充斥市场，传统工匠的技艺为分工协作的系统化机器生产方式所割裂，原本由他们承担的日常用品的设计制作问题始终得不到艺术家们的青睐。

一些小资产阶级知识分子看到了工业生产带来的问题，却无力找出解决之道，为逃避和反对工业生产，寄情于对中世纪和谐、完整的手工生产方式和旧时安静、自然的浪漫乡村生活的追忆中。艺术评论家拉斯金（John Ruskin）是这种艺术思潮的代表，他在《建筑七灯》（*The Seven Lamps of Architecture*）一书中批判了当时建筑中欺骗性地使用装饰的做法，提倡发扬中世纪手工传统中的真实、诚挚精神，他还从形式法则角度来研究自然造物的艺术效果，倡导真实地表现自然。

"工艺美术运动"（Arts and Crafts Movement）是 19 世纪 50 年代在英国出现的实用艺术及建筑设计上的革新运动，它以莫里斯（William Morris）的艺术设计制作活动为代表，反对粗制滥造、虚伪矫饰的机器产品，赞赏手工艺传统和自然材料的美感，追求工作过程中真实情感的投入。这个艺术运动受到拉斯金浪漫主义的社会与艺术思想的直接影响，在设计实践中留下了宝贵经验。

对现代建筑发展推动更大的是 19 世纪 90 年代比利时布鲁塞尔的艺术家们开创的"新艺术运动"（Art Nouveau），它发展迅速并影响到了欧美各地。新艺术运动在唯美主义、工业化和工艺美术运动的成就基础上更进一步，从不同的造型艺术中产生出一种新的、能适应工业时代精神的装饰风格，这种风格成功地摆脱了历史样式。它在建筑、装饰和室内设计与家具、产品设计等各类艺术设计领域中盛行一时，其标志是以自然界生长繁盛的草木形状为基础的弯曲线条，在建筑装饰中大量运用便于加工弯曲的铁构件，包括铁梁柱。由于各种艺术门类都普遍采用新艺术形象，在工艺与技术的大融合中，涌现出许多艺术多面手，他们能够使用各种材料进行创作。这种艺术风格风行欧美各地，名称相似但又不尽相同。

比利时的凡·德·费尔德（Henry van de Velde）是新艺术运动的创始人之一，积极致力于创造和宣传新艺术风格，他的设计作品分别在巴黎和德累斯顿（Dresden）展出，对法国、德国产生影响，推动了新艺术运动在欧洲的传播。奥尔塔（Victor Horta）是新艺术运动的中坚人物，他的设计能力极强，善于把握各种材料，综合处理环境、形式与功能的关系，他极少涉及理论，以其实际作品诠释了新艺术运动的建筑风格。

西班牙的高迪（Antonio Gaudí）另辟蹊径，善于以浪漫主义奇想与塑性造型创造隐喻性的“有机建筑”。虽然远离欧洲主流运动的中心，但他的边缘性工作无疑也是遵循着遍及欧洲的反对复古思想、创造新风格这条路线。

新艺术运动在英国也有它的代表人物，他们是格拉斯哥一群兴趣广泛的艺术家，有建筑师、画家和装饰设计师，麦金托什（Charles Rennie MacKintosh）在其中最为突出。与比利时、法国的新艺术相比，他的设计更抽象化，线条比较平直，对维也纳分离派（Vienna Secession，简称“分离派”）有一定影响。

新艺术运动在 1900 年巴黎世界博览会期间达到高潮。然而，新艺术运动只局限于探索艺术形式与装饰手法，企图在艺术、手工艺之间找到一个平衡点，未能全面解决建筑形式与其功能、技术之间的问题，不适用于当时快速发展的大规模建筑，因而只流行一时，到 20 世纪初便迅速衰落。尽管如此，由它触发的丰富想象力、使线条和空间流动起来的艺术创造力，以及对自然和灵动的不懈追求感召了一大批建筑师，促使他们更加自由地去探索新的设计境界，为现代建筑摆脱旧形式羁绊，走向生机勃勃的发展阶段铺垫了道路。

1.3.02 红屋（Red House，Bexley Heath，Kent，1859 –1860，设计者：韦伯 | Philip Webb）“红屋”是莫里斯的田园居所，也是婚房，位于肯特郡一处名为“贝克斯雷荒地”的乡村，由莫里斯的好友兼同事建筑师韦伯设计。平面呈 L 形，各个房间根据功能需要布置，采用当地产的材料建造，屋顶高耸，有哥特式的尖券形门窗。外墙不加粉刷，清水红砖，风格简朴，真实表现出材料本身的质感。韦伯在此确立了他的设计原则——将功能、材料与艺术造型相结合，注重建筑与现场环境、当地文化的关系，反对无故滥用装饰。这个作品推动了英国私人住宅设计走向的转变，韦伯的设计原则很快在其他建筑师的作品中得到体现。

1.3.02-1 红屋外观

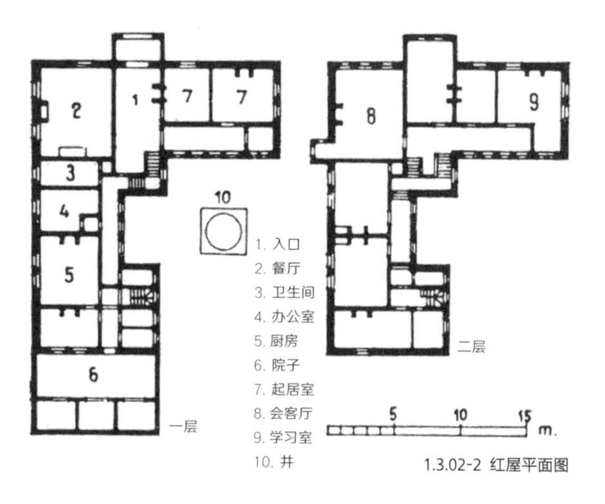

1.3.02-2 红屋平面图

1.3.03 莫里斯及其同事设计的壁纸、家具 莫里斯设计了“红屋”内的各种家具与用品，并以此为契机，组织志趣相投的艺术家们组成一个设计团体，从事从壁纸到彩色玻璃、家具、刺绣、金属制品及木雕等各项设计，期望创造出具有整体性的艺术作品。他于 1861 年开办了自己的设计制作公司，生产地毯、纺织品、壁纸、家具和玻璃等各种家居日常用品，其风格具有自然结构之美，对艺术与工艺设计产生了深远的影响。

1.3.03 莫里斯及其同事设计的壁纸、家具

1.3.04 “果园”（Orchard，Chorley wood，Hertfordshire，1900，设计者：C.F.A.Voysey）这是建筑师的自用住宅，位于伦敦西北远郊，外观具有英格兰乡村风格，平整墙面上的窗户处理得轻快、洗练。室内是简洁单纯的白色，布局井然有序，经济适用。这座住宅的设计独特性和新意后来被营造商不断效仿。

1.3.04 “果园”室内

1.3.05 田园城市 19 世纪末英国社会活动家霍华德（Ebenezer Howard）提出了“田园城市”的设想方案，试图解决工业化条件下城市与理想居住条件之间的矛盾以及大城市难以接触自然的弊端。

霍华德看到大城市恶性膨胀、人口高度集中所带来的严重恶果，认为应该有意识地转移和控制城市人口。他提出“城乡磁体”（town-country magnet）概念，希望使城市和乡村像磁体那样相互吸引，形成既有城市高效、活跃的生活方式又有乡村清净、美丽的自然环境的城乡结合体——田园城市。

田园城市总体范围 2400 公顷，可接受由大城市疏散来的 32 000 人，其中心部分的 600 公顷用于建设“花园城市”。城市由一系列同心圆组成，从内向外分别是市中心区、居住区、工业仓储地带以及铁路地带，有 6 条大道从圆心放射出去。市中心区的中央为中心花园，围绕花园布置各种大型公共建筑，其外环绕一圈公园，公园外围再环绕一圈敞开的玻璃拱廊“水晶宫”，作为商业、

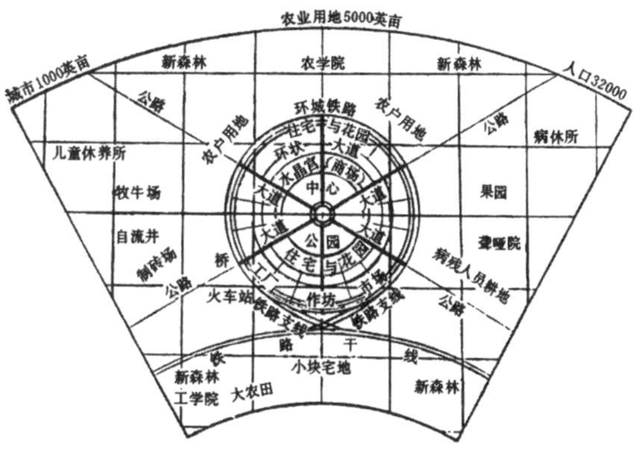

1.3.05-1 田园城市用地图解

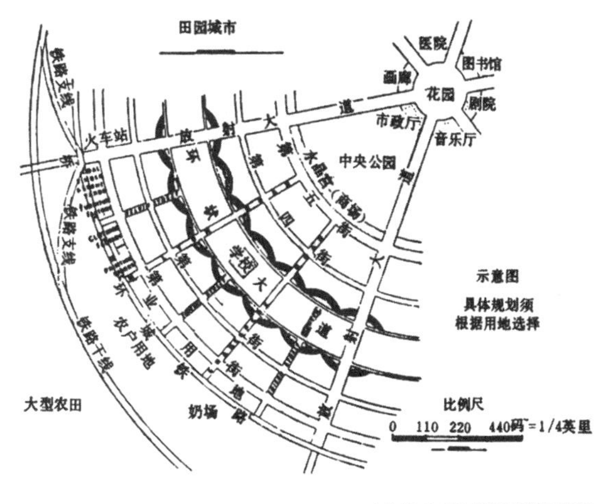

1.3.05-2 田园城市规划示意图

展览和冬季花园之用。居住区处于城市中圈地段，环状大道从中通过，两侧为低层住宅，居住区中央有宽阔的绿化带和空地，安排学校、儿童游戏场和教堂。在城市外围是工业仓储区，有铁路环绕。城市周边有各种农业用地及休养场所。在设想的 32 000 居民中，有 2000 人从事农业，就近居住于农业用地中。

霍华德提出以大城市为核心“母城”，围绕母城发展花园城市作为“子城”的“卫星城市理论”，并强调城市周围保留广阔绿带的原则。母城和子城人口都有一定限度，相互之间均以铁路联系。

“田园城市”理论有一定的实际操作性。霍华德对城乡关系、城市结构、经济、环境、管理都提出了见解，对城市规划学科的建立具有重要的启发作用，影响了后来的一些城市规划。

1.3.06 塔塞尔公馆（Hôtel Tassel，12 Rue de Turin，Brussels，1892－1893，设计者：奥尔塔 | Victor Horta）

奥尔塔是一名创造力极强的建筑师，善于综合使用结构元素、各种材质以及自由曲面和曲线。他设计的这座位于布鲁塞尔都灵路 12 号的住宅是新艺术运动建筑风格最突出的代表。

塔塞尔公馆的沿街立面很窄，外形保持了布鲁塞尔传统砖石建筑的格局，比较简洁，居中的凸肚窗使整个墙面呈曲线形，沿窗有精细的铁艺。通过彩色玻璃门进入门厅，一条有数级台阶的短过道通向面对花园的起居室。主楼梯是整座建筑的高潮，设在靠近中间位置，便于连接各个部分，而且产生了相互开放的空间。楼梯踏步为热带天然木料，扶手、栏杆、小梁等构件用暴露在外的铁结构加以支撑，这些支撑构件的形式与功能融为一体，并无主体与附属之分，结构、材料和装饰浑然一体。竖向管状支撑和水平的横档形成了植物枝条般的构架，用精致的、缠绕的曲线所装饰的铁构件强调其流动感。同样的植物枝条母题还被画在墙上和镶嵌在马赛克地面上。

1.3.06-1 塔塞尔公馆外观　1.3.06-2 塔塞尔公馆细部

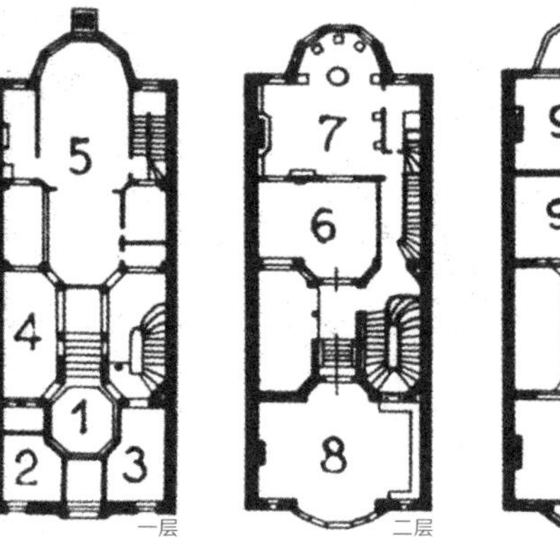

1. 门厅 2. 衣帽间 3. 书房 4. 小起居室
5. 起居室 6. 接待室 7. 卧室 8. 绘图室
9. 佣人房间 10. 工作室

1.3.06-3 塔塞尔公馆平面图

1.3.06-4 塔塞尔公馆门厅

1.3.07 范·埃特费尔德住宅（Van Eetvelde House, Brussels, 1897－1900，设计者同上）布鲁塞尔的城市住宅大多比较狭小局促，奥尔塔在范·埃特费尔德住宅的沙龙里安装了铁架玻璃天窗，光线从顶部透入各层，使内部空间因此产生垂直向的开放感。

1.3.08 布鲁塞尔人民大厦（La Maison du Peuple, Brussels, 1897－1900，已毁，设计者同上）奥尔塔擅长分析建筑的肌理，充分考虑周围的地段环境。在这里，布鲁塞尔传统砖石风格被创造性地应用，并将铁和玻璃容纳其中。建筑外观恰当地表现了内部的功能组织和适应于场地的凹形平面形式，其裸露的铁构架展示了一种动人的线性表现力，内部空间包括办公、会议和餐厅等。在示威大厅里，运用支撑桁条构成顶棚板上的装饰性图案；在楼上的演讲大厅里，裸露的网状桁架也起到了装饰顶棚的作用。

1.3.09 革新百货商店（Grands Magasin L'Innovation, Brussels, 1901, 已毁, 设计者同上）奥尔塔设计的这座百货商店高四层，分成三开间，宽敞的中央开间是通高的，上为拱顶。它看起来与当时欧洲方兴未艾的商业步行拱廊有某种联系；但是，立面上精心设计的大片玻璃和线性铁结构显示出这是一座完全成熟的新艺术运动式样的建筑，反映出奥尔塔的装饰风格已有从明显的自然主义向抽象形式转化的趋势。

1.3.10 凡·德·费尔德（Henry van de Velde）**的设计作品** 他为妻子设计的服装（约1898年），其剪裁、装饰和下垂感呈现流线形态，与包括墙上的绘画作品在内的整个室内风格整体协调，成为“总体艺术作品”（Total Arts）的一部分。

招贴画《热带》（1899年）构图只呈现图案和起伏线条，完全是非描绘性的。

青铜镀银烛台（1902年）和两副搭扣（1904

1.3.07 范·埃特费尔德住宅室内

1.3.08-1 布鲁塞尔人民大厦外观

1.3.08-2 布鲁塞尔人民大厦室内

1.3.09 革新百货商店

1.3.10-1 凡·德·费尔德设计的服装

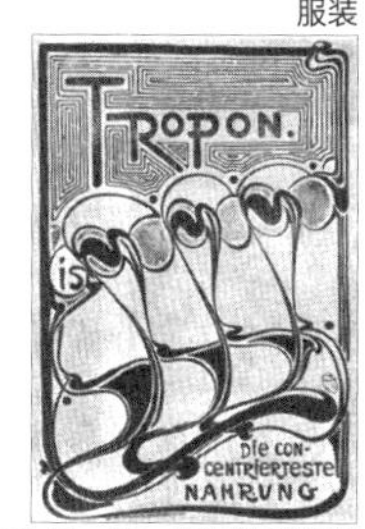

1.3.10-2 凡·德·费尔德设计的招贴画

年）的线条复杂而流畅。家具（约 1900 年）和带硬木把手的银茶具（1905 年）反映了设计师对不同材质的把握能力，尽管是手工制品，却显得纯朴清新，没有当时流行式样的繁缛细节。

1.3.11 哈根福克旺博物馆（Folkwang Museum，Hagen，1900，设计者同上）凡·德·费尔德曾长期侨居德国，这是他为整修福克旺博物馆的室内空间所做的设计，具有新艺术风格的线条和铁构件等特征在此体现得淋漓尽致。

1.3.12 巴黎地铁站入口（Metro Entrance Pavilion，Paris，1898－1901，设计者：吉马尔 | Hector Guimard）在 1900 年巴黎世界博览会举办前后，自称"艺术建筑师"的吉马尔设计了一系列大都会地铁站入口，以引人注目的形象达到了新艺术风格的极致。这些金属的顶棚和栏杆模仿植物的形状，像弯曲的叶柄，或缠绕的藤蔓，有的顶棚甚至采用了海贝的形状。

1.3.13 奎尔公园（Parc Güell，Barcelona，1900－1914，设计者：高迪 | Antonio Gaudí）高迪的设计生涯几乎完全在巴塞罗那度过，他长期受到开明进步的新兴资本家奎尔（Eusebi Güell）支持，接受了他家族中不少建筑的设计委托。

1.3.10-3 凡·德·费尔德设计的家具

1.3.10-4 凡·德·费尔德设计的烛台

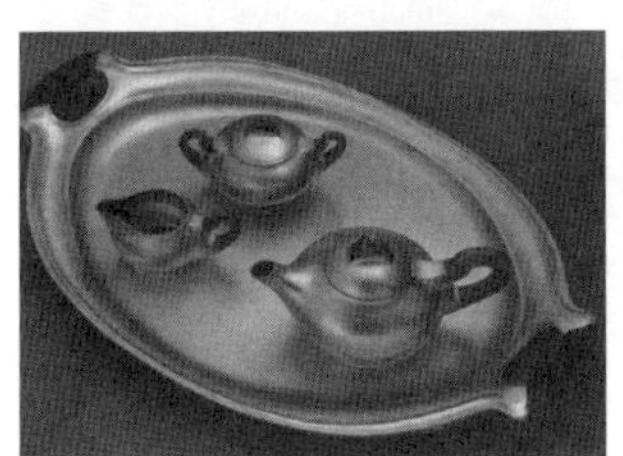

1.3.10-5 凡·德·费尔德设计的银茶具

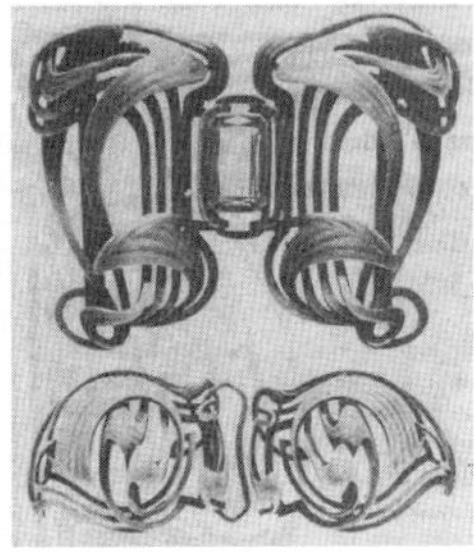

1.3.10-6 凡·德·费尔德设计的两副搭扣

1.3.11-1 哈根福克旺博物馆室内

1.3.11-2 哈根福克旺博物馆楼梯

1.3.12-1 巴黎地铁站入口例一

1.3.12-2 巴黎地铁站入口例二

1.3.12-3 巴黎地铁站入口例三

奎尔欣赏拉斯金和德国音乐家瓦格纳（Richard Wagner），而浪漫主义理论和充满奇幻色彩的歌剧对高迪也产生了强吸引力，引发了他的设计激情。

这种激情体现在他设计的宏伟绚丽的奎尔公园中：可用作市场的大厅由密布的多立克柱式支撑，屋顶可作为露天娱乐场；周边围绕的休憩长凳蜿蜒蛇行，大厅顶棚和屋顶长凳以摩尔风格的彩色马赛克作为饰面；在公园的各处，散步的小道像洞穴一样蜿蜒，两侧粗糙的圆柱斜撑着顶盖。整座公园的设计融结构、雕塑、镶嵌为有机整体，充满了儿童般的奇思妙想。

1.3.13-1 奎尔公园入口

1.3.13-2 奎尔公园大厅内景

1.3.13-3 奎尔公园大厅屋顶

1.3.13-4 奎尔公园长廊

1.3.14 巴特洛公寓（Casa Batlló，Barcelona，1905-1907，设计者同上）这是高迪为一座原有的六层住宅大楼做的改建设计。阳台极富雕塑感，仿佛某种神话动物的奇异骨骼从墙面穿出；瓦屋顶如海浪般起伏不定；建筑内部各个公寓套房的状态非同寻常，曲线和曲面几乎无处不在；楼梯和阳台的栏杆都是复杂的铁艺；外墙以绚丽的花卉作为装饰主题，令人联想到新艺术运动所倡导的自然主义倾向。

1.3.14-1 巴特洛公寓外观

1.3.15 米拉公寓（Casa Milà，Barcelona，1905-1910，设计者同上）米拉公寓被公认为是代表高迪建筑设计有机风格的巅峰作品。这座七层大楼位于街角，平面不规则，从而提供了面积大小不等、组成各异的多种户型，它们围绕着两个大致长圆形的内院自由布局，每套住房采光充足。米拉公寓的墙面没有石材的坚硬感，而是如同面塑一般柔软起伏，阳台和窗台上的铁制栏杆像一丛丛干缩硬化的海草，屋顶凹凸不平，其间耸起几处冠冕状的烟囱，显得狂放不羁而又生机勃勃。米拉公寓从外观到内部，无论门窗、家具、装饰部件，均为翘曲的表面，力求形成一个完全塑性有机的形态。

1.3.14-2 巴特洛公寓楼梯间

1.3.14-3 巴特洛公寓室内

1.3.16 神圣家族教堂（Church of Sagrada Família，Barcelona，1884 年起，设计者同上）

高迪在晚年几乎把全部精力和心血都投入神圣家族教堂的设计与建造中。这座教堂于 1884 年动工，原本是哥特风格，后加入一系列具有雕塑感的设计修改，直到他意外去世后多年都处于未完成状态。它仿佛是高迪编织的浪漫主义梦境，一直萦绕在人们心头。

1.3.16-1 神圣家族教堂外观

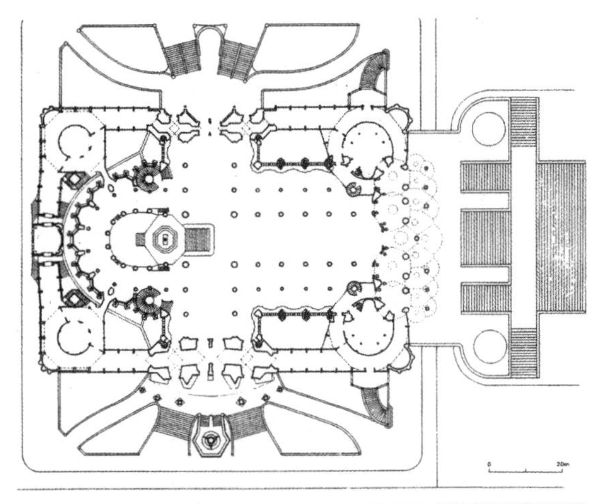

1.3.16-2 神圣家族教堂平面图

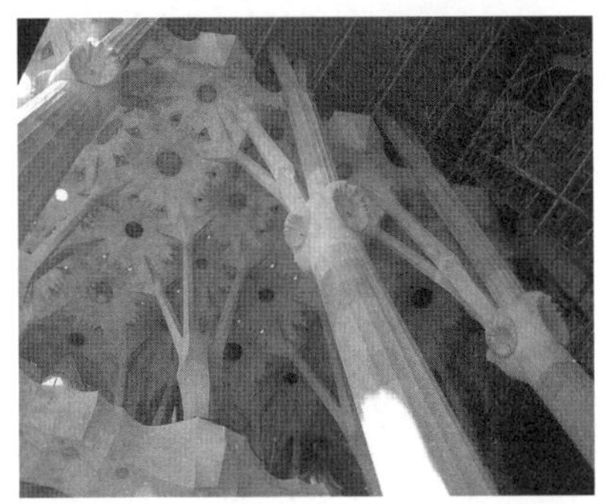

1.3.16-3 神圣家族教堂拱顶

1.3.15-1 米拉公寓外观

1.3.15-2 米拉公寓屋顶

1.3.15-3 米拉公寓鸟瞰

1.3.15-4 米拉公寓屋顶结构

1.3.15-5 米拉公寓细部

1.3.17 招贴画《苏格兰音乐回顾》（1896，设计者：麦金托什｜Charles Rennie MacKintosh）

新艺术运动在英国的代表人物是格拉斯哥一群兴趣广泛的艺术家，有建筑师、画家和装饰设计师，其中麦克唐纳姐妹（Margaret & Frances MacDonald）与她们各自的丈夫麦金托什和麦克奈尔（Herbert MacNair）经常一起从事新艺术风格的设计，积极参加美术与手工艺展览会。他们被称为“格拉斯哥四人”（Glasgow Four）。

这是麦金托什以他的妻子为模特设计的招贴画，构图匀称严谨，平面化处理的人物形象被有意拉长，具有强烈的装饰风格。

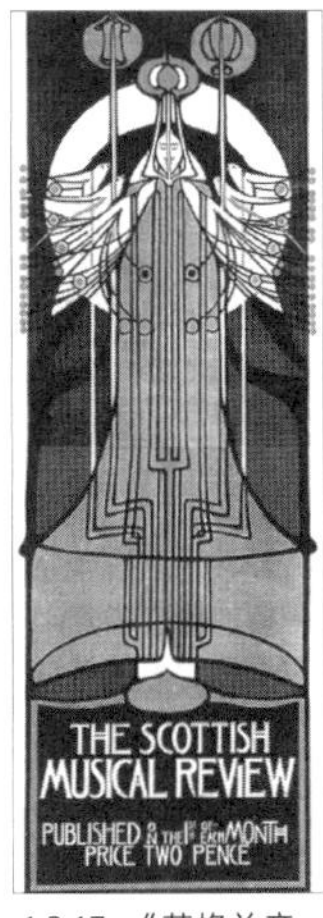

1.3.17 《苏格兰音乐回顾》

1.3.18-1 格拉斯哥艺术学校图书馆

1.3.18 格拉斯哥艺术学校（School of Art, Glasgow, 1898, 1907－1909 年增建，设计者同上）

麦金托什最重要的建筑作品是格拉斯哥艺术学校，特别是增建的图书馆部分。该建筑平面呈“E”字形，入口朝北，共 5 层。外观设计上采用简单的几何形体，主要立面用当地产灰色花岗岩砌筑，部分采用粗面砖，入口带有新艺术特征的弯曲构件舒缓了墙面的沉重感，北向的绘图室开有大面积铁框玻璃窗以增加采光。内部设备采用了先进的管道供热和通风系统。由于南面地基比北面低了 10 米，因而从东西两面的立面看，建筑的底部形成了一条奇特的斜坡。东立面的窗开得极小，夸张地强调了立面构图元素面积大与小、布局疏与密的对比；西侧的图书馆墙面朴素无华，几何化的构图干净利落，由尖顶山墙和三条长达 25 英尺（约 7.6 米）的垂直凸窗加以强化，体现了英国建筑注重垂直线条的特色。麦金托什将现代设计与传统文化融于一体，赋予了建筑冷静而敏感的个性。室内家具、壁饰全部采用新艺术直线化的深色制品，加上同样风格的灯具，呈现出丰富的造型效果。

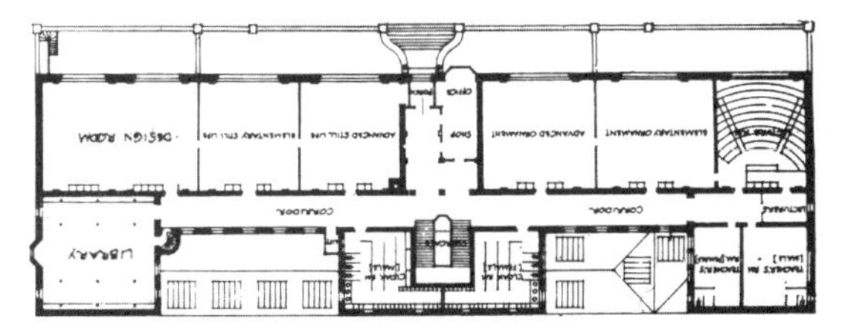

1.3.18-2 格拉斯哥艺术学校底层平面图

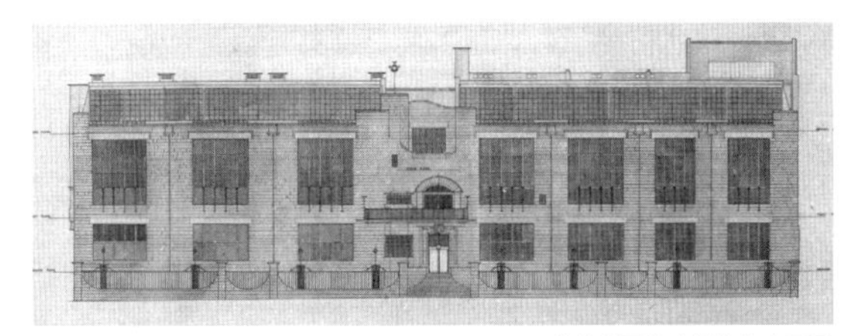

1.3.18-3 格拉斯哥艺术学校北立面图

1.3.18-4 格拉斯哥艺术学校图书馆室内

1.3.19 麦金托什设计的家具（1901－1903）

1.3.19-1 麦金托什设计的家具

1.3.19-2 麦金托什设计的家具

1.3.20 柳树茶室（Willow Tea Room，Glasgow，1903，设计者同上）麦金托什与妻子一起为克兰斯顿（Cranston）女士设计的风味茶室采用了垂条式的矩形隔断和家具，其中豪华包间的门由金属、上漆的木头和着色玻璃组成，两扇门上的图形近乎镜像，只有极小的变化打破对称。

1.3.21 苏格兰街区学校（School on Scotland Street，Glasgow，1904－1906，设计者同上）麦金托什设计的这所学校的建筑平面相当普通，教室被一道坚固石墙后的中间走廊分成两部分。然而，在以实墙为主的苏格兰高地建筑中，这座建筑的采光方式富于独创性：不仅教室有大面积的开窗，而且阳光还可以从两侧精心设计的高耸的楼梯塔照进室内。

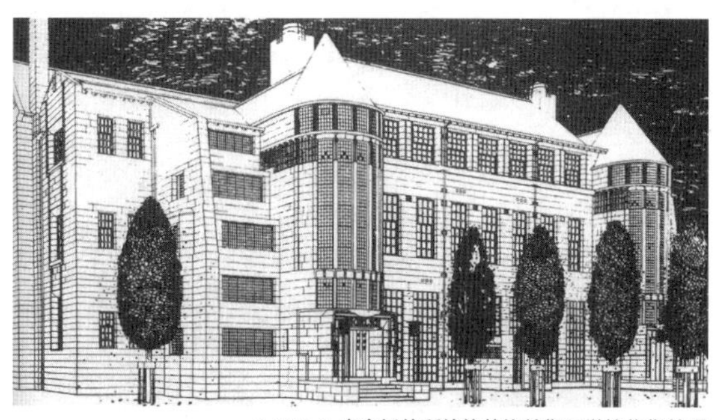

1.3.21-1 麦金托什所绘的苏格兰街区学校临街外观

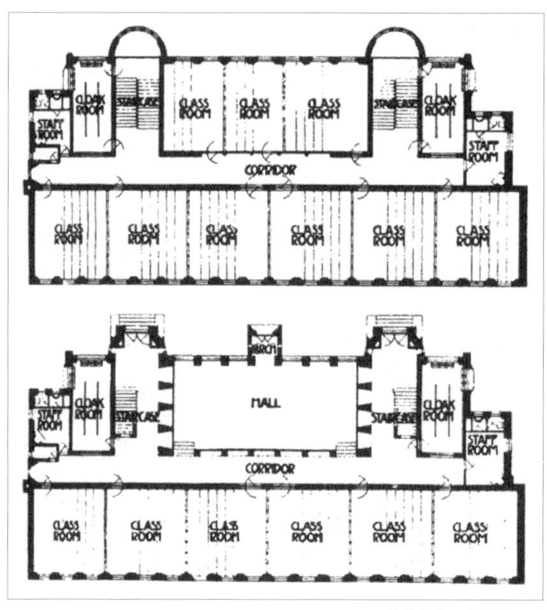

1.3.21-2 苏格兰街区学校平面图

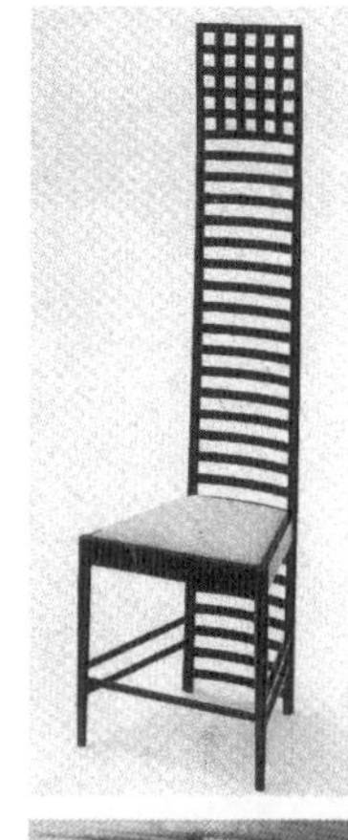

1.3.19-3 麦金托什设计的家具

1.3.20-1 柳树茶室室内

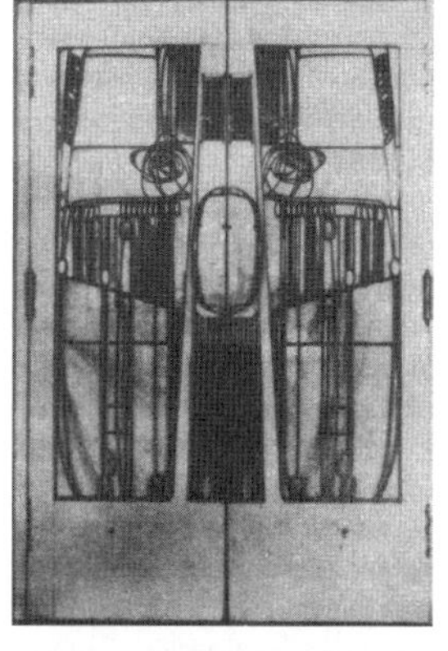

1.3.20-2 柳树茶室包间门

1.3.21-3 楼梯间的采光效果

1.4

以形式开路：中北欧建筑师的探索

（1890 年代 —1910 年代）

1.4.01 克里姆特（Gustav Klimt）的绘画《吻》

19 世纪末，西欧新艺术运动影响到维也纳，以瓦格纳为首，主导了奥地利的先锋运动。瓦格纳具有扎实的古典建筑功底，1894 年起，担任维也纳艺术学院（Vienna Academy of Art）教授，他的教导和榜样作用影响了年轻的一代。同年，瓦格纳作为维也纳城市建设的规划者，主持了车站、桥梁和高架铁道的设计以及多瑙河的改造工程。他的建筑设计大多表现出构思清晰、技术精确、装潢华贵的特色。

瓦格纳认为，新时代要求更新建筑思想，建筑设计应该为现代生活服务，新结构、新材料必然导致新形式的出现，必须缩减并简化现有建筑形式，并以新的装饰风格代替通常因循传统的做法。

1897 年在瓦格纳的支持下，他的学生奥尔布里希（Joseph Maria Olbrich）、霍夫曼（Josef Hoffmann）与画家克里姆特等人建立了“维也纳分离派”，宣称要脱离陈旧的学院派艺术传统，推崇生活与艺术的交互作用，提倡创造新形式。他们积极创办刊物，举行艺术展。1899 年，瓦格纳也加入了这个组织。

奥尔布里希设计手法娴熟，喜欢使用多种材料以获得丰富的色彩效果，其结果是多种成分并列，富于表现力和整体有机性。他在德国达姆施塔特（Darmstadt）的突出成就加大了新艺术运动在德国的影响。

霍夫曼设计的建筑造型简洁，基本是大片的光墙和简单的立方体，局部采用黑白对比鲜明的图案装饰。他不仅参加分离派的建筑活动，还建立了“维也纳制造工场”（Wiener Werkstätte），在继承莫里斯和英国工艺美术运动简朴传统的基础上，把机器作为设计者采用的基本工具。霍夫曼通过维也纳制造工场引导了整个欧洲的新风尚，使工艺美术摆脱了传统主义的僵局。

当时，维也纳另一位重要的建筑师是狷介而偏激的路斯（Adolf Loos）。他把分离派的装饰灵感看成文化的消遣，认为那只不过是为特权阶级装点门面，掩饰奥匈帝国正在衰落的现实。路斯主张把艺术性和实用性完全分开，把建筑归到仅仅实用的范围内。他从理性主义立场出发，认为建筑应以实用与舒适为主，“不是依靠装饰而是以形体自身之美为美”，他极端反对浪费和附加的装饰，甚至把装饰与罪恶等同起来。1908 年，路斯在他那篇著名的《装饰与罪恶》一文中，主张建筑和实用艺术应去除一切装饰，认为装饰是恶习的残余。路斯的超前意识对以后现代建筑派大师柯布西耶（Le Corbusier）很有启示。

麦金托什、凡· 德· 费尔德等人的设计被介绍到德国，受新艺术运动影响的德国先锋派被称为“青年风格派”（Jugendstil），而奥尔布里希、凡·德·费尔德来到德国后，对青年风格派的发展起到了更大的推动作用。

在荷兰，著名建筑师贝尔拉格（Hendrik Petrus Berlage）是最早的革新者之一。他不是在设计、材料或结构上制造令人瞠目结舌的新概念，而是站在理性主义立场，提倡“净化”（purify）建筑，力求清除学院派建筑的装饰累赘，将荷兰传统的精美砖工发展为简洁、忠实的结构表达。贝尔拉格还为阿姆斯特丹作了两次规划方案，尤其关注城市环境的整体延续性，把街道视为“室外的房间”，根据街道的宽度配置交通、绿化、地面铺装，使街坊广场成为居民的公共活动场所。

1.4.02 维也纳地铁车站（Stadtbahn Station, Vienna，1894 –1897, 设计者：瓦格纳 | Otto Wagner）瓦格纳在维也纳设计了多个地铁车站，形体简单，有的带有巴洛克细部，他借助新艺术运动的手法，为这些功能性建筑加上了铁艺装饰。

1.4.02-1 维也纳地铁车站外观

1.4.03 马略尔卡住宅（Majolikahaus，Vienna，1898 –1899，设计者同上）马略尔卡住宅是一座六层公寓大楼，临街整个立面上覆盖着陶砖，像一块光洁、轻柔的大画布，上面绘有玫瑰红色的花朵和深绿色叶子，消除了沉重的砌筑感。瓦格纳在此摒弃了“正宗”新艺术风格的繁杂曲线，采用简单平直的几何形态，略加抽象花卉图案点缀，令人耳目一新。

1.4.02-2 维也纳地铁车站外观

1.4.03-2 马略尔卡住宅细部

1.4.03-1 马略尔卡住宅外观

1.4.04 圣利奥波德教堂（Church of St. Leopold, Vienna，1902 –1907，设计者同上）瓦格纳在设计这座教堂时显然已经步入设计手法的成熟期，对各种风格运用自如、拿捏适度。这座建筑混合了拜占庭教堂的集中式形制、古典主义的庄严风貌，以及新艺术运动的雅致装饰。如果不看那些为增加宗教气氛而设计的象征性细节——外部的天使雕像、月桂花环和内部的金叶、马赛克及拜占庭式镶板，它实际上只是一些单纯几何体的组合，而这正是分离派的典型设计手法。

1.4.04 圣利奥波德教堂

1.4.05 奥地利邮政储蓄银行大楼（Austrian Post Office Saving Bank，Vienna，1903－1912， 设计者同上）这是瓦格纳最有影响的设计作品。他的方案在 1903 年的设计竞赛中获胜，建设工作分 1904—1906 年和 1910—1912 年两期进行。1906 年完成的储蓄大厅虽然只是这项巨大工程中的一小部分，但在简化结构构件，创造独立、统一和简单的空间方面，却不乏重要的革新。

储蓄大厅的屋顶用铆接的金属框架玻璃拱顶覆盖，符合工业采光标准，大厅周围散布着铝制供暖散热罩，内部光线充沛，空间开敞，悬吊式混凝土楼板上嵌有分散的玻璃砖，以便光线透入地下室。这是一个经过仔细斟酌的无装饰的大厅，不同于 19 世纪展览厅或火车站那种本色直白，而是把所有外露的工业材料、结构和设备本身当作现代化的象征物。

大楼的外观就像一个庞大的金属盒子，面层是磨光的白色大理石薄片，用铝铆钉固定到墙上，它的玻璃雨篷框架、入口大门、扶手、栏杆等也都是铝的，就像储蓄大厅中的金属陈设一样。

1.4.05-1 奥地利邮政储蓄银行大楼室内

1.4.05-2 奥地利邮政储蓄银行大楼细部

1.4.05-3 奥地利邮政储蓄银行大楼立面图

1.4.06-1 维也纳分离派展览馆外观

1.4.06 维也纳分离派展览馆（Exhibition Building for the Secession，Vienna，1898，设计者：奥尔布里希｜Joseph Maria Olbrich）作为宣扬分离派艺术的阵地，这座展览馆本身就是其建筑风格的最好写照。展览馆大门的上方以三个寓意丰富的浮雕脸谱分别代表绘画、建筑与雕塑。展厅部分的外墙没有开窗，全部靠天窗采光，因而外观表现为大片的光墙和简单的块体，只在入口和转角处有局部集中装饰，但装饰主题不似新艺术派那么复杂、卷曲，而更接近麦金托什那种直线化的倾向。展览馆的顶部，由四座矮塔拱卫着一顶以上千片金属草叶和花朵组成的阿波罗桂冠，以象征生命与创造力。奥尔布里希以钢笔画的形式把展览馆的形象用作分离派刊物的封面。

1.4.06-2 维也纳分离派展览馆模型

1.4.06-3 维也纳分离派展览馆入口

1.4.06-4 维也纳分离派刊物封面

1.4.07 奥尔布里希为分离派展览而作的招贴画

1.4.07 奥尔布里希设计的招贴画

1.4.08 达姆施塔特路德维希馆（Ernst Ludwig Haus，Darmstadt，1899－1901，设计者同上）1899 年，奥尔布里希应黑森大公路德维希（Grand Duke Ernst Ludwig von Hessen）之邀来到德国达姆施塔特，在这座城市附近的马蒂尔登高地（Matildenhöhe）建立一座艺术家之村（Kunstler-Kolonie）。他设计了这里的建筑、花园、展览会的环境布置、广告、家具，甚至陶器和餐馆服务员的制服。

路德维希馆是奥尔布里希在达姆施塔特居住期间最先建成的作品，其中有八间画室，分列在一个公共会议厅两边。这座建筑具有水平向大窗，立面素净，只在凹入的圆拱形大门周围布满装饰图案，入口两侧竖立着雕塑家哈比希（Ludwig Habich）创作的巨大雕像。

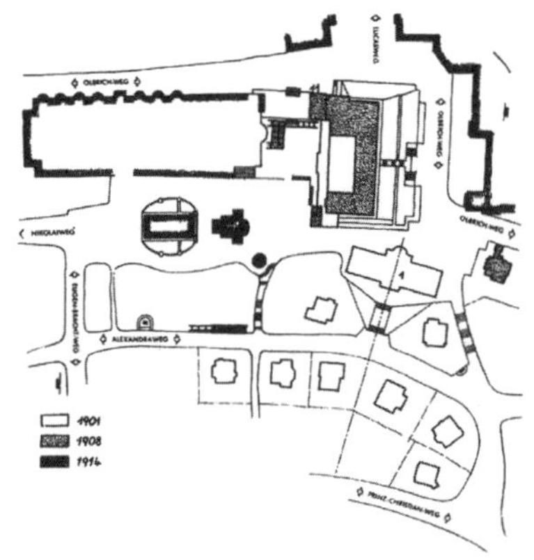

1.4.08-1 达姆施塔特艺术家之村总平面图

1.4.08-2 达姆施塔特路德维希馆入口

1.4.08-3 达姆施塔特路德维希馆细部

1.4.09 达姆施塔特哈比希住宅（Habichhaus，Darmstadt，1900－1901，设计者同上）在奥尔布里希之后又有六位艺术家应邀来到艺术家之村，围绕路德维希馆，奥尔布里希为他们设计建造了一组住宅。雕塑家哈比希的住宅延续了维也纳分离派展览馆那样的大片光墙和简单体块加局部集中装饰的特点，但装饰更精简，以墙面上大小疏密不同的门窗开口丰富建筑外观。

1.4.09 达姆斯塔特哈比希住宅

1.4.10 达姆施塔特展览馆（Exhibition Building，Darmstadt，1905－1907，设计者同上）奥尔布里希一直在努力寻找独特的、具有表现力的建筑表达方式。这座在山岭上层叠的巨大展览馆被处理成凝重的金字塔般的构图，仿佛城市的冠冕。在展览馆前方像举手宣誓一般的“婚礼纪念塔”（Hochzeitsturm）成了整个艺术家之村的象征，奥尔布里希继续在此抒发他对工艺设计的兴致：清水红砖墙间以石材的表面，局部贴成片蓝色和金色的马赛克，檐部是深红色琉璃瓦，点缀以铁制小阳台，顶部木屋顶表面覆盖着光洁明亮的黄铜。

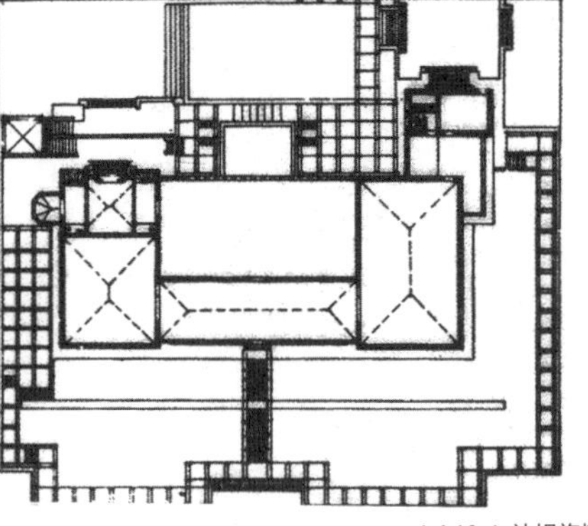

1.4.10-1 达姆施塔特展览馆平面图

1.4.11 普克斯多夫疗养院（Sanatorium, Purkstorf, 1903－1904，设计者：霍夫曼｜Josef Hoffmann）这是霍夫曼的一件早期设计作品，也是他风格最纯粹的作品之一。他从项目的性质出发，把建筑风格简化到极致——几乎摒弃所有的装饰，因而实际上已相当接近路斯的建筑原则。这座白色的组合块体，顶部是简单的平板状屋顶，开了几扇形状各异的窗子，蓝白相间的方格砖镶嵌在每面的转角，将拘谨、均衡的体量转换成了平面效果。

1.4.12 斯托克莱宫（Palais Stoclet, Brussels, 1905－1911，设计者同上）霍夫曼为比利时企业家斯托克莱设计的府邸如宫殿一般庞大、华美。在异国土地上的这座分离派豪宅由一些几何块体组合而成。大片平直墙面上贴有白色挪威大理石，在所有转折处均镶嵌精美的深色铜边，勾勒出轮廓，因而带给整个建筑一种奇异的无体量感，甚至是二维薄片般的视觉效果。镶边的铜条向上汇集到楼梯间高耸的塔楼，塔楼顶是由四个男性人像护卫的分离派桂冠。

斯托克莱宫是一座分离派圈子里富于创造精神的“艺术作品总汇”（Gesamtkunstwerk）：由维也纳制造工场完成室内装修，餐厅里的装饰壁画是克利姆特（Gustav Klimt）的大作，花园里的草坪、常青树木，以及绿篱等都修剪成时尚的几何形状……配合着建筑的精致与清晰，抗拒着时间流逝的考验。如是种种，使这件建筑作品充满一种纪念碑式的内在力量。

1.4.10-2 达姆施塔特展览馆

1.4.10-3 婚礼纪念塔基座细部

1.4.11-1 普克斯多夫疗养院局部

1.4.11-2 普克斯多夫疗养院设计图

1.4.12-1 斯托克莱宫外观

1.4.12-2 斯托克莱宫细部

1.4.12-3 斯托克莱宫餐厅

1.4.12-4 维也纳制造工场图章

1.4.13 斯坦纳住宅（Steiner House，Vienna，1910，设计者：路斯｜Adolf Loos）这座住宅基本上是方盒子的组合，它的平面和立面是对称的，平整的墙面上只有水平排列的简洁大玻璃窗，一切非结构元素都被剔除了。这种毫无装饰的处理手法在朝向花园的立面上表现更为显著，只有薄薄的檐口标明了墙面与屋顶的交界线。斯坦纳住宅被看作现代最早的功能主义建筑。

1.4.13 斯坦纳住宅

1.4.14 戈尔德曼与扎拉茨大楼（Goldman & Salatsch Building，Vienna，1909－1911，设计者同上）这是一座商住楼，上部四层浅色墙面平直光挺，整齐划一地开着方形窗洞，下段外墙材料为深绿色希腊赛波利诺大理石，未施加任何装饰性刻画。路斯反对浪费材料、人工或空间，如会计办公和出纳间不在高大的底层单独设置，仅用黄铜栅栏隔在夹层的后部；操作间的高度根据实际需要划定: 坐姿的缝纫工所占空间高度为2.07米，站姿的裁剪工所占空间高度为3米，而熨烫间高度为5.22米。

路斯超前而偏激的主张使当时的人们难以理解接受，一位漫画家甚至讽刺他的设计灵感来自下水道的窨井盖子！

1.4.14-1 戈尔德曼与扎拉茨大楼外观

1.4.14-2 对戈尔德曼与扎拉茨大楼的讽刺漫画

1.4.15 埃尔维拉照相馆（Elvira Photographic Studio，Munich，1897－1898，已毁，设计者：August Endell）这是青年风格派的代表作。不过与奥尔塔、吉马尔等人的作品相比，它并不那么强调装饰性，如果把立面上的“海马”样装饰移去，剩下的就是一个很简洁的构图。室内，特别是楼梯厅内的细部处理仍然以纤巧、精致，又有起伏的新艺术运动线条为主。

1.4.15-1 埃尔维拉照相馆外观

1.4.16 魏玛艺术学校校舍（Art School，Weimar，1905－1911，设计者：凡·德·费尔德）1902年，凡·德·费尔德受邀来到魏玛，面向工匠和设计师进行设计教育。他创办了一所艺术学校，该校就是第一次世界大战后格罗皮乌斯（Walter Gropius）任校长的包豪斯工艺美术学校（简称“包豪斯”，Bauhaus）的前身。凡·德·费尔德为学

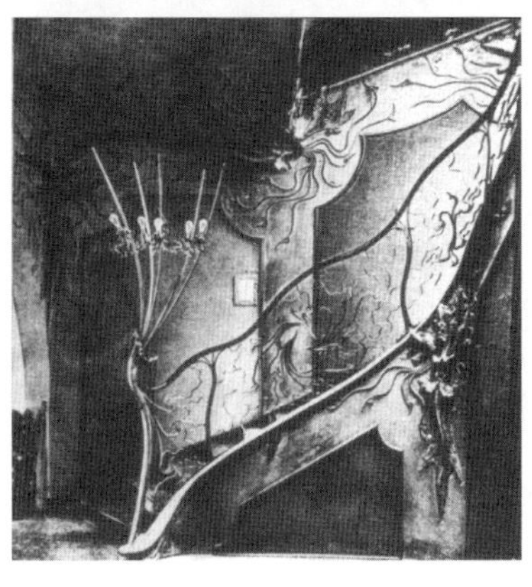

1.4.15-2 埃尔维拉照相馆室内

校设计了一座新校舍，立面上开有工业建筑式的大窗，简单大方。

1.4.16 魏玛艺术学校校舍

1.4.17 凡·德·费尔德在魏玛的家 1910 年，他完成了这座住宅从建筑到室内陈设的整套设计，包括家具，甚至靠垫套所用的织物。

1.4.17 凡 · 德 · 费尔德在魏玛的家

1.4.18 达姆施塔特贝伦斯自用住宅（Behrens House，Darmstadt，1901 年，设计者：贝伦斯 | Peter Behrens）贝伦斯开始是作为画家被邀请到达姆施塔特的艺术家之村来的。这里唯一没有出自奥尔布里希之手的建筑就是贝伦斯为自己设计的住宅，他也由此开始了建筑师生涯。与奥尔布里希的轻巧新奇风格相比，贝伦斯自用住宅布局更加严整、稳重。

1.4.18-1 达姆施塔特贝伦斯自用住宅平面图

1.4.19 奥本瑙尔住宅（Obenauer House，Saarbrücken，1905 –1906，设计者同上）这座住宅位于坡地上，贝伦斯沿道路建造了一段基墙，与宽大的建筑底层一起形成了双重退台的效果，二、三层后缩的体量简单完整，看上去如堡垒般稳固。

1.4.19-1 奥本瑙尔住宅外观

1.4.19-2 奥本瑙尔住宅立面图

1.4.18-2 贝伦斯所绘的自用住宅立面图

1.4.20 阿姆斯特丹商品交易所（Merchants Exchange，Amsterdam，1898 –1903，设计者：贝尔拉格｜ Hendrik Petrus Berlage）这是贝尔拉格的代表作品。他在整个设计过程中坚持不懈地寻求简洁化，建筑形体维持了起初的大体格局，而渐进地减少山墙和角楼的数量，取消装饰吊灯和各种线脚、隅石的做法。内外墙面均为精美的清水红砖墙，以浅色石材作细部点睛之笔，体现了荷兰悠久的工艺传统和新哥特风格的地域性。内部有三个顶部采光的交易大厅，采用钢拱架与玻璃顶棚，露明其中的功能与结构构件，如嵌在砖槽里并以石材附件加固的落水管，用钢钉固定的拱形屋架与拱脚处的拉杆及吊筋等，以此刷新了传统砖石材质给人的视觉感受。

这座建筑对日后阿姆斯特丹的建筑师和艺术家都产生了深远而持久的影响。

1.4.20-1 阿姆斯特丹商品交易所第二轮设计图

1.4.20-2 阿姆斯特丹商品交易所外观

1.4.21 赫尔辛基火车站（Railway Station，Helsinki，1906 –1914，设计者：老沙里宁｜ Eliel Saarinen）这个火车站设计方案在 1904 年的竞赛中脱颖而出，该方案的实施为建筑师赢得了很大的国际声望。这座建筑在厚重的古典纪念性之外，还体现了遍布湖泊与森林、善用木材的芬兰浪漫主义地方传统。它的形体高低错落，空间组合灵活，方圆相映，毫不呆板，令人联想起斯托克莱宫和达姆施塔特展览馆的相似构图。主入口周边的图案装饰和花岗岩石雕——捧灯巨人明显具有新艺术格调。

1.4.20-3 阿姆斯特丹商品交易所室内

1.4.21-1 赫尔辛基火车站外观

1.4.21-2 赫尔辛基火车站主入口细部

1.5

新大陆新观念：美国建筑师的工作

（1870 年代 — 1900 年代）

1.5.01 莱热（Fernand Léger）的绘画《建设者》

美国在南北战争以后，扫清了资本主义工业发展的障碍，城市快速扩张，人口和建筑都高度集中化。芝加哥作为中东部航运、铁路的枢纽和开发西部的重要基地，迅速繁荣起来。1870 年代以后，芝加哥开始接二连三地建造高层建筑。

这种现象的出现有两方面原因：一是有社会需求，由于城市快速发展，地价飙升，兴建高容积率的办公楼和大型公寓有利可图；二是工程界已具备了金属框架结构和箱形基础的技术知识，安全载人升降梯也出现了，建造高层建筑的技术条件已成熟。1871 年，芝加哥发生的一场火灾成为高层建筑崛起的最直接的导火索。大火焚毁了城市中大批快速建造的木结构建筑，被动为建筑革新清出场地的同时，也使得城市重建问题迫在眉睫。

于是，一批有才华的建筑师聚集到芝加哥，形成了“芝加哥学派”（Chicago School）。该学派致力于探讨新技术在高层建筑上的应用和高层建筑的造型问题，成为现代建筑在美国的奠基者。它的重要贡献是在工程技术上创造了高层金属框架结构和箱形基础，在建筑设计上肯定了功能和形式之间的密切关系，在建筑造型上趋向简洁、明快与适用的独特风格。

芝加哥学派的创始人是工程师詹尼（William LeBaron Jenney），他于 1879 年用金属框架结构设计了一座多层大楼，可谓芝加哥学派的起点。从他的事务所里培养出不少芝加哥学派的第二代设计者，大多具有很好的工程技术才能。

理查森（Henry Hobson Richardson）是一位在巴黎接受过正规学院派教育的建筑师，但他的设计观念与英国工艺美术运动很接近，不拘泥于古典传统，对后来美国建筑师有很积极的影响。

沙利文（Louis Henry Sullivan）是芝加哥学派的中坚人物，他提出了“形式追随功能”（Form follows function）的口号，为芝加哥进步工程师与建筑师的探索作了理论上的提升。

沙利文根据功能特征为高层办公楼赋予了“三段式”的典型样式。建筑采用金属框架结构，地下室用作动力、采暖、照明等各种设备空间。地面以上，建筑下段的底层与二层，主要用于商业或服务性设施，外观舒朗，内部空间宽敞，光线充足，出入方便；建筑中段是规格基本相同的办公室空间，柱网排列整齐，便于分隔和出租，其外观处理为整齐划一的窗格子样式；建筑上段为设备层，安排水箱、水管、机械装置等，开窗较小，有一道挑檐作为立面的收头。这种按功能来选择合适结构和相应形式的做法，从根本上不同于古典三段式的形式主义，在当时具有革命性意义。

1893年，芝加哥的哥伦比亚世界博览会全面复活折中主义建筑，芝加哥学派的活动随之衰落；但是，有一些人并没有被倒退的浪头席卷。例如，曾在沙利文的事务所得到很多实践机会的赖特（Frank Lloyd Wright）立志通过草原式住宅（prairie house）来创造一种脱离传统风格、反映现代生活的新建筑。他后来成为美国著名的现代建筑大师，为现代建筑的发展作出了独特且重要的贡献。

1.5.02 哈佛大学塞弗馆（Sever Hall of Harvard University，Cambridge，1878－1880，设计者：理查森 | Henry Hobson Richardson）理查森注重建筑使用的舒适性，在其设计中，窗户宽大，室内光线明亮，外观简朴自然，比例均衡。他关注体量、尺度、比例和简洁性而不是装饰细节，把欧洲中世纪的罗马风传统与地方性的美洲特色熔为一炉。在此案例中，他充分发挥砖材的特色，采用具有中世纪建筑遗风的角楼，使建筑与其基地周围的那些早期建筑相协调。

1.5.02 哈佛大学塞弗馆

1.5.03 马歇尔·菲尔德批发商店（Marshall Field Wholesale Store，Chicago，1885－1887，设计者同上）这座大楼在结构上采用传统的砖石墙承重，以红色密苏里大理石和褐色砂石层叠相间作为表面砌体，建筑显得坚固稳定。宽大的开窗、外形上极少的装饰性细部都与传统观念迥异。理查森的这个作品是直接影响到现代建筑芝加哥学派形成的一个原型。

1.5.03 马歇尔·菲尔德批发商店

1.5.04 第一拉埃特大厦（First Leiter Building，Chicago，1879，设计者：詹尼 | William le Baron Jenney）这是一座外部砖墙与内部铁梁柱混合结构的七层货栈，立面除承重结构外，全部开窗。

1.5.04 第一拉埃特大厦

1.5.05 家庭保险公司大厦（Home Insurance Company，Chicago，1883－1885，1929 年拆除，设计者同上）詹尼设计的这座 10 层框架建筑是世界上第一座按照现代钢框架结构原理建造起来的高层建筑，但其外立面沉重的砌体仍保持着古典的比例。

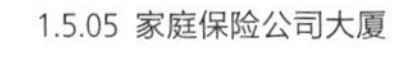

1.5.05 家庭保险公司大厦

1.5.06 莫纳德诺克大厦（Monadnock Building，Chicago，1891，设计者：伯纳姆｜Daniel Burnham，鲁特｜John Wellborn Root）这座砖石结构的大厦形式新颖，外表简洁平滑，没有壁柱或线脚装饰，突出的檐口与窗户不同于虚假的折中主义，而是合乎结构逻辑的表现。由于业主不相信金属框架结构的安全性，这座 16 层的建筑成为芝加哥采用砖墙承重的最后一幢高层建筑，由于层数过多，底下几层的墙最厚处达 2 米多。

1.5.06 莫纳德诺克大厦

1.5.07 瑞莱斯大厦（Reliance Building，Chicago，1890－1894，设计者同上）经过曲折和反复的摸索后，伯纳姆与鲁特终于创作出这座 16 层的瑞莱斯大厦，可以说，这是当时芝加哥最好的摩天楼设计。它采用了先进的框架结构，传统意义上的外墙几乎被完全取消。建筑基部用深色的石块砌筑，衬托出上部的透明玻璃窗和白色釉面窗裙，显得端庄、纯粹。

1.5.07 瑞莱斯大厦

1.5.08 塔科马大厦（Tacoma Building，Chicago，1887－1889，设计者：霍拉伯德｜William Holabird，罗什｜Martin Roche）这是一座 12 层的建筑，主要立面像蒙在金属骨架上的一层“玻璃皮膜”，没有层与层之间的重重划分，只使用了数量极少的陶砖贴面。实体部分已经缩减到当时技术下的最小限度，将建筑的结构性特质显露无疑。

1.5.08 塔科马大厦

1.5.09　马奎特大厦（Marquette Building, Chicago，1894，设计者同上）霍拉伯德与罗什设计的马奎特大厦，是一座1890年代末芝加哥优秀高层办公楼的典型。由于采用框架结构，内部空间可以用灵活隔断划分，立面也不需要任何窗间墙，而开有网格状排列的宽阔的“芝加哥窗”。从街上正面看，马奎特大厦的外表像一个整体，但在背面却看出它是一个“E”字形的平面，三面办公室围绕着居中的电梯厅，内院向后面开放以便内侧办公室的采光与通风。

1.5.10　会堂大厦（The Auditorium Building, Chicago，1887－1889，设计者：沙利文｜Louis Henry Sullivan，阿德勒｜Dankmar Adler）沙利文的设计大多都是与阿德勒合作完成的，芝加哥会堂大厦是他们的首例大型项目。建筑主体是一幢约4000座的大型剧院，其侧面是有400个房间的旅馆和136间办公室及店铺的高层建筑。在这样一种非常规性的任务中，必须创造性地解决一些功能问题，包括在屋顶上设置旅馆的厨房和餐厅，以免煤烟影响到住户等。观众厅采用折叠式隔板和垂直幕帘，使座位数可从音乐会时的2500座扩大到集会时的7000座，满足容量变化的要求。他们还运用结构、设备、材料等多种技术手段来解决诸如音质、通风、地基沉降等问题。建筑外观脱胎于理查逊的马歇尔·菲尔德批发商店，但不同的是，会堂大厦的贴面材料有变化：下段采用粗琢石块，上部则改为光滑方石，以弱化它的巨大高度和体量。尽管建筑外观未能完全反映落落大方的内部处理，但整体构图仍不乏一种紧凑的节奏。不论在工艺技术还是设计构思上，这座建筑对芝加哥学派都作出杰出贡献。

1.5.11　哥伦比亚世界博览会交通馆金门（Golden Door of the Transportation Building at the World's Columbian Exposition, Chicago，1893，设计者：沙利文）在芝加哥举办的哥伦比亚世界博览会上，为了以文化装饰门面，展览馆大都采用古典复兴风格的白色建筑，只有沙利文设计的交通馆色彩鲜明，显得格外别致。被称为“金门”的入口是一个罗马式券洞，集中满铺着几何化的图案装饰，与当时欧洲的新艺术运动风格相一致，得到不少欧洲参观者的称赞。

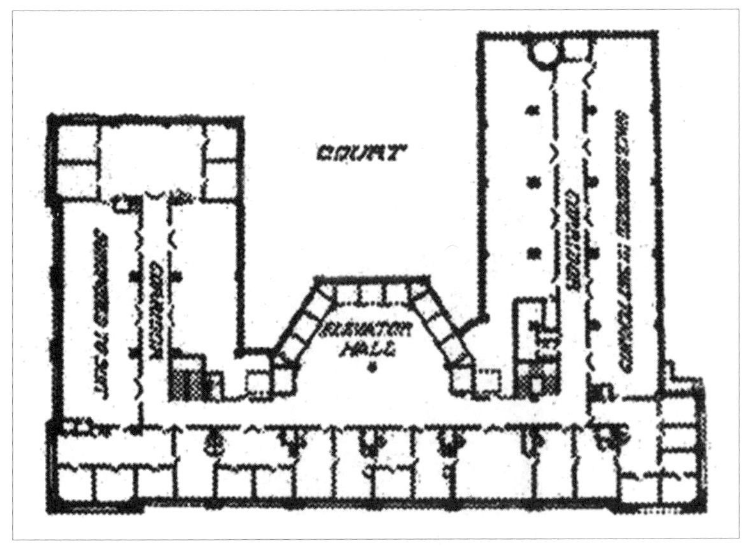

1.5.09-1 马奎特大厦平面图

1.5.09-2 马奎特大厦局部

1.5.12 布法罗信托银行大厦（Guaranty Building, Buffalo, 1894－1895, 设计者：沙利文，阿德勒）布法罗信托银行大厦（现称“咨询大厦” | Prudential Building）是沙利文与阿德勒早期设计的一个高层建筑的杰作，全面体现了沙利文所谓形式与功能相符合的原则。底部的柱廊反映出开敞的内部空间；中间一大段连续的窗间柱表面铺满浅色图案的面砖，既统一了立面，又可以强调金属骨架，它轻巧而无重量感，是纯装饰性而非承重的构件；檐口下方优雅的椭圆形气窗与联系窗间柱的拱券如旋涡般散开，延伸到以曲线挑出的檐口，隐喻着其内部的设备系统。

1.5.11 哥伦比亚世界博览会交通馆金门

1.5.12 布法罗信托银行大厦

1.5.10-1 会堂大厦

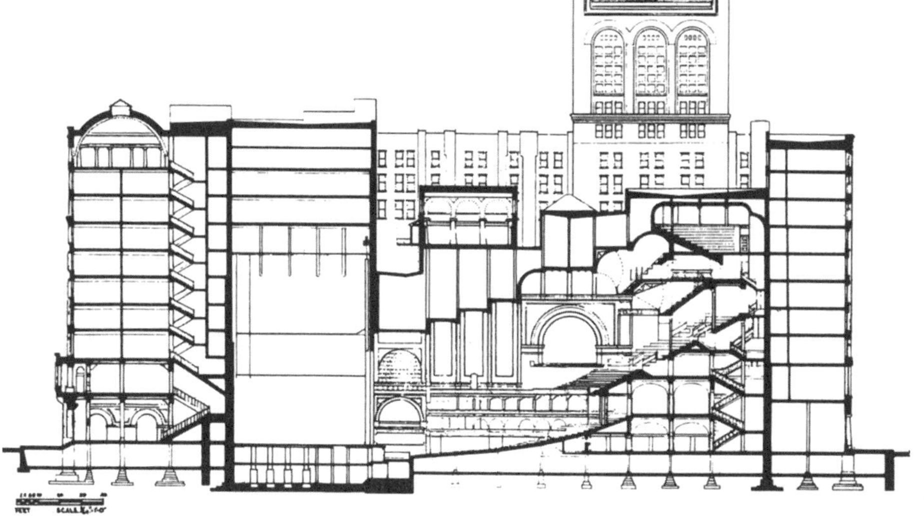

1.5.10-2 会堂大厦剖面图

1.5.13 C.P.S. 百货公司大厦（Carson Pirie Scott Department Store，Chicago，1899 –1891，1903 –1904，设计者：沙利文）这是最后一座与沙利文相关的重要的大型建筑，其上部层高较低的几层是二期改建的。它的立面明显分为上下两段，总体上采用了表现框架结构的网格形构图：上段办公部分，立面开着宽大的横向的“芝加哥窗”，顶楼窗子略向后缩，几乎没有任何装饰；底部的两层商店有一长条精心制作的装饰带，表面布满了金属冲压的植物图案。如此“两段式”设计清晰呈现出“办公”和“商业”这两大都市核心功能。

1.5.13-1 C.P.S. 百货公司大厦外观

1.5.14 伍尔沃斯大厦（Woolworth Building，New York，1911 –1913，设计者：Cass Gilbert）纽约紧随芝加哥也兴起了建造高层商业建筑的热潮。伍尔沃斯大厦高达 52 层，241 米，是第一次世界大战前的“世界最高建筑”，有“摩天楼”（Skyscraper）的美誉。该大厦被毫无意义地罩上哥特教堂般的石头外衣，加大自重的同时，掩盖了钢结构框架，也失去了清新的形式和透彻的功能表达。这种现象从一个侧面反映出现代建筑发展道路上的种种曲折和压力。

1.5.13-2 C.P.S. 百货公司大厦细部

1.5.14-1 远眺伍尔沃斯大厦

1.5.14-2 伍尔沃斯大厦局部

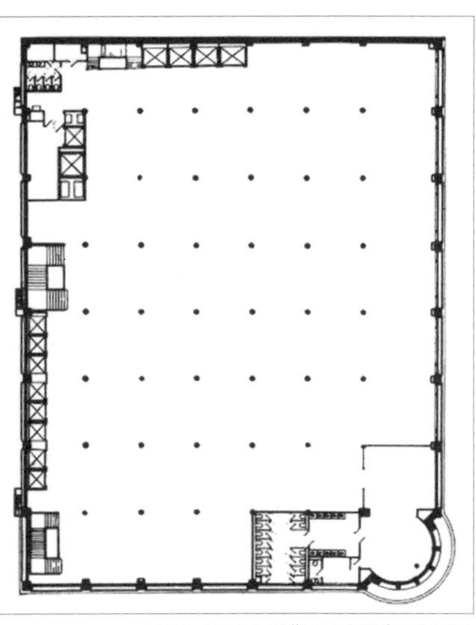

1.5.13-3 C.P.S. 百货公司大厦底层平面图

1.5.15 威利茨住宅（Willits House，Highland Park，Illinois，1902，设计者：赖特｜Frank Lloyd Wright）赖特所谓的“草原式住宅”是建于美国中部一望无际的大草原上富于田园诗意的新型住宅，其布局自由，造型新颖，建筑与周围环境融为一体。

1.5.15-1 威利茨住宅外观

这是赖特草原式住宅的第一件杰作。它建在草地树丛之间，十字形平面与四坡屋顶特别舒展，上下两层皆有宽大的挑檐；围绕壁炉的门厅、起居室、餐室之间不做绝对的分隔，使室内空间增加了连续性；外墙上用连续的门和窗做水平向延伸，以增加室内外空间的联系；立面的水平装饰线条、勒脚、矮墙，形成以横线为主的构图，给人以舒展而安定的印象；垂直的窗梃和木筋表明建筑内部采用的是轻型木骨架。

1910 年，随着赖特的作品集在欧洲出版，草原式住宅开始广为德国、荷兰等国家的建筑师所了解和称赞。

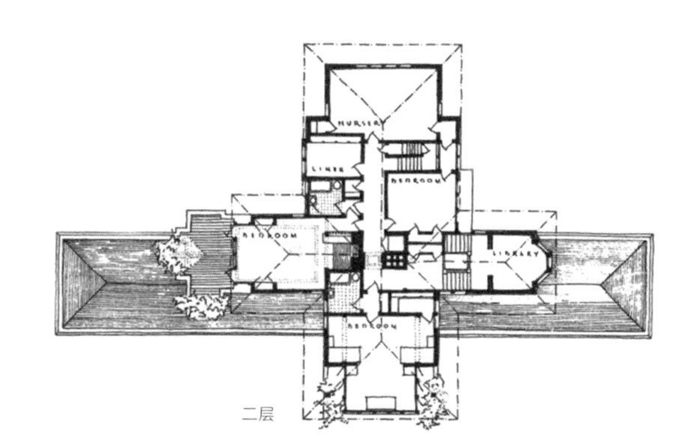

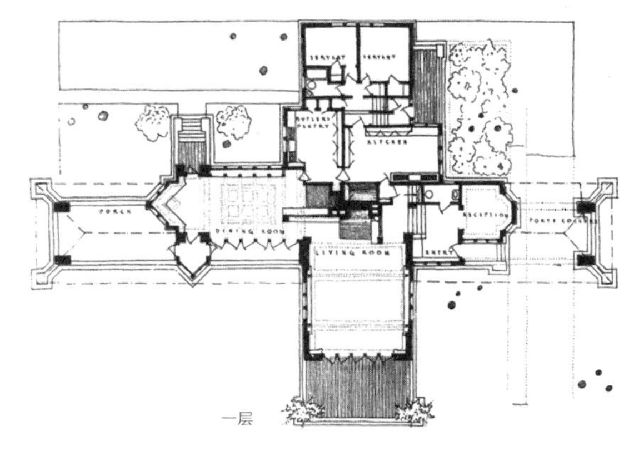

1.5.15-2 威利茨住宅平面图

1.5.16 甘博住宅（Gamble House，Pasadena，1908，设计者：格林兄弟｜Charles and Henry Greene）日本的建筑文化对美国影响深广。在经济迅速发展的西海岸，格林兄弟的这项作品就具有明显的日本传统建筑的结构特点。整个建筑采用木构件，讲究梁柱结构的功能性和装饰性，强调水平方向的延展。同时，建筑糅合了美国印第安文化、传统乡土木屋、西班牙殖民地建筑特点，以及工艺美术运动风格等，是一个不折不扣的折中主义佳作。

1.5.16 甘博住宅

1.6

踏实的脚步：对钢筋混凝土技术的研究

（1890 年代—1920 年代）

1.6.01 马约尔（Aristide Maillol）的雕塑《法兰西岛》

现代建筑发展的历程肇始于工业革命大量生产的钢铁材料，而在钢结构广泛应用大约半个世纪以后，钢筋混凝土作为另一种重要的新结构材料开始普及。两者不同的是，钢结构由工程师的本真表达到建筑师的自觉接受，其发展颇为曲折，而钢筋混凝土尽管最初只应用于一些工程构筑物，但由于这种材料像钢结构一样可以覆盖宏大的空间，具有极大的技术潜力，又有超越前者的可塑性，可以浇筑成各种形状，因而具有更大的造型潜力，所以从一开始就得到建筑师们的青睐。在 20 世纪初，钢筋混凝土几乎成了一切新建筑的标志。

古罗马人曾用天然混凝土结构进行浩大的建造活动，但是这项技术在中世纪时失传了，而真正的混凝土与钢筋混凝土是近代的产物。19 世纪末，钢筋混凝土技术得到飞速发展，在德国、美国、英国、法国同时进行相关的开拓性工作。尤其在法国，建筑师兼营造商埃内比克（François Hennebique）对它的系统性开发首先取得成功。

法国的建筑文化是以古典主义理性、复杂的技术传统，以及它们的相互约束与同化过程为基础的，但折中主义的风行导致这种文化逐渐丧失，因为建筑师们习惯于把传统风格与建筑的材料和方法视为一体，在风格与材料的拼凑中逐渐使建筑设计成了前景模糊的时髦游戏。

新艺术运动对法国的影响只是局部和短暂的，反而是既浸染于主流古典文化又具有革新精神的一部分先进建筑师为传统开拓出重生的道路。他们遵循古典主义原则，坚持结构的内在统一性，反对折中主义的虚伪矫饰，其中，著名建筑师佩雷（Auguste Perret）的作用最为突出。佩雷善于运用钢筋混凝土结构，努力发掘这种材料与结构的艺术表现力。他的作品都是基于钢筋混凝土骨架，结构大胆、形式简练，同时又忠实于古典的构图原则，形成对称的结构和外观。他与自己的兄弟通过经营建筑企业，在实务层面上探索出适合于这种新材料的建造和表达方法，向严谨而可靠的钢筋混凝土结构迈出了创造性的步伐。另一位法国建筑师加尼耶（Tony Garnier）同样发挥了重大作用，其对现代建筑发展的最大影响在于他的“工业城市”规划，其中的建筑都应用钢筋混凝土，新颖的造型与开敞、明快的效果预示了 20 年后钢筋混凝土建筑的标准特性。加尼耶的贡献远不止于理念，在开明的市长埃里奥（Édouard Herriot）的支持下，他为里昂建造了一系列典型的公共建筑和住宅区，将理论和实践紧密结合起来。

1.6.02 埃内比克钢筋混凝土体系 法国建筑营造商埃内比克（François Hennebique）系统开发了钢筋混凝土。1890 年代，他在赖因堡（Reinburg）为自己建造别墅作为应用钢筋混凝土的广告。他首创的整体式框架结构在工业建筑中得以大规模应用。

1.6.03 蒙马特圣让教堂（Saint-Jean de Montmartre，Paris，1894－1904，设计者：博多｜Anatole de Baudot）这是首例用钢筋混凝土作为承重结构建造的教堂，为迎合当时人们的口味，蒙马特圣让教堂的基本形制采用哥特式，内部钢筋混凝土框架结构明显地暴露出来，设计手法十分新颖。

1.6.04 巴黎富兰克林路 25 号公寓（Apartment，25 bis，Rue Franklin，Paris，1902－1903， 设计者：佩雷｜ Auguste Perret）这是一座八层钢筋混凝土框架结构的公寓，局部有小型屋顶花园。它位于两座老建筑之间，基地相对较宽，但进深不大。佩雷将每层楼的五间主要房间都临街安排，围绕一个凹入的中心处排作半圆状；正面外侧与两边古典风格建筑的立面取齐，正面中间向内进行转折，增加外墙天然采光面；从第二层往上，两侧房间朝街挑出，以增加内部面积。他在纤细的钢筋混凝土框架表面贴釉面陶砖，形成新艺术运动的花叶装饰图案，框架之间开大窗，使结构完全暴露出来，不但尽显结构的轻快和高强度，而且也增加了建筑的开放性和空间的流动性。

1.6.03-1 蒙马特圣让教堂外观

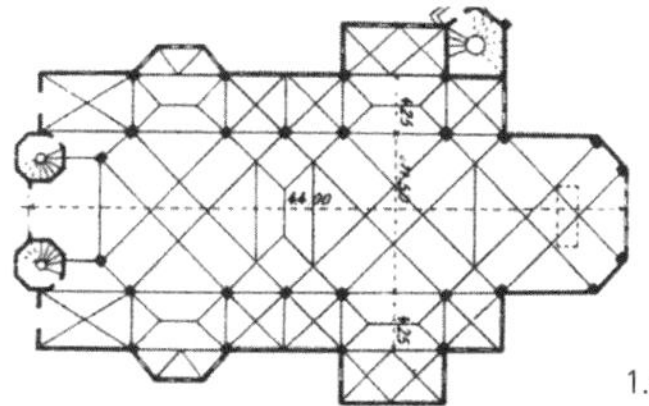

1.6.03-2 蒙马特圣让教堂平面图

1.6.03-3 蒙马特圣让教堂室内

1.6.04-1 巴黎富兰克林路 25 号公寓临街外观

1.6.02 埃内比克钢筋混凝土体系

1.6.05 庞蒂厄街 51 号车库（Garage，51 Rue de Ponthieu，Paris，1905，已毁，设计者：佩雷兄弟 | Auguste and Gustave Perret）这座四层车库的设计充分说明了佩雷兄弟探索和表现钢筋混凝土特性的能力。该车库在技术上采用了提升机和滚动转车台这类新设施，在立面上突出的钢筋混凝土梁柱框定了一片片大小不同的玻璃面，围绕着中央的玫瑰窗，整体的对称性和尺度节奏使人联想到古典立面的理性构图。

1.6.06 香榭丽舍剧院（Théâtre des Champs Élysées，Paris，1911 –1913，设计者：佩雷 | Auguste Perret）建筑位于一条宽 37 米、深 95 米的狭长基地上，这使得钢筋混凝土这种轻型新结构有了用武之地。剧院包括 3 座观众厅，容纳的座位数分别为 2100 座、750 座、250 座，此外，还设置了舞台、后台、前厅、衣帽间等辅助功能空间。虽然香榭丽舍剧院的平立面主要是凡·德·费尔德设计的，但它的实现却完全仰仗佩雷兄弟的高超技术处理。他们把圆形主厅悬挂在由 8 根柱子与 4 道弓形拱架组成的周边支托之上，柱、拱都与从筏形基础升起的连续框架整体结合，框

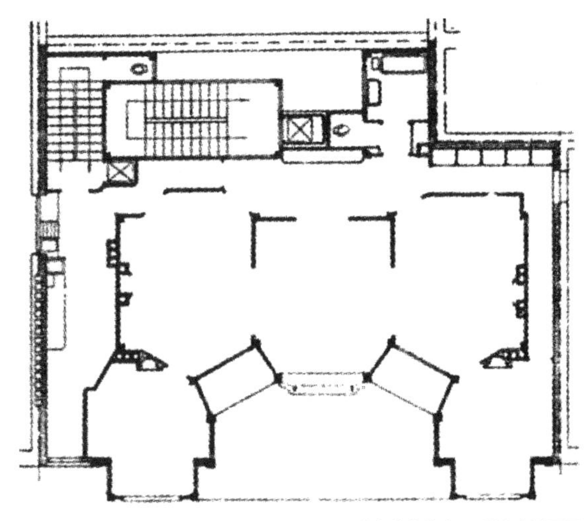

1.6.04-2 巴黎富兰克林路 25 号公寓平面图

1.6.04-3 巴黎富兰克林路 25 号公寓细部

1.6.05 庞蒂厄街 51 号车库

1.6.06-1 香榭丽舍剧院外观

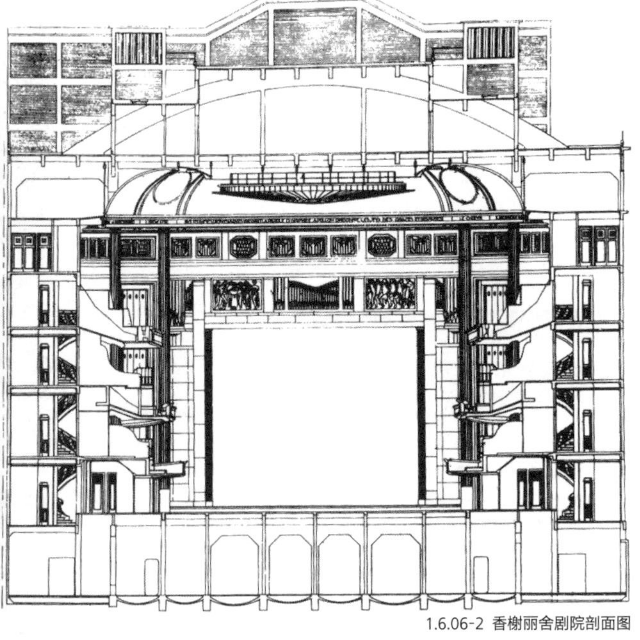

1.6.06-2 香榭丽舍剧院剖面图

架又通过悬臂及桁架式大梁被加强，使需要的体积可以在场地容许的范围内放得下。如此强有力的结构并未外露，建筑背面及侧面均为砖墙填充的框架体系，由于建筑主立面采用了古典式的处理手法，因而无从反映前厅中丰富多样的柱列排布，但人们从佩雷设计的扶手、灯具以及其他室内陈设中能够一窥其深厚的艺术造诣。

1.6.07 巴黎埃斯代尔制衣厂（Esders Ready-made Clothing Studio，Paris，1919，已毁，设计者：佩雷兄弟）佩雷兄弟用钢筋混凝土建造了这间制衣厂，结构轻巧明确，室内采光充足。

1.6.08 兰希圣母教堂（Église Notre-Dame du Raincy，1922－1923，设计者同上）佩雷兄弟运用钢筋混凝土建造的另一项杰作是巴黎近郊的兰希圣母堂。设计采用了早期基督教巴西利卡式平面，屋顶为平缓的钢筋混凝土拱顶，落在间距很宽的细柱上。柱子高 35 英尺（约 10.6 米），而其断面厚度却不足 14 英寸（约 35.6 厘米）。透空且不承重的外墙是预制混凝土构件，上面嵌着带有哥特风格余韵的彩绘玻璃。室内格调是明朗、理性的，没有传统教堂的神秘气氛。

1.6.07 巴黎埃斯代尔制衣厂

1.6.08-1 兰希圣母教堂外观

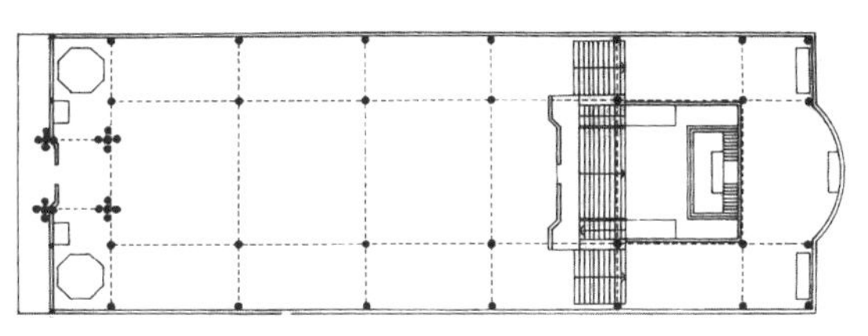

1.6.08-2 兰希圣母教堂平面图

1.6.09 装饰艺术展览会剧场

1.6.08-3 兰希圣母教堂室内

1.6.09 装饰艺术展览会剧场（Theatre at the "Exposition Internationale des Arts Décoratifs et Industriels Modernes", Paris，1925，设计者同上）这座小型剧场是临时性建筑，佩雷兄弟用木柱支撑着用型钢作配筋的混凝土轻质梁。整个结构外表面用板条抹灰，并包以人造石块。结构上最有表现力的是由 8 根独立柱子支托的一道环形梁。

1.6.10 "工业城市"（1904，加尼耶 | Tony Garnier）面对工业快速发展的社会状况，加尼耶在 1901 年就提出了"工业城市"规划，并于 1904 年完成详细的平面图设计。他设想的工业城市规划人口 3.5 万，城内按照功能进行明确的分区：城市附近河流上游的水电站提供电力、照明及热能；工业区设在地势较低的河滨地区；城市生活区及医疗中心都位于朝南的台地上，以抵御寒风吹袭。各区之间均有公共绿地隔离，为各自的扩建留有余地。工厂与城市间有一条铁路相联系。城市交通有赖于先进的快速干道、市政和交通工程，而各类工业、民用建筑都用钢筋混凝土建造。

"工业城市"对后来现代建筑派的城市发展理论产生了一定影响。加尼耶以后又持续不断地修订了他的规划。

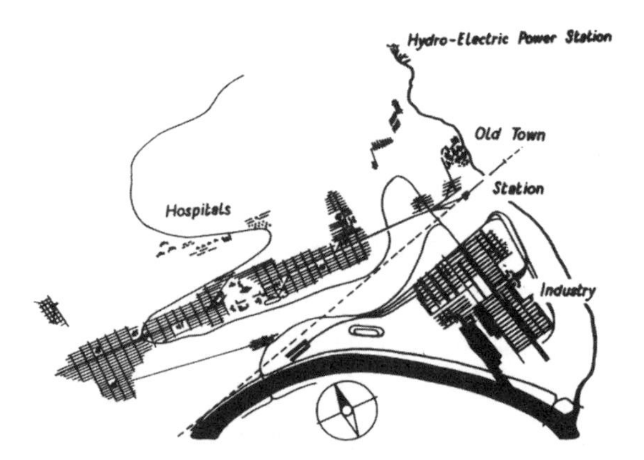

1.6.10-1 "工业城市"规划图

1.6.10-2 "工业城市"的住宅区

1.6.10-3 "工业城市"的火车站

1.6.11-1 里昂市政屠宰场正面外观

1.6.10-4 "工业城市"的工业区

1.6.11 里昂市政屠宰场（Municipal Slaughterhouse, Lyons, 1909－1913, 1928, 设计者同上）屠宰场的主体建筑是市场大厅，采用跨度为 80 米的三铰拱结构，架起一条条采光天窗，正好与台阶式的山墙相对应。外观上屋顶由中间向两侧层层跌落，与周围低矮的建筑融为一体。在第一次世界大战期间，这个明亮的大跨度空间成了导弹工厂，战后才恢复其原来的用途。

1.6.11-2 里昂市政屠宰场室内

1.6.12 里昂奥林匹克体育场（Olympic Stadium, Lyons, 1913－1916, 设计者同上）这是欧洲最早的现代体育场。加尼耶本来计划建造一处类似微型城市的体育运动中心，其中包括露天和室内体育馆、小型球场、游泳池和餐馆，但因为第一次世界大战，工程没有全部实现。

加尼耶从对古典建筑遗产的研究中获得灵感，却并没有采用震慑人的巨大体量，而是采用富于人情味的尺度，并用堆起的草坡掩盖外墙的高度，使这座巨大的建筑与周围环境融合在一起，只在四个入口处突出了装饰性的大拱门。

1.6.13-1 格朗热 - 布朗什医院鸟瞰

1.6.13 格朗热 - 布朗什医院（Grange-Blanche Hospital, Lyons, 1915, 设计者同上）加尼耶总是从城市总体角度考虑问题，在他看来，建筑物的重要性不在于其孤立地凸显自身，而在于其对城市生活作出贡献。

1.6.12-1 里昂奥林匹克体育场局部一

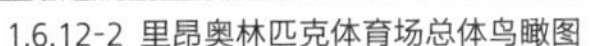

1.6.12-2 里昂奥林匹克体育场总体鸟瞰图

1.6.12-3 里昂奥林匹克体育场局部二

这座花园式医院（后改称“爱德华·埃里奥医院”| Edouard Herriot hospital）建在缓坡地段，二至三层的小病房楼星罗棋布，距离适中，建成环境和入院的人群之间关系十分协调。没有大尺度的视觉焦点或排场性的轴线系统，整体看上去更像是一个居住区而非医院。

1.6.13-2 格朗热 - 布朗什医院局部

1.6.14 奥利飞艇库（Airship Hangers，Orly，Pais，1916，1923，已毁，设计者：Eugène Freyssinet）这两座飞艇库分别建于第一次世界大战期间和 1923 年，都是由一系列抛物线形的钢筋混凝土拱券组装而成，跨度达 320 英尺（约 97.5 米），高度达 195 英尺（约 59.4 米）。每榀自承重的拱架宽 7.5 米，拱肋间有规律地布置着采光带，具有别致的装饰效果。

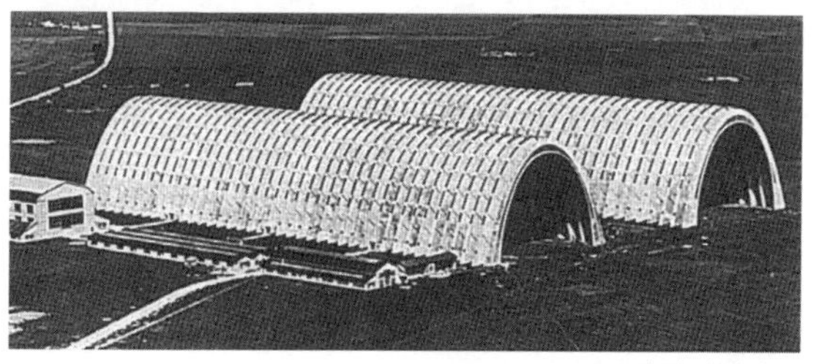

1.6.14-1 奥利飞艇库鸟瞰

1.6.14-2 奥利飞艇库外观

1.6.15 百年纪念堂（Jahrhunderthalle，Breslau，1911 –1913，设计者：Max Berg）位于布雷斯劳（今波兰弗罗茨瓦夫| Wroclaw）的这座巨构是为纪念 1813 年普鲁士反抗拿破仑起义 100 周年而建。它的穹顶直径达 65 米，是当时世界上同类建筑中最大的。结构由巨型帆拱承托起一圈环形梁，其上再伸出钢筋混凝土拱肋，与一圈圈同心圆环形梁一起形成穹顶的骨架。该纪念堂室内是一个震慑人心的大空间，场面极为壮观。由于当时尚没有按照穹顶曲面安装玻璃的技术，因而设计者在球面不同位置开了间隔不等的环形窗带，并在顶部做了一个传统的灯室，以致或多或少遮蔽了它那强有力的结构体系。

1.6.15-1 百年纪念堂外观

1.6.15-2 百年纪念堂室内

1.7

直面机械生存：德国的工业制造与建筑

（1900 年代—1920 年代）

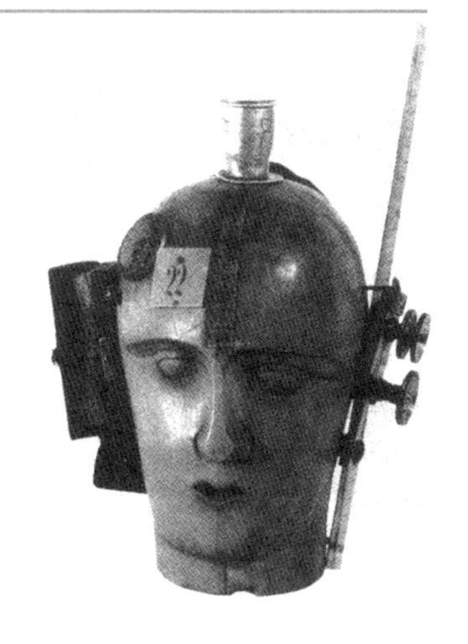

1.7.01 奥斯曼（Raoul Hausmann）的装置艺术《我们时代的精神》

在德国，探索新建筑的先锋森佩尔（Gottfried Semper）早在 19 世纪中叶就著书立说，探讨了工业化与批量生产对整个应用艺术及建筑的影响。但在“铁血宰相”俾斯麦领导期间，德国关心的只是发展与扩张，诸如德国通用电气公司（AEG）这样的企业在几年之内就迅速成长为一个大型工业联合体，产品众多，利益遍及全球。然而德国的工业及应用艺术产品制作粗糙、设计丑陋，仅靠价格来同老牌资本主义国家竞争。

现代工业革命与设计革命的先驱英国已渐渐丧失了锐气，德国则在 19 世纪末工业水平迅速赶超对手以后，意识到必须以“质美”而不是“价廉”的产品来争夺世界市场，而在手工艺及工业领域中改进设计则是实现未来繁荣的根本。

在建筑艺术领域里，德国不曾有其他国家先锋派们那么深刻激烈的改革，但乐于接受新东西，只要对自己的工业发展有利便吸取。比利时新艺术派人物凡· 德· 费尔德的展览、美国新建筑的先驱赖特的作品等都大受欢迎，许多著名的外国建筑师和艺术家也应邀到德国。政府机构开始支持具有德国文化色彩的、新兴的美术及手工艺复兴运动，为此，建筑师和艺术评论家穆特修斯（Hermann Muthesius）作为官方代表前往伦敦，研究英国的建筑和艺术设计，并在回国后致力于改革德国的艺术教育，寻找艺术与工业生产的结合点。

1907 年，穆特修斯联合一批有共同目标的企业家、艺术家、技术人员成立了一个名为“德意志制造联盟”（Deutscher Werkbund）的组织，旨在通过优秀的设计和制造来改进工业制品的质量以求达到国际水平。德意志制造联盟是面向机器生产的，其中许多著名建筑师都认定建筑艺术必须与工程科学技术相结合这个方向，投身于 19 世纪建筑师们曾回避的工业建筑设计领域。

著名建筑师贝伦斯（Peter Behrens）在其中威望最高，他把工业化视为“时代精神”与“民族精神”的复合主题，认为艺术家的使命就是要赋之以形式，在设计中有意识地把工业概念实体化，使其成为现代生活的基本要素之一。贝伦斯职业生涯的大部分时光正逢德国建筑和工业艺术设计的黄金时代，他被德国通用电气公司聘为艺术顾问，统管从建筑到产品和宣传的所有设计。

除了对现代建筑作出的杰出贡献，贝伦斯还培养了不少建筑人才。例如，现代派建筑大师格罗皮乌斯、密斯（Ludwig Mies van der Rohe）、柯布西耶等初出茅庐之际，都曾在贝伦斯的建筑事务所工作过。

德意志制造联盟有关改进工业美术各个领域的理想不仅通过教育和出版物来宣传，还特别通过大量的设计展览进行传播，其最有意义的一次是 1914 年在科隆举行的展览，出现了一批有影响的实验性“示范”建筑（model building）。通过这些活动，德意志制造联盟对建筑的发展，甚至对 20 世纪社会文化中的机器美学取向都起到重要作用。

德意志制造联盟虽然是一个抱有共同社会理想的组织，其成员的艺术观念却不尽相同。例如，穆特修斯主张提供示范性的通用模式和标准化设计，从而导致制造联盟走向注重客观性和效率的道路；凡·德·费尔德力挺个人的艺术创造自由，从而促使第一次世界大战后表现主义（expressionism）从绘画和雕塑领域进入了德奥建筑界。

1.7.02 AEG 涡轮机车间（AEG Turbine Factory，Berlin，1908－1909，设计者：贝伦斯）贝伦斯为德国通用电气公司（AEG）建造了多种类型的工业建筑。涡轮机车间的设计注重功能，兼顾生产流程和工人的工作条件。它由一个主体车间和一个附属建筑两部分组成，除了砖砌的支柱以外，墙面上开大面积玻璃窗，以满足生产过程中的采光需要。阳光将结构的阴影投射到室内，产生一种特别的装饰效果。玻璃面上突出的棱角构成简洁、利落的线条，屋顶外观坦率地表达着三铰拱结构。虽然厚重的墙面转角还保留着传统纪念性建筑的坚固和稳定感，但它仍然完好表现了德国现代工业的成就，是现代建筑史中的一座重要里程碑。

1.7.02-1 AEG 涡轮机车间外观

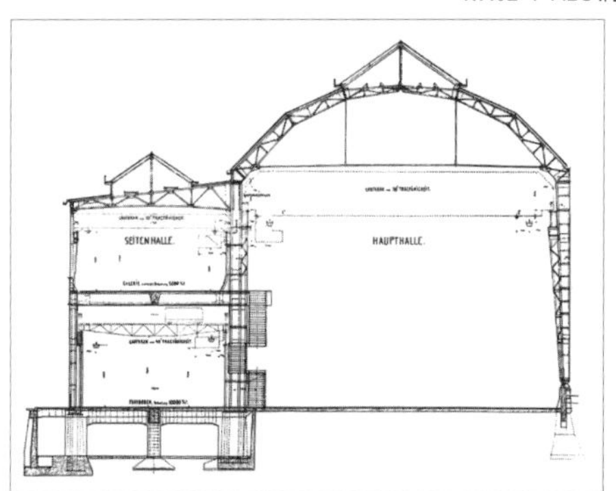

1.7.02-2 AEG 涡轮机车间剖面图

1.7.03 AEG 张拉车间（AEG High-Tension Plant，Berlin，1909－1910，设计者同上）贝伦斯为 AEG 设计的张拉车间和装配车间，建筑结构明确，形式简洁，虽还略带一些传统风格的痕迹，但已经充分表现出了现代工业建筑的特点。张拉车间双跨的生产大厅夹在两翼六层的塔楼之间，采用玻璃屋顶，为室内提供充足的光照。大厅一端的上部是管理办公用房，以此将两翼部分联系起来。

1.7.03-1 AEG 张拉工厂透视图一

1.7.04 贝伦斯的其他各种设计 贝伦斯不仅建造了一批工业建筑，还为AEG及其他许多工业企业做了大量产品、商标和广告设计（AEG的商标，1908年；AEG的电风扇，1908年；AEG电水壶，1909年；PFAFF公司的缝纫机，1910年；招贴画《AEG电灯泡》，1910年）。

1.7.05 法兰克福煤气厂（Gasworks，Frankfurt，1911－1912，设计者同上）贝伦斯设计的纯功能性工业建筑始终保持着一种平稳凝重的格调。煤气厂水塔和焦油库犹如塔楼一般高耸，具有纪念性效果。

1.7.06 赫斯特染料厂办公楼（Office Building of Dyestuff Factory，Hoechst，Frankfurt，1920－1924，设计者同上）这是贝伦斯在第一次世界大战后设计的，大约实施于他就任维也纳建筑学院院长前后。办公楼外部有一座天桥与老的行政办公楼相连。这座工业建筑既反映了他早年在达姆施塔特作为一名先锋的青年风格派设计师时所取得的经验，又表现出他设计一贯具有的严谨与冷峻风格。门厅地面采用几何化的彩色面砖铺装，砖石砌体组织成交错的直线形，创造出一种生动的挤压效果。

1.7.03-2 AEG张拉工厂透视图二

1.7.03-3 AEG装配工厂

1.7.04-1 AEG商标

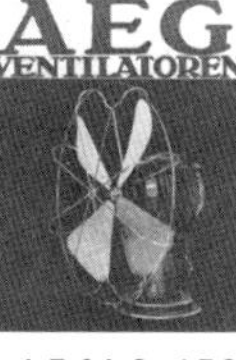

1.7.04-2 AEG电风扇

1.7.04-3 AEG电水壶

1.7.04-4 PFAFF公司的缝纫机

1.7.04-5 招贴画《AEG电灯泡》

1.7.05 法兰克福煤气厂

1.7.06-1 赫斯特染料厂办公楼外观

1.7.06-2 赫斯特染料厂办公楼门厅

1.7.07 斯图加特火车站（Railway Station in Stuttgart，1911－1927，设计者：博纳茨｜Paul Bonatz，肖勒｜Friedrich Scholer）纯朴简洁的斯图加特火车站经过多年建造，在1927年投入使用。在这里，国家形象的纪念性、现代工业城市的技术效率、知识分子的社会责任心等都通过建筑师的经验和修养传达出来。在19世纪曾被视为功利性（而非功能性）的工业建筑此时成了建筑师们着力研究的对象，他们努力把自己的工作与工程师们设计的杰出结构工程，以及这些工程在美学和技术方面的创新结合在一起。

1.7.07-1 斯图加特火车站鸟瞰

1.7.07-2 斯图加特火车站外观

1.7.08 波兹南水塔（Water Tower，Poznan，1911，设计者：珀尔齐希｜Hans Poelzig）这座水塔不仅是一项市政设施，在它巨大的水箱之下，各个楼层还设有市场大厅、展室和餐馆。珀尔齐希的设计一反工业建筑中刻板的工程化表现形式，犹如为现代工业城市戴上一顶洋洋自得的高冠。

1.7.08 波兹南水塔

1.7.9 卢班米尔希化工厂（Milch Chemical Factory，Luban，Poznan，1911－1912，设计者同上）珀尔齐希在波兹南附近的卢班建造了一座极有个性的砖墙砌筑的化工厂，采用了艺术表现中常用的隐喻手法，通过对开窗形式的不同处理透露出相关砖墙是否为承重结构——那些开有半圆形窗的墙是真正的承重墙，而开着不带窗楣的方窗的墙则不是。

1.7.09-1 卢班米尔希化工厂外观

1.7.09-2 卢班米尔希化工厂局部

1.7.10 莱比锡博览会的钢铁工业馆（Steel Industry Pavillion，Leipzig，1913，已毁，设计者：陶特 | Bruno Taut）在设计这座展览馆时，陶特似乎是灵光一现般地把维也纳分离派的穹顶桂冠与德意志制造联盟关注的工业建筑形象联系到了一起，这件作品预示了他稍后更有影响力的玻璃展览亭的出现。

1.7.10 莱比锡博览会的钢铁工业馆

1.7.11 德意志制造联盟展览会玻璃展览亭（Glass Pavillion at the Werkbund Exhibition，Cologne，1914，设计者同上）建造这个水晶般的小展览厅，意在展示德国玻璃工业的产品，以唤起人们在生活中对玻璃的高度关注。光线透过多面体玻璃小穹顶及墙体，照亮了以玻璃马赛克为贴面的室内。玻璃、混凝土、踏步、叠水，以及色彩与声响组成了一个新奇的环境。

1.7.11-1 德意志制造联盟展览会玻璃展览亭

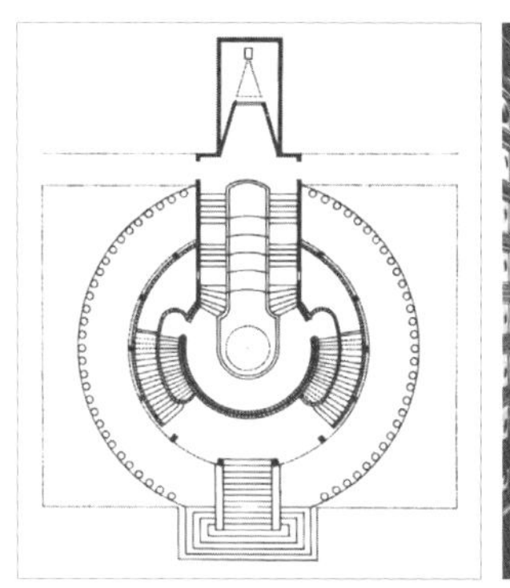
1.7.11-2 德意志制造联盟展览会玻璃展览亭平面图

1.7.11-3 德意志制造联盟展览会玻璃展览亭楼梯

1.7.11-4 德意志制造联盟展览会玻璃展览亭室内

1.7.12 德意志制造联盟展览会示范剧场（Model Theatre at the Werkbund Exhibition，Cologne，1914，设计者：凡·德·费尔德）自 1907 年德意志制造联盟成立，凡 · 德 · 费尔德就积极参加与之相关的各种建筑探索。他设计的该联盟展览会示范剧场具有高度的艺术表现力，没有采用传统手法，却具有与古典建筑相比毫不逊色的纪念性，这显示出他卓越的形式创新能力。凡 · 德 · 费尔德设计的该建筑形象成为日后门德尔松（Erich Mendelsohn）爱因斯坦天文台设计的先声，而其独创的半圆形舞台也在格罗皮乌斯的全能剧场方案中得以应和。

1.7.12-1 德意志制造联盟展览会示范剧场外观

1.7.13 德意志制造联盟展览会示范工厂（Model Factory at the Werkbund Exhibition，Cologne，1914，设计者：格罗皮乌斯）在这次展览会中，格罗皮乌斯设计的德意志制造联盟展览会示范工厂格外引人关注。建筑布局对称，有明确的功能分区，利用院子将强调造型的办公楼与注重实用性的生产车间分隔开。

办公楼正立面实墙居中，两端是玻璃亭子般的楼梯间，似乎是对贝伦斯的AEG涡轮机车间外观的虚实翻转。两端亭子在形式上吸取了一些赖特风格，采用平屋顶，可以上人。朝向院子的背立面形象新颖、结构轻巧、造型明快，极富吸引力。除了底层入口处有一段实墙外，其余部分全为玻璃窗，延展成为一整片玻璃的“薄膜”，直到两侧罩着螺旋楼梯的圆柱形玻璃亭子，内部结构清晰可见。结构构件的暴露、材料质感的对比、内外空间的沟通等当时全新的设计手法都被日后的现代建筑所借鉴。

1.7.13-1 德意志制造联盟展览会示范工厂外观

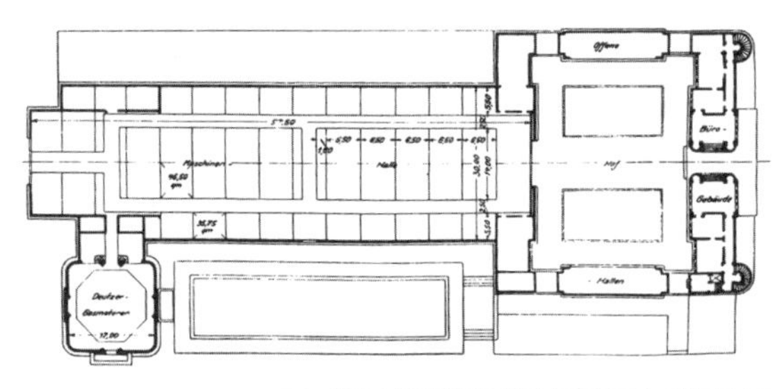
1.7.13-2 德意志制造联盟展览会模范工厂办公楼平面图

1.7.13-3 德意志制造联盟展览会示范工厂办公楼正面外观

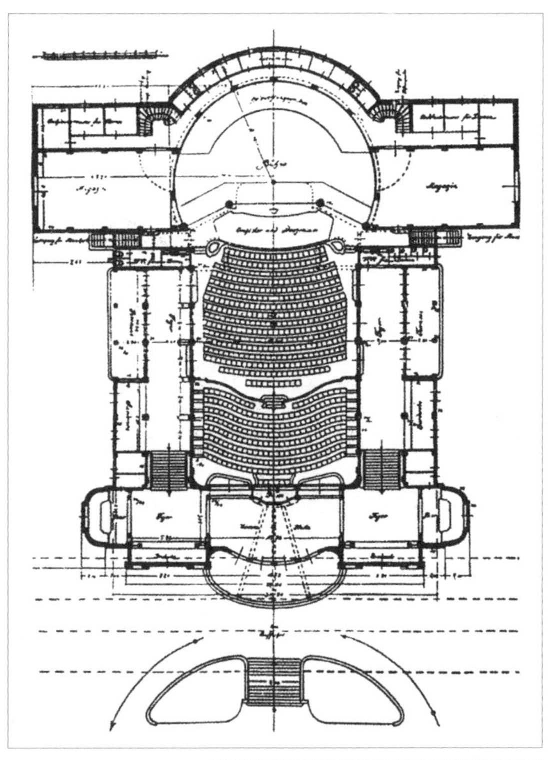
1.7.12-2 德意志制造联盟展览会示范剧场平面图

1.7.13-4 德意志制造联盟展览会示范工厂办公楼背面外观

第二章 现代建筑运动的进程

20 世纪对世界影响最大的事件是两次世界大战，现代主义建筑在这样的历史背景下发展变化，最终成为现代建筑的主流。

第一次世界大战后，建筑科学技术取得了很大发展，19 世纪以来出现的新材料、新技术得到完善和推广运用，结构的计算方法与施工技术不断进步，新型材料在生产工艺和品种方面得到改进，建筑设备发展加快。

社会状况的改变使社会需求、社会生活方式、社会意识形态发生了巨大变化。进步的建筑师面向讲实用、反奢华的新的社会要求与价值取向，受到前一阶段探求新建筑运动中摸索方式的启发，而且最重要的是有了大量实践的机会，用以表达自己的建筑观点，从而使“现代建筑派”的影响扩大到世界范围。

现代建筑运动有两方面内容：一是以德裔美籍建筑师格罗皮乌斯、密斯和瑞士裔法籍建筑师柯布西耶引领的欧洲先锋派为核心，表现为注重理性，强调功能，这批建筑师于 1928 年成立了现代建筑派的国际性组织——“国际现代建筑协会”（Congrès Internationaux d'Architecture Moederne | CIAM）；二是以美国建筑师赖特为代表的有机建筑（organic architecture）派，更强调建筑与环境的关系，虽然人少，力量较为薄弱，却较早针对现代建筑的机械、教条有所突破，为现代建筑发展作出了独特贡献。

第二次世界大战后，现代建筑的设计原则在世界范围内得到广泛响应，而各种不同的新的社会需求也使之出现了各种变化，更为开放和多元化的现代建筑理念逐渐发展起来，更加丰富多彩的设计思潮和倾向开始大量涌现。

2.1

群花绽放：冲破传统的现代实践

（1910 年代 — 1930 年代）

2.1.01 毕加索（Pablo Picasso）的绘画《第一步》

第一次世界大战后，探索新建筑运动日益兴旺，思想活跃，各种观点、设想、方案、试验层出不穷。由于艺术思潮通过杂志和展览会广泛传播，给予建筑师解决新建筑的形式问题很大启发，其中比较突出，并且日后在思想与手法上产生重要影响的艺术派别有表现主义派（Expressionism）、未来主义派（Futurism）、风格派（De Stijl）和构成主义派（Constructivism）。

"表现主义派"（或简称"表现派"）是 20 世纪初首先在德国、奥地利产生的一个艺术流派，该派认为艺术的任务在于表现个人的主观感受和情绪体验。受其影响的一些建筑师常常采用奇特、夸张，乃至怪异的建筑形象来表现某些思想与情绪，或象征某种精神。表现派建筑师主张革新，反对传统建筑样式，但他们的处理手法仍是表面性的，没有同建筑技术与功能的发展直接联系起来，因而只兴盛一时，很快就消退了。

"未来主义派"是第一次世界大战前夕首先在意大利出现的一个艺术流派，该派对未来充满希望，赞美现代城市生活的运动、变化，极力歌颂资本主义的物质文明。该派否定文化艺术的规律，否定传统，宣称要创造一种全新的未来的艺术。意大利诗人、文艺批评家马里内蒂（F. T. Marinetti）是其中的精神领袖，圣伊利亚（Antonio Sant'Elia）绘制了许多未来城市和建筑的设想图，并发表了《未来主义建筑宣言》。未来派对未来城市和建筑作了极乐观的设想，限于当时的技术条件，并没有实际的建筑作品。但是，该派的观点以及其对建筑形式的设想对于 1920 年代甚至第二次世界大战以后的先锋派建筑师都产生了不小的影响。

"风格派"是 1917 年由荷兰的一些青年艺术家组织起来的一个造型艺术团体，主要成员有凡·杜斯堡（Theo van Doesburg）、建筑师奥德（J. J. P. Oud）、里特费尔德（Gerrit T. Rietveld）等，他们的艺术主张受到画家蒙德里安（Piet Mondrian）的影响。他们认为最好的艺术就是基本几何形的组合和构图，用最简单的几何形状和最纯粹的色彩才具有普遍永恒的意义。

"构成主义派"产生在第一次世界大战前后的俄罗斯，一些青年艺术家把抽象几何形体组成的空间作为造型的内容，特别是创作了一些很像是工程结构物的雕塑作品。这一派别的代表人物有马列维奇（Kazimir Malevich）、塔特林（Vladimir Tatlin）等。

风格派和构成派虽然手法不同、形式有别，但在观念上没有太大区别。它们的风格既表现在绘画和雕刻方面，也表现在建筑造型、装饰、家具、印刷装帧等许多方面。它们在造型和构图的视觉效果方面进行的试验和探索有一定的价值，在思想上和手法上对现代建筑和工业设计的影响还是相当深远的。

艺术思潮除了在建筑创作中得到表现，工业产品中的理性与机械之美也反映出新时代的价值取向。欧洲先锋建筑派的作品被冠以“国际式”（International Style）名号，得到大力宣传，并首先在欧美等技术先进国家得到越来越广泛的发展。

2.1.02 德意志大话剧院（Grosses Schauspielhaus, Berlin, 1919，设计者：珀尔齐希）这是由舒曼马戏团原表演场（Zirkus Schumann）改建的一座 5000 座的庞大剧场。观众厅的大圆顶悬挂着无数钟乳石状的下垂体，为夸张这种洞窟幻境般的神秘效果，整个观众厅都漆成血红色。

2.1.02 德意志大话剧院

2.1.03 爱因斯坦天文台（Einstein Tower, Potsdam, 1919 –19212，设计者：门德尔松 | Erich Mendelsohn）这座功能完善的天文台是表现主义建筑的重要代表之一。对一般人而言，爱因斯坦的“相对论”既新奇又深奥。门德尔松抓住这一印象作为建筑的表现主题，利用混凝土的可塑性创造了具有流动感的混沌一体的外形（由于第一次世界大战后的物资短缺，只得部分用砖替代混凝土，并在外表加以粉饰）。它不规则的窗户流过了圆滑的转角，室外阶梯向上伸进“入口洞穴”中。整座建筑造型奇特，难以捉摸，表现出一种玄妙莫测的气氛。

2.1.03-2 爱因斯坦天文台草图

2.1.03-1 爱因斯坦天文台外观

2.1.04 弗里德里希 · 斯坦伯格帽子工厂（Friedrich Steinberg Hat Factory, Luckenwalde, 1921 –1923，设计者同上）在卢肯瓦尔德的帽子工厂中，门德尔松采用了钢筋混凝土门式框架这一新结构，展示出材料固有的结构表现力。沥青坡顶屋面的染色车间外形隐约显现出一种“高顶礼帽式”的戏剧性。

2.1.04-1 斯坦伯格帽子工厂局部

2.1.04-2 斯坦伯格帽子工厂剖面图和立面图

2.1.05 汉堡智利大楼（Chile House，Hamburg，1922 –1924，设计者：Fritz Höger）这座办公大楼因业主从事对智利的航运贸易而得名。建筑形体仿佛一艘巨轮，围绕庭院而建。临街道的一层是商店，外立面“波浪起伏”，最突出的表现是东端像船头一样高昂的建筑转角。

2.1.05-1 汉堡智利大楼外观一

2.1.06 阿姆斯特丹艾根·哈德住宅坊（Eigen Haard Housing，Amsterdam，1917 –1921，设计者：Michel de Klerk）阿姆斯特丹为了解决市中心人口过多、住宅拥挤的社会问题，在第一次世界大战前后建造了许多新住宅区。建筑师努力塑造一种融合浪漫主义与荷兰地方传统的建筑面貌，广泛采用砖砌细部。富于表现意味的塔楼犹如一座方尖碑，起初，建筑师曾打算在它的顶上安装一只象征荷兰社会民主派的公鸡像。

2.1.05-2 汉堡智利大楼外观二

2.1.07 圣伊利亚（Antonio Sant'Elia）**的建筑画**（1914） 在选取的 3 幅建筑画中，《发电站》恰

2.1.07-1 《发电站》

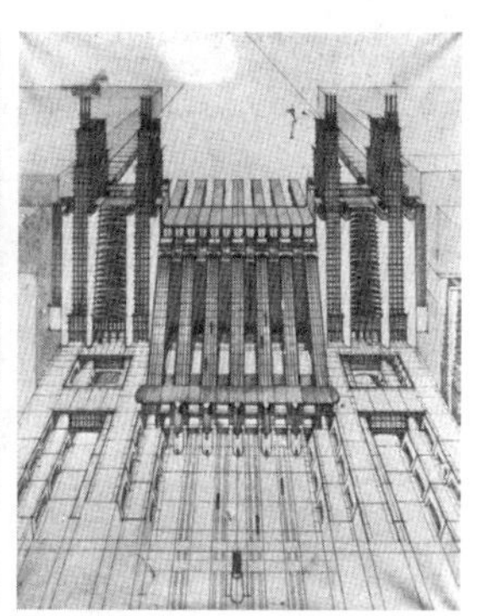

2.1.07-2 《梯度建筑》

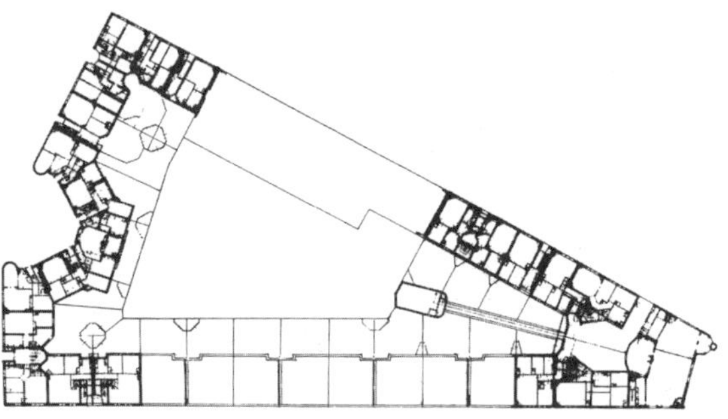

2.1.06-1 阿姆斯特丹艾根·哈德住宅坊平面

2.1.07-3《新城市的建筑》

2.1.06-2 阿姆斯特丹艾根·哈德住宅坊外观

好表达了马里内蒂所称道的：“世界上再也没有什么比一座嗡嗡作响的大型发电站更美丽的了。”

2.1.08 都灵菲亚特工厂（Fiat Works，Turin，1920 –1923，设计者：Giacomo Mattè-Trucco）菲亚特工厂采用的是钢筋混凝土结构，它的平屋顶上设有一条抛物面的试车跑道，足以证明混凝土能承受相当大的动荷载。它在一定意义上是 20 世纪第一个反映未来派思想中关于速度与现代生活话题的建筑实例。

2.1.09 蒙德里安（Piet Mondrian）**的绘画《红、蓝、黄的构图》**（1921）

2.1.10 施罗德 - 施雷德住宅（Schröder-Schräder House，Utrecht，1924 年，设计者：里特费尔德 | Gerrit T. Rietveld）这座住宅是风格派艺术主张在建筑领域的典型表现。它背靠着一座 19 世纪晚期建筑的山墙，其简单的立方体结构，被一片片矩形平板、横竖线条和大片玻璃所穿插分离，室内外局部涂刷着红、黄、蓝三原色，使建筑有些许的平面飘忽感。主要起居活动布置在上层，具有开放的、灵活可变的平面。住宅开窗宽大，挑出的屋顶可遮挡直射阳光，室内明亮、通风、宜居。

2.1.08-1 都灵菲亚特工厂鸟瞰

2.1.08-2 都灵菲亚特工厂屋顶试车跑道

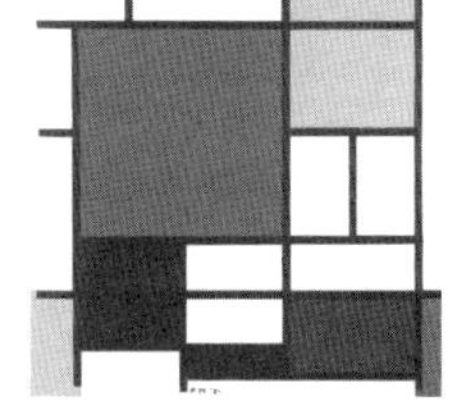

2.1.09 《红、蓝、黄的构图》

2.1.10-1 施罗德 - 施雷德住宅东南面外观

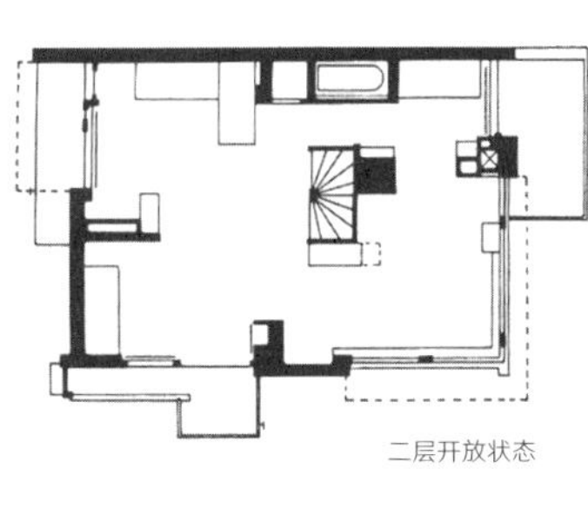

二层开放状态

二层分隔状态

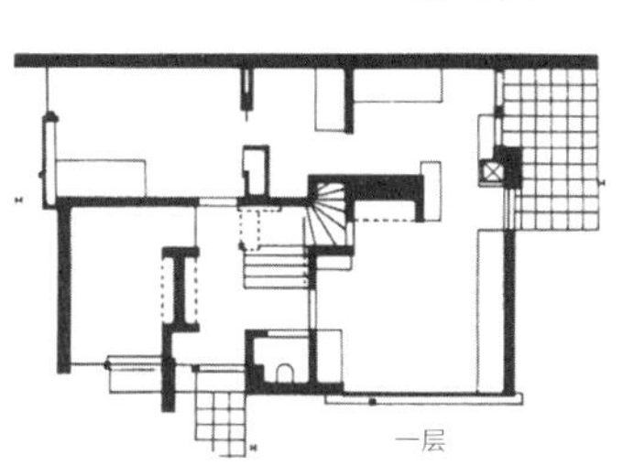

一层

2.1.10-3 施罗德 - 施雷德住宅平面图

2.1.10-2 施罗德 - 施雷德住宅模型

2.1.10-4 施罗德 - 施雷德住宅室内

2.1.11 里特费尔德设计的家具 这些家具设计的共同特点是用木条(直线)与木板(平面)相互穿插，构成以垂直 - 水平为造型要领的组合体。在前述住宅中就摆放了这种风格的家具，其僵直、单纯的形状显然不贴合人体的生理曲线。这些家具更像是抽象雕塑，或者是对风格派艺术原则的三维展示(红蓝椅，1918 年；儿童汽车，1918 年；餐具柜，1919 年)。

2.1.11-2 儿童汽车

2.1.11-1 红蓝椅

2.1.11-3 餐具柜

2.1.12 凡 · 杜斯堡(Theo van Doesburg)**的绘画《俄罗斯舞蹈的韵律》**，1918。在这幅绘画中，同样宽度的线条横竖交错，长短与色彩不同，组成动态的构图，对日后密斯“流动空间”的构想有一定启发性。

2.1.13 斯特拉斯堡拉奥贝特咖啡馆(Café L'Aubette，Strasbourg，1926 –1928， 毁于 1940 年，设计者同上)这座咖啡馆设在一座老房子内，通过重新装修室内，凡·杜斯堡对要素主义的原则做了最明确的阐述，他在墙面、天棚上打破蒙德里安式的僵硬的垂直 - 水平构图公式，加入了大量动态的、扩展性的斜线，把色彩、光线和设备组合进整体构图中。室内陈设基本摆脱了要素主义的影响，采用了极端客观性的细节处理：整个钢骨扶手都是简单焊接的，吊灯装在从天棚悬吊下来的两根金属管上。

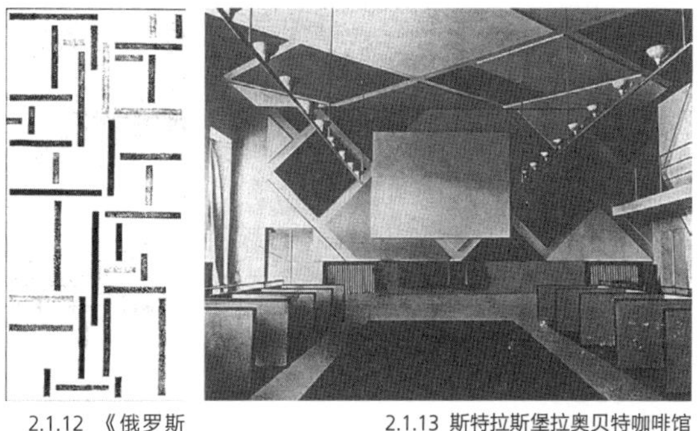

2.1.12 《俄罗斯舞蹈的韵律》

2.1.13 斯特拉斯堡拉奥贝特咖啡馆

2.1.14 第三国际纪念碑方案(Monument to the Third International，1919 –1920。设计者：塔特林 | Vladimir Tatlin)这可以说是一座建筑，也可以说是一座超级雕塑——按设计意图，足尺工程要超过 300 米高。它由自下而上渐渐收缩的螺旋形钢架与一个斜钢架组合而成，架内悬挂四个供会议或集会使用的几何块体，分别在一年、一月、

2.1.14 第三国际纪念碑方案

一天和一小时旋转一周。这是一件由金属、玻璃和木材构成的纯抽象的作品，把构成主义的观念推向了极致，虽然没有实现的机会，却给建筑界留下了深刻的印象。

2.1.15 现代工业装饰艺术国际博览会苏联馆（USSR Pavilion at the "Exposition Internationale des Arts Décoratifs et Industriels Modernes", Paris，1925，设计者：梅尔尼科夫｜Konstantin Melnikov）该展览馆的落成为梅尔尼科夫赢得了极高的国际声誉。这是建筑师对形式语言又一次成功的试验，建筑的几何体块被打碎、倾斜、穿插、叠加，一部楼梯斜切入平面，引导参观者沿着特定的对角线方向行进。这是第一座落成的重要的构成主义建筑。

2.1.16 鲁萨科夫工人俱乐部（Rusakov Worker's Club，Moscow，1927－1929，设计者同上）梅尔尼科夫设计的工人俱乐部是一组混凝土体块的组合，它有可灵活变动的1400座的主观众厅，外围是若干小厅。在苏联当时的政治和经济体制下，梅尔尼科夫仍坚持艺术形式应该不依赖其他因素而独立存在，无意服务于所谓的“革命性”或“宣传性”目的。

2.1.15-1 现代工业装饰艺术国际博览会苏联馆外观

2.1.15-2 现代工业装饰艺术国际博览会苏联馆入口

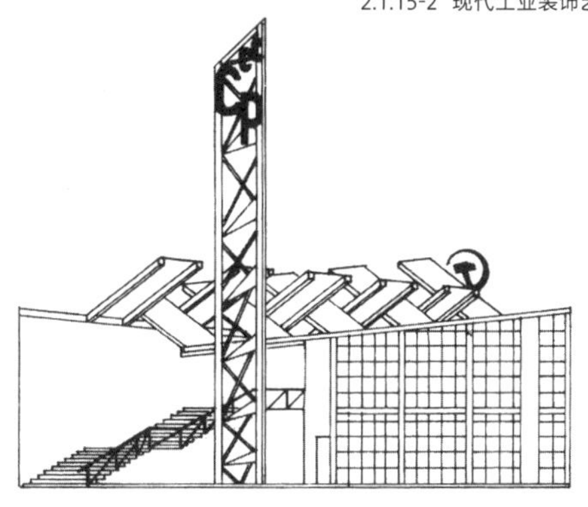

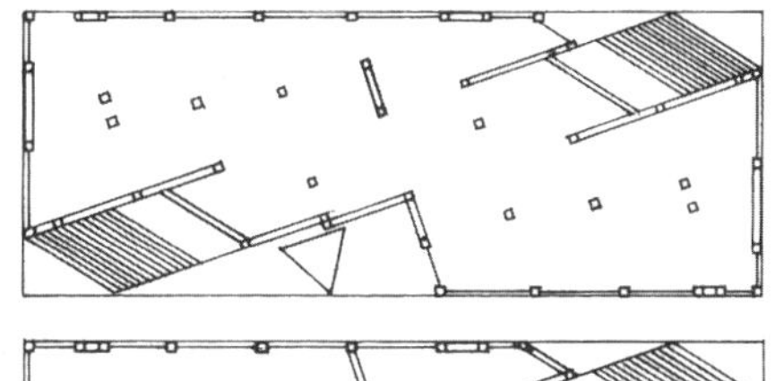

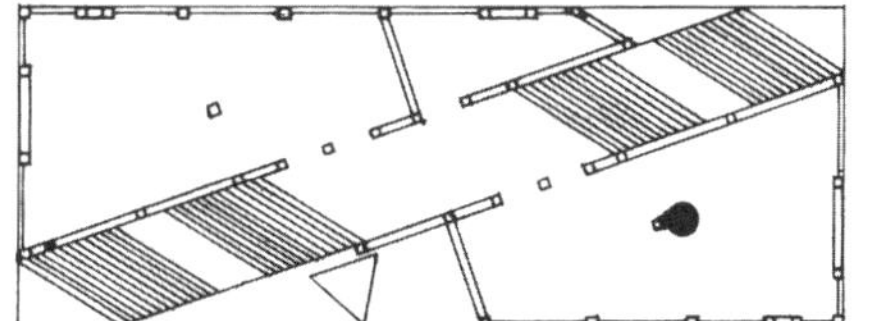

2.1.15-3 现代工业装饰艺术国际博览会苏联馆立面图与平面图

2.1.16 鲁萨科夫工人俱乐部

2.1.17 列宁墓（Lenin Mausoleum，Red Square，Moscow，1924－1930，设计者：休谢夫 | A. Shchusev）1924年，列宁逝世，苏联政府决定在红场建造永久性陵墓，以纪念这位伟大的无产阶级革命导师。

休谢夫承担了该工程的建筑设计工作，他在形体、尺度、色彩和材质等方面细致推敲，以质朴、厚重的处理手法体现了列宁光辉而朴实的一生。在列宁墓的设计中，既包含构成派的构图原则，又体现了古典主义的庄严气氛，甚或有中亚突厥陵墓的浑厚韵味，其鲜明的个性、强烈的艺术感染力很快得到了各界人士的广泛认同。

2.1.17 列宁墓

2.1.18 休斯特海德亨利住宅（Henry House，Huis ter Heide，Utrecht，1915－1919，设计者：范特霍夫 | Robert van't Hoff）赖特的作品1910年在德国出版后引起了欧洲人的强烈兴趣。范特霍夫到美国参观了赖特的建筑，回到荷兰后建造了这座住宅，其挑檐与窗户的分组、角部的体量与整体上严格的矩形构图明显具有赖特风格。范特霍夫以平屋顶取代了赖特的坡屋顶，反映了其与风格派画家们的某种关联。

2.1.18 休斯特海德亨利住宅

2.1.19 荷兰湾联排住宅（Housing Complex，Hook of Holland，1924－1927，设计者：奥德 | Jacobus Johannes Pieter Oud）住宅单元布局紧凑，功能适用，立面上开有大窗，除了外观简洁的平屋顶和直线体组合外，还运用了浑圆的转角，外墙的白色抹灰在容易碰触的局部通过砖砌体和混凝土加以保护。这是一组设计优良、造价低廉、尺度宜人的启蒙性住宅建设的早期实例，其重要意义超过了它在风格上的影响，充分反映了现代派建筑师的社会责任感。

2.1.19-1 荷兰湾联排住宅外观

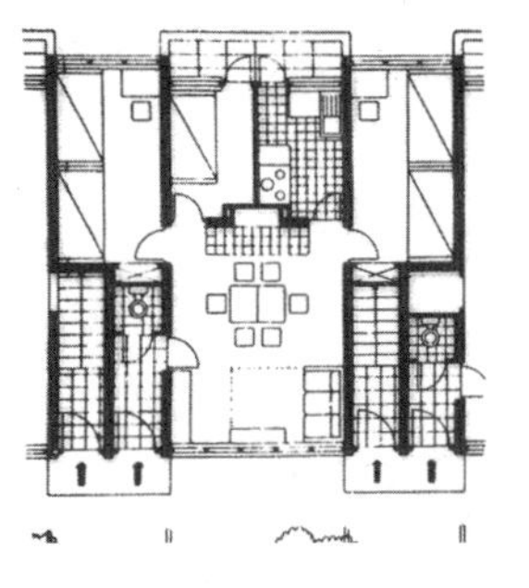

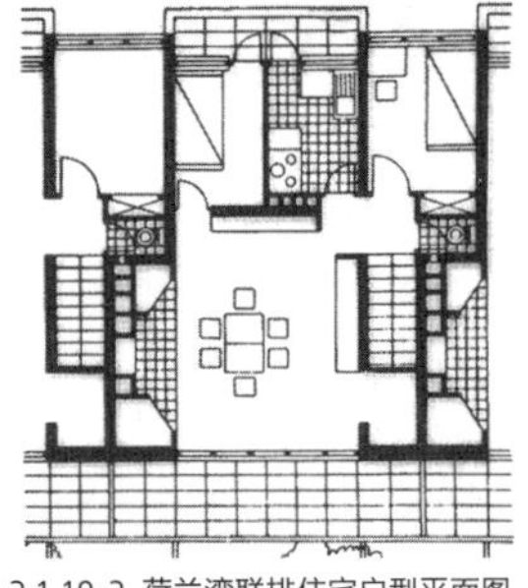

2.1.19-2 荷兰湾联排住宅户型平面图

2.1.19-3 荷兰湾联排住宅立面局部

2.1.20 鹿特丹凡耐尔烟草工厂（Van Nelle Tobacco Factory，Rotterdam，1926－1930，设计者：斯塔姆 | Mart Stam，J. A. Brinkman，L.

C. van der Vlugt）这座工厂主要从事卷烟、茶叶，以及咖啡的包装生产。主厂房采用钢筋混凝土无梁楼盖，立面轻薄光亮，采用连续的玻璃长窗，内部采光、通风良好，空间开阔，一扫旧式工厂灰暗沉闷的形象，给人以清洁、高效的印象，体现出功能设计明确的优势。

2.1.20 鹿特丹凡耐尔烟草工厂

2.1.21 魏森霍夫住宅展览会（Weissenhofsiedlung Exhibition，Stuttgart，1927）在德意志制造联盟举办的斯图加特魏森霍夫住宅展览会上，17 名有代表性的欧洲建筑师会聚一堂，为中等收入者设计了这个由“现代”住宅组成的示范居住区。建筑师提出的设计方案虽然各异，但解决途径却基本相同，建筑造型也都具有方盒子、平屋顶、白粉墙的特征，从而成为现代建筑派作品的一次集体亮相。

2.1.21-1 魏森霍夫住宅展览会设计人

2.1.21-4 魏森霍夫住宅展览会上贝伦斯设计的住宅

2.1.21-2 魏森霍夫住宅展览会现场

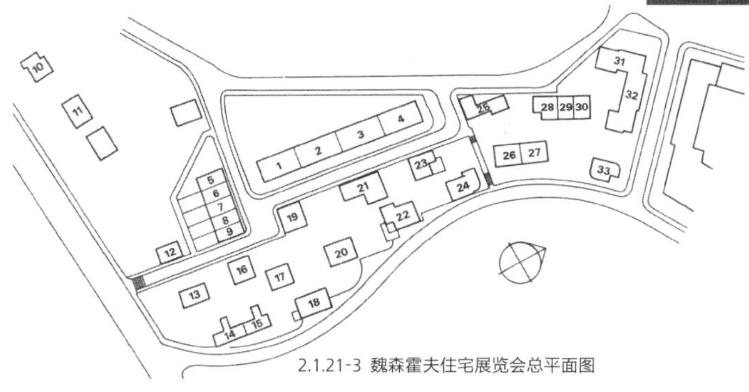

2.1.21-3 魏森霍夫住宅展览会总平面图

2.1.21-5 魏森霍夫住宅展览会上夏隆设计的住宅

2.1.21-6 魏森霍夫住宅展览会上奥德设计的住宅

2.1.21-7 魏森霍夫住宅展览会上斯塔姆设计的住宅局部

2.1.22 法兰克福罗默施塔特居住区（Römerstadt Housing Estate，Frankfurt am Main，1927–1928，设计者：梅 | Ernest May，H. Boehm，C. H. Rudloff）1925 年，梅担任法兰克福城市建筑师之后，为该市制定新的城市规划并主持兴建了 1.5 万户低造价的新型城市住宅，以满足第一次世界大战后德国紧迫的住宅需求，罗默施塔特居住区就是其中之一。

梅在设计和施工两方面坚持高效率和经济性。为了节省建筑面积，发挥超高效率，他充分利用了预制装配方式，巧妙安排预装储藏橱柜，采用折叠家具。尤其是其紧凑的“法兰克福厨房”（G. Schütte-Lihotzky 设计），布置得如同实验室一般井井有条，没有丝毫含糊多余的空间。这样一种受限于建造费用而产生的理性思路和设计手法必然导致形成“最小生存空间”的标准，这也成为 1929 年国际现代建筑协会（CIAM）在法兰克福召开的第二次会议的主题。梅的设计对世界各国的住宅建设产生很大影响。

2.1.22-1 法兰克福罗默施塔特居住区住宅

2.1.22-2 法兰克福罗默施塔特居住区住宅厨房

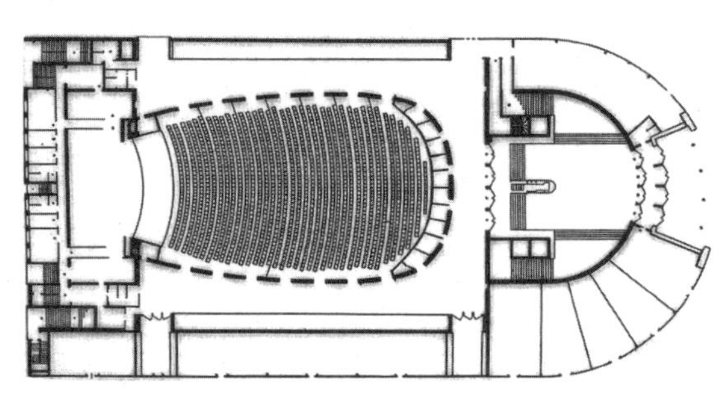

2.1.23-1 宇宙电影院平面图

2.1.23 宇宙电影院（Universum Cinema，Berlin，1926–1928，现为议会大楼，设计者：门德尔松）1920 年代，在有声电影刚出现不久，门德尔松便设计了这座电影院。它的平面为狭长的马蹄形，周围环绕着衣帽间和宽敞的出口，虽然明显受到传统剧院的影响，但它主要是出于对建筑使用效果的考虑：大厅狭长，以方便观众都从正面观看窄小的屏幕；灯光起着重要的视觉导向作用；室内装修服从于产生清晰的音响效果，从而摒弃了无声电影时期影剧院的过分华丽。从外部看，弯曲体量的大厅、低矮集中的休息室、棱柱体的放映室和舞台等都能很容易地被分辨出来，建筑形式直白地表露出其内含的功能性。

2.1.23-2 宇宙电影院外观

2.1.24 柏林科伦布斯大楼（Columbushaus，Berlin，1921–1931，设计者同上）这是 1933 年门德尔松迫于纳粹压力离开祖国前完成的最后一座大型公共建筑。

2.1.24-1 柏林科伦布斯大楼外观

科伦布斯大楼是一座综合商业大楼，底部的两层与顶层是商店和餐厅，中间的七层为灵活分隔的办公室。承重结构为钢框架，立面底部两层是通长的商店橱窗和餐馆的大玻璃窗；三层及以上是大梁托起的细支柱，清楚地显露出由框架结构产生的网格状构图，它们排列紧密，以便办公室可以在任何与支柱相对应的位置上分隔。窗裙用磨光石材覆盖，在各层横向长排窗户间形成了一条条不间断的水平带。建筑的长边微微弯曲，保留了一点门德尔松年轻时代表现主义的动感，但总体上具有一种平静而流畅的风格。该建筑外观对整个欧洲的商业建筑设计具有深远的影响，后来的模仿者往往套用其弧形的正立面和排列紧密的细支柱，其实它的意义远超立面处理手法和构造技术上的变化。这项工程采用了当时最先进的建筑设备和采光设计，以最大的说服力向公众表明，只有现代建筑才能够解决现代商业中心里某些典型的功能问题，并为其功能的灵活变动性提供了令人满意的解决方案。

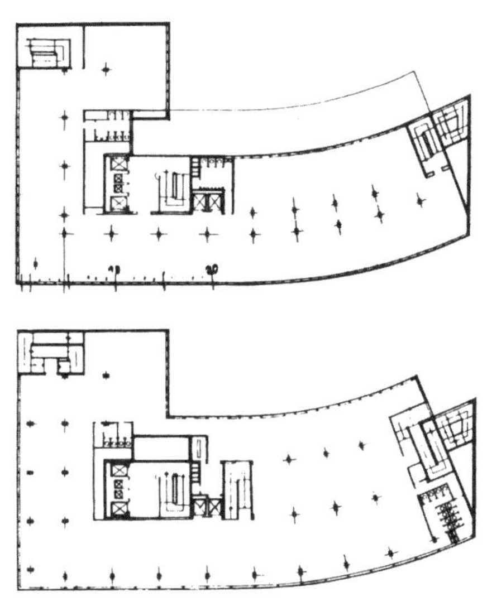

2.1.24-2 柏林科伦布斯大楼平面图

2.1.25 施明克住宅（Schminke House，Löbau，1932 –1933，设计者：夏隆｜ Hans Scharoun）

位于勒包的施明克住宅是早期现代建筑中最成功的实例之一。夏隆精心设计的重重阳台和平屋顶在平面上呈 V 形，从支撑在独立柱上的主要起居室和卧室处向外挑出。曲线取代了笔直的转角，而可移动的隔断和窗帘则取代了更为常规的固定隔墙。整个外观既有功能主义的率真表达，又有活泼轻盈的有机形态。

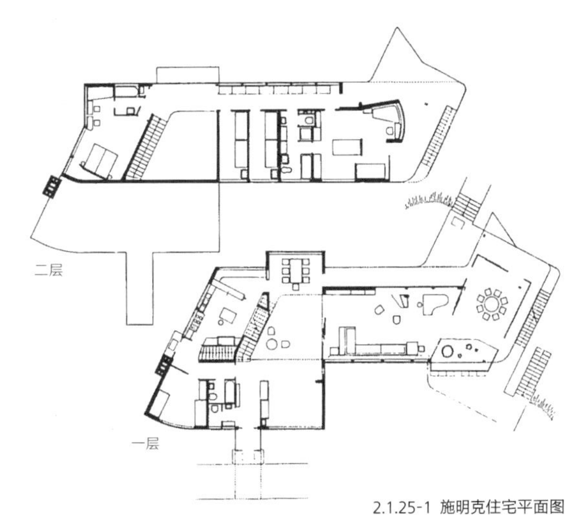

2.1.25-1 施明克住宅平面图

2.1.25-2 施明克住宅北面外观

2.1.25-3 施明克住宅东北角

2.1.26 科莫法肖大厦（Casa del Fascio, Como，1932 –1936，设计者：泰拉尼 | Giuseppe Terragni）这是法西斯地方党部的办公大楼，现已改称“人民大厦”。建筑三面环绕一个方形院落，外形为严格的半个立方体，长、宽各 33 米，高 16.5 米。内院后改为会议厅，由顶部采光。建筑的窗户排列和层次划分都作了精心考虑，每个立面各不相同，却又具有高度的统一性。这座建筑体现了理性、纯净的美学特征，它处在历史名城科莫的传统环境中，与周围建筑相比显得格外突出。

建筑师泰拉尼是探索现代建筑团体“七人组”（Gruppo 7）中的代表人物。这个团体坚持抽象几何形美学，希望对古典建筑的传统价值与机器时代的结构逻辑进行更理性的综合，以推动意大利理性建筑运动（Movimento Italiano per l'Architettura Razionale，简称 MIAR）向纵深发展。

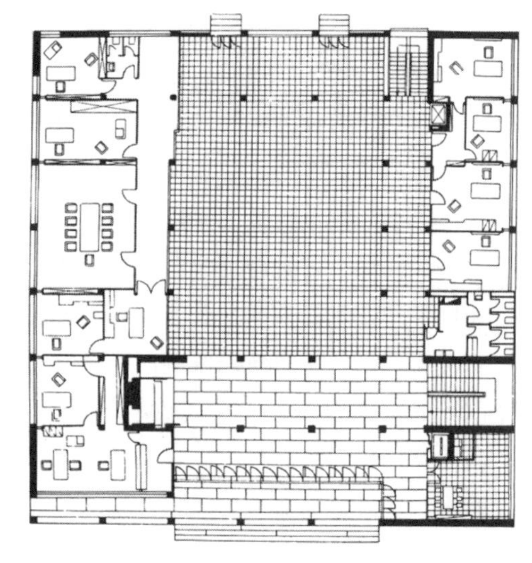

2.1.26-1 科莫法肖大厦一层平面图

2.1.26-2 科莫法肖大厦正面外观

2.1.26-3 科莫法肖大厦背面鸟瞰

2.1.27 “玻璃住宅”（"Maison de Verre", Paris，1927 –1932，设计者：Pierre Chareau & Bernard Bijvoet）该住宅嵌在一座既有建筑中，完全以玻璃取代了墙体、楼梯等建筑实体，因而得名“玻璃住宅”。这是当时建筑师进行的一种先锋性实验，全部采用标准的工业化材料，金属骨架和管线露明可见，细部设计令人叹服，像一套为了实施现代医疗而配置的诊疗设备。通过半透明材料产生各种类似电影的“画面融入”的效果，金属与玻璃、灵活的空间与实墙并置在一起，又为住宅增添了动态的、近乎超现实主义的意境。

2.1.27 “玻璃住宅”

2.1.28 斯德哥尔摩市立图书馆（City Library, Stockholm，1920 –1928，设计者：阿斯普隆德 | Gunnar Asplund）斯德哥尔摩市立图书馆功能布局合理，外围较低部分三边围合成院落，中央光洁的圆柱体高耸，外形简洁，没有多余装饰，然而，它的集中对称式构图仍透露出明显的古典主义遗痕。

2.1.29 斯德哥尔摩森林公墓火葬场（Crematorium，Woodland Cemetry，Stockholm，1935－1940，设计者同上）这座火葬场是阿斯普隆德的重要代表作，坐落在一个部分由建筑师填造的山岗上，供丧礼仪式用的敞厅柱细檐薄，比例优美庄重，一个突出的十字架形成一种恰当而又简单的丧葬象征。它虽然不算宗教建筑，但人工环境与自然环境互相映衬，烘托出肃穆、纯洁、开朗、超脱的气氛，既符合丧礼活动的需要，又有助于化解人们的悲伤情绪。

2.1.28 斯德哥尔摩市立图书馆

2.1.29 斯德哥尔摩森林公墓火葬场

2.1.30. 德拉沃尔海滨俱乐部（又称“德拉沃尔馆”｜De La Warr Pavilion，Bexhill-on-Sea，1933－1935，设计者：门德尔松，切尔马耶夫｜Serge Chermayeff）门德尔松避难到英国后，与俄裔的切尔马耶夫合作，在该海滨俱乐部的设计竞赛中获胜。这座三层楼建筑全部采用焊接钢框架结构，德国式的大衣帽间和可观赏海景的横向长阳台，使它成为当时英国建筑中相当特殊的一例。这座建筑在美学方面思路开阔又表达直接，细部设计精确，成为德国的现代主义与英国文化结合的优秀实例。

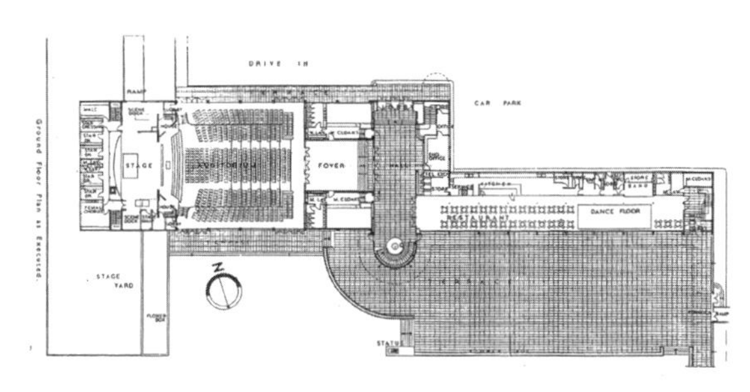

2.1.30-1 德拉沃尔海滨俱乐部平面图

2.1.31 海波因特公寓1号楼（Highpoint 1，Highgate，London，1935年，设计者：卢贝金｜Berthold Lubetkin，泰顿小组｜Tecton Group）来自俄国的移民建筑师卢贝金在英国创建了泰顿事务所，为在伦敦海盖特的房产开发项目

2.1.30-2 德拉沃尔海滨俱乐部带弧形楼梯的门厅

2.1.30-3 德拉沃尔海滨俱乐部外观

设计的这座公寓是他们最出色的建筑之一。公寓楼的双十字平面布局巧妙地适应了场地别扭的形状，并完美地处理了内部布置。它的设计理念虽是来自功能主义的，但外观“踮起脚尖，舒展两翼”般的姿态相当轻捷，成为形式和功能处理上的一个成功样板。

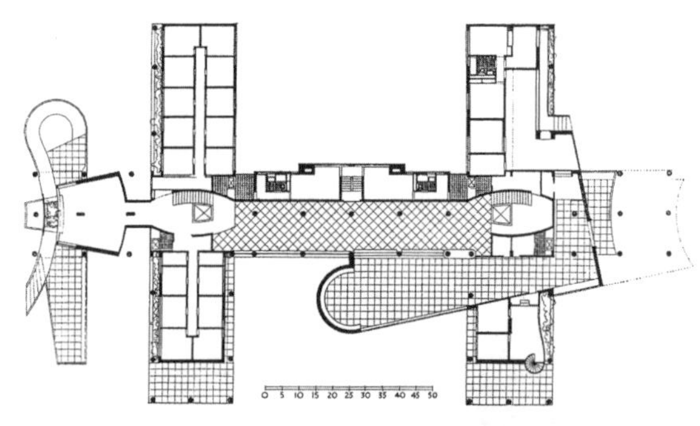

2.1.31-1 海波因特公寓 1 号楼平面图

2.1.31-2 海波因特公寓 1 号楼外观

2.1.32 纽波特海滨洛弗尔住宅（Lovell House，Newport Beach，California，1925－1926，设计者：辛德勒｜Rudolf M. Schindler）这座造价不高的海滨住宅是 1920 年代美国少数几座可与同期著名的欧洲现代运动作品相媲美的建筑之一。它的空间和结构表达率真，甚或略显粗糙，集中反映了 20 世纪上半叶的一些重要的建筑问题，如标准模数部件、工业材料、框架结构、自由的平面、日照调节等。

2.1.32-1 纽波特海滨洛弗尔住宅外观

2.1.33 “健康住宅”（“Health House”，Villa for Dr. Philip Lovell，Los Angeles，1927－1929，设计者：诺伊特拉｜Richard Neutra）健康住宅的业主洛弗尔博士（Dr. Philip Lovell）是一位运动健康专家，积极倡导有益于身心健康的生活方式。诺伊特拉为他设计的这座住宅堪称国际风格的楷模。该住宅采用可快速装配的钢结构和白色混凝土外表面，室内的隔断布置与多扇标准尺寸的窗户相符合。入口从建筑的顶层连接到它所处的洛杉矶格里菲斯公园（Griffiths Park）基地，从开敞的门窗、悬挑的平台可以远眺南加利福尼亚太平洋的海景。洁白明晰的建筑融于葱绿如画的山岭景色之中，体现出业主豪迈、明朗的个性。

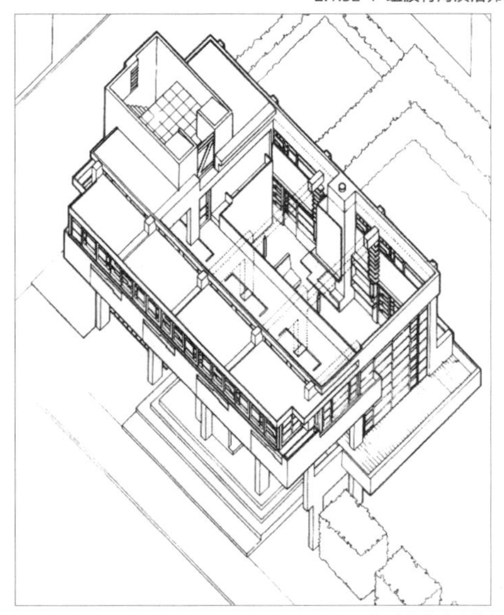

2.1.32-2 纽波特海滨洛弗尔住宅轴测图

2.1.34 克莱斯勒大厦（Chrysler Building，New York，1927－1930，设计者：William van Alen）与欧洲先锋性的现代建筑运动相比，美国 1920 年代—1930 年代的主流风格却处在保守思想指导下，高度综合来自历史传统、现代运动、艺术时尚的各种手法，表现出特殊的商业气氛。从克莱斯勒大厦的塔尖上可以看出，在巴黎流行一时的装饰艺术（Art Deco）作为介于传统与前卫之间的折中方式被采纳。

为了应付市政当局制定的建筑法规，同时又希望尽可能利用所得到的每一寸空间，此时期纽约的高层建筑都呈现随高度上升而平面逐渐收缩的趋势。尽管它们丰富了纽约的空中轮廓线，但相较之前芝加哥学派的开创性探索，此时这种“婚礼蛋糕”式的高层建筑在形式及功能方面都标志着倒退。

2.1.35 洛克菲勒中心（Rockefeller Center，New York，1931 –1939，设计者：Reinhard，Hofmeister，Morris，Corbett，Harrison，Harmon，MacMurray，Hood，Fouilhoux）1930年代后期，纽约的高层建筑已开始从单体向群体发展，其中最为丰富的群体是洛克菲勒中心。它动工于1931年，1939年完成主体部分。这是一组庞大的高层建筑群，占地22英亩（约8.9公顷），共有19座建筑，最高的一座是RCA大厦，高70层，260米，呈薄板状，成为整个高层建筑群的标志。建筑强调竖线条并略带收分的形象已被大大简化，几乎看不出哥特式的影子了。洛克菲勒中心在办公楼之间为行人设置了大块开敞场地、多种游憩设施、精心设计的音乐厅、剧院、商店、小型花园、下沉式广场和一些餐馆，这种设计反映出建筑师及其业主开始认识到开敞空间对于行人的重要性，认识到设计优良的建筑物的“公共关系”价值，这无疑具有重大的历史意义。

2.1.36 费城储蓄基金会大厦（Philadelphia Saving Fund Society Building，1929 –1932，设计者：William Lescaze & George Howe）与同期纽约的塔式摩天楼相比，费城储蓄基金会大厦（PSFS）更接近芝加哥学派的面貌，甚至与欧洲前卫的国际风格不谋而合。它造型方正，采用大面积玻璃窗，竖向的钢骨架清晰而有力。独立楼层的平面为T字形，其服务空间与办公空间的有效划分体现了

2.1.33 “健康住宅”

2.1.34 克莱斯勒大厦局部

2.1.35 洛克菲勒中心

建筑师对摩天楼设计的一种透彻的理解。

2.1.37 学院剧院（Academy Theater，Inglewood，California，1939，设计者：S. Charles Lee）汽车产业的发展使速度成为表现时代感的主题之一，美国 1930 年代兴起的流线型风格就是对这一社会现象的反映。学院剧院螺旋状的高塔、圆形的建筑转角处理等都是美国式装饰艺术风格和流线型风格相结合的特征，目的不只在于表现速度感，更在于引起途经这里的驾驶者的关注。

2.1.38 纽约现代艺术博物馆（The Museum of Modern Art，New York，1939，设计者：斯通 | Edward Stone，古德温 | Philip Goodwin）纽约现代艺术博物馆是当时美国东海岸第一座较重要的国际式公共建筑。馆内活动按照分层原则布置，每层作为一个功能分区：讲堂位于地下室；入口和画廊位于底层；第二和第三层作为展览空间；第四层作为图书馆；第五层作为办公室；俱乐部聚会室与平台一起，位于建筑顶部的屋檐之下。建筑外观直接体现了功能主义美学原则，但略显冷漠和贫乏。这座显赫的博物馆在之后历经数次扩建，几乎是一部物化的美国国际风格发展史。

2.1.36 费城储蓄基金社会大厦

2.1.37 学院剧院

2.1.38 纽约现代艺术博物馆

2.2

大象无形：格罗皮乌斯与包豪斯学派

（1910 年代 — 1950 年代）

2.2.01 沃尔特 · 格罗皮乌斯（Walter Gropius）

格罗皮乌斯全名“沃尔特 · 格罗皮乌斯”（Walter Gropius，1883–1969）是现代建筑最重要的奠基人之一，作为现代主义的一代宗师，可以说处于现代建筑运动思想领袖的地位，他的建筑思想是在同复古、折中思潮作斗争的过程中，以及在对新时代的新建筑不断探索、充实、提高的过程中，发展、成熟起来的。他自始至终立场鲜明、态度坚决，他的设计思想和实践经历了现代建筑发展的整个阶段，推动了现代主义建筑的确立，使之逐步成为第二次世界大之后影响全世界的国际主义风格。他付出很多精力长期从事建筑教育，对其后一大批建筑师影响深远，被公认为现代建筑史上一位十分重要的建筑革新家、“现代建筑四位大师”之一。

格罗皮乌斯出生于柏林的一个建筑师之家，青年时期在柏林和慕尼黑的高等学校学习建筑。1907—1910 年，他在柏林著名建筑师贝伦斯的建筑事务所中工作，参与了一系列重要的设计项目。贝伦斯的事务所在当时是一个很先进的设计机构。年轻的格罗皮乌斯在那里接受了许多新的建筑观点，并学会系统地、合乎逻辑地综合处理建筑问题，这对他后来的建筑方向产生了重要影响，他坚信，在建筑表现中不能抹杀现代建筑技术，建筑表现要应用前所未有的形象。

1910 年，格罗皮乌斯离开贝伦斯事务所，与阿道夫 · 迈耶（Adolf Meyer）合伙开业，次年他成为“德意志制造联盟”的成员之一，从事建筑设计和工业产品设计。经过在贝伦斯事务所几年的锻炼，他形成了自己清晰的设计思想。他认为，建筑应该以整个社会而不是少数权贵为服务对象，必须充分考虑预算，附加的装饰耗费资源，会使得建筑的造价太高，普通大众无法接受，因此，设计必须采用经济的方法，特别是大量采用预制构件，采用拼装方法，尽量缩短工期，降低建筑成本，大批量生产廉价的房屋，才能真正达到为社会服务的目的。建筑之美不在于装饰细节，而在于建筑师自身对于比例、均衡、表面加工细节等的掌控水平。他强烈反对抄袭、模仿，以及刻板、一成不变地因袭古典的方法。他强烈认为，产品、建筑的功能决定了它应该具有的形式，只要达到最好的功能，也自然就有最好的形式，因此，设计的形式是派生物，而绝对不应该作为设计考虑的起点。

1912 年，格罗皮乌斯与迈耶合作设计了法古斯鞋楦厂，创造出全新的现代建筑形象。这个作品使格罗皮乌斯一举成名，未及而立之年的他成为当时欧洲先进建筑师中的青年才俊。此外，格罗皮乌斯这一阶段的新建筑实践还体现在他为 1914 年德意志制造联盟展览会设计的示范工厂及办公楼，其新颖的处理手法都被现代建筑所借鉴。

作为“德意志制造联盟”的一员，格罗皮乌斯在上述两项工业建筑中做出了出色的尝试，也从理论上阐明了自己的主张。1913 年，他在《论现代工业建筑的发展》的文章中谈到建筑发展方向的问题。他认为，建筑师的贡献在于设计出有序的平面布置和比例良好的体量，而不在于装饰。新时代要有它自己的表现方式和美学法则：精确的、不含糊的形式，清晰的对比，各种部件之间的秩序，形体和色彩的匀称与统一——这些是社会力量与经济所需要的。他的建筑观点反映了工业化以后社会对建筑提出的现实要求。他本人的设计就是通过对实际功能的分析，找到解决矛盾和困难的方法，依赖合理的工业技术手段，而不刻意追求夸张的风格偏好。他对当时各种先锋性的探索兼容并蓄。

第一次世界大战期间，格罗皮乌斯应征入伍，他对新建筑的探索被战争和随之而来的文化危机粗暴地打断了，而他对现代工业技术的信心也受到了挑战。在此期间，格罗皮乌斯的个人生活接连遭遇不幸：战争中负重伤，身体和精神受到双重打击；结婚不久的妻子移情别恋；正当花季的女儿患病离世……经受这一危机阶段的种种磨难后，他的建筑思想日趋成熟。

第一次世界大战之前，关于纯美术与实用美术（包括建筑）在德国教育界中的地位争论曾旷日持久，魏玛美术学院院长与教育主管部门意见不一，院长代表传统的普鲁士理想主义路线，主张艺术家和匠师要在美术学院接受正统教育，而格罗皮乌斯站在设计师和艺匠一边，主张面向手工艺——这与教育主管部门的想法较为一致，加上前魏玛工艺美术学校校长凡· 德· 费尔德的提议，1919 年，魏玛共和国成立次年，格罗皮乌斯被任命为一所由美术学院和工艺美术学校合并组成的综合美术设计学校的校长。这所学校就是对现代建筑和工业产品设计史产生深远影响的“包豪斯”。

格罗皮乌斯希望打造一个体现社会平等、各个艺术行当相互友好合作、艺术家之间真诚交流、以优秀实用的设计满足社会需要的艺术团体和教育机构。他在包豪斯实行了一套新的教学方法。这所学校设置纺织、金工、玻璃、家具、印刷等学科，注重理论学习与动手能力相结合，激发个人的自由创造。

包豪斯聘请了当时欧洲最先锋的艺术家们来执教，其中有伊顿（Johannes Itten）、康定斯基（Wassily Kandinsky）、克利（Paul Klee）、费宁格（Lyonel Feininger）、莫霍伊 - 纳吉（Moholy-Nagy）等人。先锋艺术家把表现主义、立体主义、风格派、构成主义、客观派等当时最新奇的抽象艺术带到包豪斯。这些艺术流派在形式构图上所做的试验对于建筑和工艺美术来说具有不可估量的启发作用。一时之间，这所学校成为 1920 年代欧洲最激进的艺术流派的据点。

格罗皮乌斯与激进艺术家们过从甚密，他的一些设计作品受到先锋艺术的极大影响。奥地利表现主义音乐家贝尔格（Alban Berg）曾为纪念格罗皮乌斯的女儿创作小提琴协奏曲，该曲享誉世界乐坛。

在抽象艺术的影响下，包豪斯师生的实用美术作品和建筑设计趋于适用，摒弃附加的装饰，注重发挥结构的形式美，讲求材料自身的质地和色彩的搭配效果，并发展出灵活多样的构图手法。1923 年，包豪斯举办了师生们的设计作品展，吸引了国内外大批参观者，包括著名音乐大师斯特拉文斯基、荷兰风格派建筑师奥德等人，格罗皮乌斯作了题为“艺术与技术：一种新的统一”的演讲，还展出了他的一些设计方案、规划方案、模型——都是对“现代主义”建筑的图解。包豪斯教师设计的实验性住宅成为包豪斯建筑理念的物化：最新型的材料，大批廉价的建造，其内部露明的金属、暖气片、钢窗、钢门框，以及家具、灯具等设施也是简洁实用的包豪斯风格。这次展览产生了很好的社会效应，不但显示了包豪斯的教学成果，也为它带来了更多实际委托的设计任务。

1925 年，迫于政治及经济压力，包豪斯从魏玛迁到环境更为宽松的德绍（Dessau），由此进入了其快速发展阶段。格罗皮乌斯设计了包豪斯的新校舍，这是包豪斯建筑风格的最突出的代表作，被视为现代建筑发展史上的一个重要里程碑。

在包豪斯校舍的设计中，格罗皮乌斯表现出其已然超越最新潮艺术运动的局限，同时又不留痕迹地吸收了这些先锋试验的成果，并且与 15 年前设计的法古斯工厂形成了很通顺的连贯性，进而打开了一种更加广阔的文化境界。

迁校到德绍以后，格罗皮乌斯根据社会形势的发展，主张包豪斯的办学思想由起初的面向手工艺转为面对工业生产，这是他早期就认识到的建筑必须与工业相结合这一思想的延续。他认为，关注工业化的生产方式及建造方式，主张手工艺教学要为批量生产服务，要求学生由简至繁地掌握处理复杂问题的方法，要学会用机器生产，并自始至终与整个生产过程保持联系。他坚持包豪斯要自觉地寻求与所有工业企业的接触机会，相互推动。这种教学指导思想使得包豪斯的设计更具有适用性，家具、金工制品、墙纸、灯具、印刷品等的设计大量得以实施，包豪斯的名声与影响力迅速扩大。包豪斯自己培养的部分学生，如拜尔（Herbert Bayer）、布劳耶（Marcel Breuer）等人加入教师队伍，推出了全新的活动和教学内容。

1927 年，包豪斯正式成立建筑系，这使包豪斯的教育体系更完整。建筑系在汉纳斯 · 迈耶（Hannes Meyer）领导下协助格罗皮乌斯完成了德绍托滕区的一个实验性工人住宅示范小区的设计，在这个项目中，平面设计遵循理性原则，运用标准化构件进行建造，形式简单划一，生产过程快捷，充分发挥了包豪斯风格建筑的经济优势。

经过数年胼手胝足、殚精竭虑的奋斗，格罗皮乌斯领导的包豪斯跨入了事业的成熟阶段。此时格罗皮乌斯的设计业务日渐繁忙，而学校内外的重重矛盾也使他心力交瘁，他遂于 1928 年辞去了包豪斯校长职务，由建筑系的负责人迈耶继任。迈耶的教学指导思想更注重设计所面对的社会责任，更强调技术效应，他使包豪斯逐渐染上了浓厚的“左倾”政治色彩，因而招致右派势力的攻击。1930 年，迈耶被迫辞职，前往苏联工作。密斯接手包豪斯校长职务，他把学校的教育体系完全向建筑设计靠拢。密斯虽然不问政治，却阻止不了新得势的纳粹党对包豪斯的压制，学校终于在 1933 年 8 月宣布关闭。

包豪斯关闭以后，学校教师和学生大多流散到欧洲各地，有些人辗转去了诸如美国等其他国家，包豪斯的设计教育试验因而传播到世界各地，对现代建筑和工业产品设计产生了极其深远的影响。

格罗皮乌斯离开包豪斯后，在柏林等地从事建筑设计，特别注重对面向公众的城市住宅问题、建筑工业化问题的研究，关注住宅标准的改善以及居民区中无等级隔阂的住宅街坊的发展。

对于城市住宅类型，格罗皮乌斯没有简单地支持独立式独户住宅或集体公寓两者中的任何一个，而是毫无偏见地比较了它们各自的优点和不足：独户住宅可以直接接触花园，更为独立和灵活，但建造和管理起来较昂贵，而且降低了居住区的密度——这就意味着住户要走更远的路去上班。集体住宅减少了每一个家庭的独立性，使他们的生活环境多少复杂了些，但这能鼓励社区精神，符合现代社会趋势，可以将某些家庭功能提取并重组成集体服务的形式，而且这样更经济。居住区密度的增大意味着住户不用花太多的时间在路上，会有更多的闲暇。

格罗皮乌斯在作为德意志制造联盟成员时，受贝伦斯的影响，认识到建筑必须与工业相结合，不同于贝伦斯的是，他所注重的不是表达工业生产内容的建筑外在形式，而是工业化的生产方式，对于建筑业来说就是工业化的建造方式。早在 1910 年，他就提出工业化建造住宅的设想；1913 年，他在《论现代工业建筑的发展》一文中指出，新建筑的发展方向应反映工业化以后的社会对建筑提出的现实要求；1923 年，他发表《住宅工业化》一文，提出“扩展住宅单元”的设想——这是一种符合工业化、标准化、批量化生产方式的可重复组合的住宅建造模式。

在 1927 年德意志制造联盟举办的斯图加特住宅展览会上，格罗皮乌斯设计了两座装配式独家住宅。1928 年，他设计的托滕住宅区“铁路”式布局不仅呈现出单元的标准化，而且也凸显了用行走式塔吊进行预制装配的生产流程。1931 年，他为一家工厂作了单层装配式住宅试验：墙板外表面用铜片，内表面用石棉水泥板，中间用木龙骨和铝膜隔热层。虽然住宅自重较轻，装配程度较高，但是由于所用材料太昂贵而无法推广。

在柏林，在格罗皮乌斯作为一名建筑师积极工作的年月里，德国建筑业起先是停滞不前，接着受到经济危机的冲击而完全崩溃。1933 年，希特勒上台以后，德国变成了法西斯国家。萧条的建筑业前景和恶劣的政治气氛使多少具有社会民主思想的格罗皮乌斯感到惆怅和压抑。1934 年，格罗皮乌斯离开德国去英国。他在英国的工作非常谨慎而理性，不想重复在德国的建筑试验或者把个人已有经验强加于新的环境，而是努力学习、研究英国的环境特征。他在一些富人私宅的新设计课题中放弃了大规模生产的想法，突出了对私密性和个性的挖掘。

格罗皮乌斯与英国建筑师弗赖伊（Maxwell Fry）紧密合作，寻找两国建筑文化间的协调与共通，并以之呈现他们的共同思考，他的坚定和对目的的深刻理解强烈感染了后者。他们在英平顿合作设计的乡村学院对现代英国城市最重要的环境空间与城市结构问题做出了全面回应。

1937 年，格罗皮乌斯移民到美国，受聘于哈佛大学，次年担任建筑系主任。此后，他主要从事建筑教育活动。在教学中他没有直接恢复在包豪斯的尝试，而是开展一种全新的试验。他的目的不是介绍一种从欧洲带来的、干巴巴的“现代风格”，或者一种强加于任何环境的“格罗皮乌斯建筑”的公式，而是要介绍一种研究方法，可以让人们根据各自特定的条件解决问题，或者说，让一名年轻的建筑师无论在什么环境中都能找到自己的解决方法，能独立创造出超越技术、经济、社会条件的真实形式。他想要教的，绝不是现成的定理，而是一种对时代问题没有偏见的、独创的灵活态度，一种合乎逻辑解决特定问题的方法。

作为一个现代建筑运动的思想领袖，格罗皮乌斯指出：新建筑正在从消极阶段过渡到积极阶段，正在寻求不仅通过摒弃什么、排除什么，而是更要通过孕育什么、发明什么来展开活动，要有独特的想象和幻想，要日益完善地运用新技术的手段，运用空间效果的协调性和功能上的合理性。以此为基础，或更恰当地说，以此作为骨架来创造一种新的美，以便给众所期待的艺术复兴增添光彩。

除了教学，格罗皮乌斯也没有放弃设计实践。1945 年，他召集几名得意门生，创立了一个工作室——协和建筑师事务所（the Architects Collaborative，简称“TAC”）。他们既要个人分工负责又要相互讨论协作，在集体合作的制度下共同产生了许多建筑设计，如他们设计了美国驻雅典大使馆、巴格达大学建筑，为波士顿的城市综合体巴克湾中心提出了富于创意的方案，等等。这些作品很不相同，而且第一眼看上去仿佛不是出自同一个设计者之手。这些建筑设计不是追求某种特别“风格”的结果，而是创造性地综合解决问题，并优化建筑功能、技术、环境、造价，以及用地率等；在形式上，建筑不再是简单的方盒子、平屋顶、白粉墙、直角相交，而是呈现出悦目、动人、活泼与多样化的姿态。

2.2.02 法古斯工厂（Fagus Shoe Last Factory，Alfeld，1910－1914）格罗皮乌斯与迈尔合作设计的法古斯鞋楦厂，位于莱纳河畔的阿尔费尔德镇，地处绿树青山环抱的幽谷中。

它的平面布置和体型主要依据生产上的需要，打破了对称的格局，各个部分与不同的功能相呼应，以最简朴、最经济的方式组合在一起。厂房办公楼高三层，是一个简洁轻快的方盒子，采用钢筋混凝土结构和没有挑檐的平屋顶。外墙采用工业制造的大面积玻璃窗和金属板窗下墙，透过玻璃看进去，建筑结构一清二楚，没有装饰细节。格罗皮乌斯把玻璃窗悬挂在柱子的外皮上，使玻璃和金属墙面像是张挂在建筑骨架外面的一层薄膜，格外轻盈，完全不同于沉重的砖石承重墙。在转角部位，利用钢筋混凝土楼板的悬挑性能，取消角柱，使玻璃和金属表面相连续，这也是同传统建筑沉重的角部形态完全相反的处理手法。

在法古斯工厂中，格罗皮乌斯提炼了一些新的建筑设计语汇：① 非对称的构图，② 简洁整齐的墙面，③ 没有挑檐的平屋顶，④ 大面积的玻璃墙，⑤ 取消柱子的建筑转角处理。这些手法适合建筑的实用功能需要，与钢筋混凝土结构的性能一致，发挥了玻璃和金属的特性，创造出一种新颖的建筑形象。

2.2.03 "三月死难者纪念碑"（1921）1920年3月，魏玛的一群罢工者被枪杀，引起包括包豪斯师生在内的民众的同情。尽管格罗皮乌斯不希望卷入政治运动，但还是为死难的罢工者设计了这座纪念碑。这是一个三角形的体块，从一个低矮的围合基座上斜向上升起，颇有表现主义建筑的意味。纪念碑用混凝土浇筑而成，由包豪斯的石刻车间协助建造。

2.2.04 芝加哥论坛报大厦设计竞赛方案（Design for Chicago Tribune Tower，1922）1922年，芝加哥论坛报大厦设计竞赛吸引了全世界许多建筑

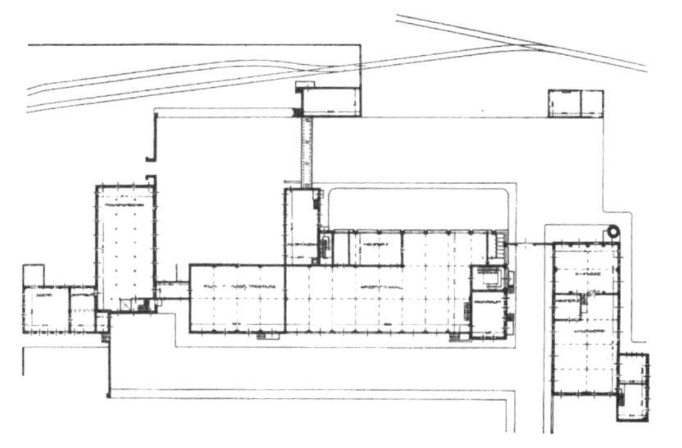

2.2.02-1 法古斯工厂总平面图

2.2.02-2 法古斯工厂车间

2.2.02-3 法古斯工厂办公楼

2.2.03 "三月死难者纪念碑"

师参加。格罗皮乌斯与汉纳斯·迈耶合作的这个方案反映出由荷兰建筑师凡·杜斯堡带来的风格派的影响，尽管最终没有获胜，却为当时折中主义盛行的美国建筑吹来一股清新之风。

2.2.04 芝加哥论坛报大厦设计竞赛方案

2.2.05 包豪斯校舍（Bauhaus Building，Dessau，1925－1926）包豪斯校舍面积接近 10 000 平方米，是一座复杂的建筑，就像里面复杂的生活一样，大体上分为三个部分：第一部分是包豪斯的教学用房，主要是各科的工艺车间，采用 4 层钢筋混凝土框架结构，面临主要街道。第二部分是包豪斯的生活用房，包括高年级学生宿舍、饭厅、礼堂及厨房、锅炉房等。学生宿舍是教学楼后面一个 6 层的小楼；宿舍和教学楼之间是单层的饭厅及礼堂，作为公共活动场所。第三部分是德绍市原有的一所工艺美术学校，它是一个 4 层的小楼，同包豪斯教学楼相距 20 多米，中间隔一条道路。两楼之间通过一座设有管理办公室的过街楼连接起来。第二和第三部分都是砖与钢筋混凝土的混合结构。校舍一律采用平屋顶，外墙面用白色抹灰。

包豪斯校舍的设计体现出欧洲现代派建筑最具代表性的几个特点：

2.2.05-1 包豪斯校舍从道路方向看过街楼

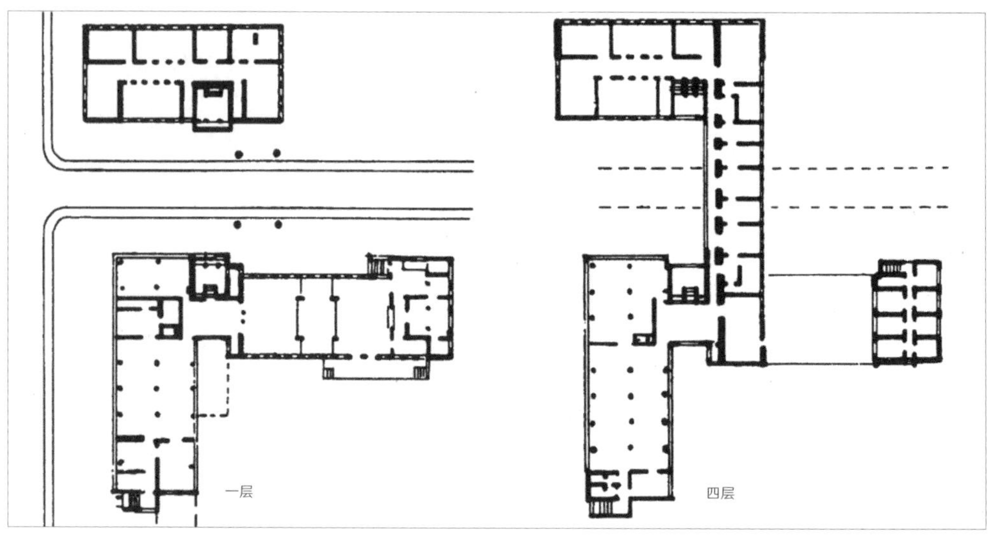

2.2.05-2 包豪斯校舍平面图

（1）把建筑物的实用功能作为建筑设计的出发点。

格罗皮乌斯对整个校舍进行功能分区，按照各部分的功能需要和相互关系确定它们的位置，决定其体型。包豪斯的工艺车间放在临街的突出位置上，采用框架结构和大片玻璃墙面以满足它对宽大空间和充足光线的需要。学生宿舍远离街道，采用混合结构和较为封闭的居住建筑形式。饭厅和礼堂放在教学车间与宿舍之间，而且本身既分隔又连通，需要时可以合成一个大空间。包豪斯校舍的入口门厅没有正对街道，而是布置在教学楼、礼堂和办公部分的接合点上，可以引导人流很快到达各自要去的地方。工艺美术学校另有自己的入口，与包豪斯的入口相对，正好分列在进入校区的通路的两边。这种布置对于外部和内部的交通联系都是比较便利的。

（2）造型上采用灵活的不规则构图和多层次对比手法。

包豪斯校舍平面布局大致呈风车形，它各个部分的大小、高低、形式和方向各不相同，和构成派艺术家的某些设计有些许相似性，但不同于构成派建筑孤立的墙壁要素，它的体型是封闭而完整的。尽管构图不对称，但各部分纵横错落，张力互现，并在总体上取得均衡。

包豪斯校舍的对比效果是多层面的。在虚实之间，有工艺美术学校、宿舍楼、工艺车间这些实体与后缩的办公楼前、过街楼下、饭厅和礼堂上部空间等虚空部分的对比。其中实体部分有相对较为封闭厚重的白色粉刷实墙面与轻薄透明的大片玻璃幕墙的对比；虚的部分有前后、上下不同方向界面的限定而使空间呈现出不同意义。在色彩和材质上，强调了镶在金属框架上的玻璃与白色抹灰墙面的对比，消隐了各种材料的物质属性，从而突出了形体、方向等几何关系。

（3）按照现代建筑技术的特点，运用建筑本身的要素取得艺术效果。

包豪斯校舍部分采用钢筋混凝土框架结构，

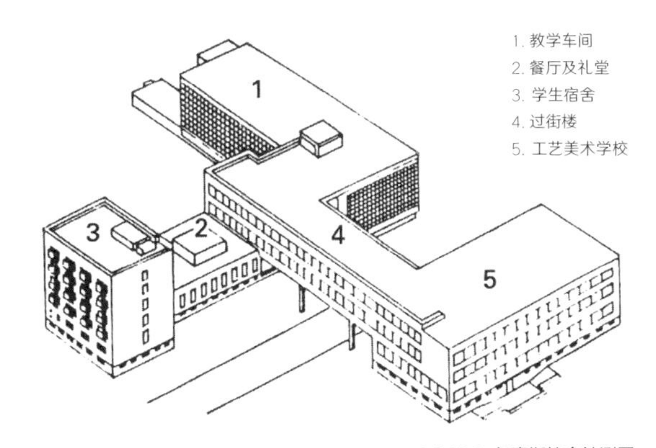

2.2.05-3 包豪斯校舍轴测图

2.2.05-4 包豪斯校舍门厅

2.2.05-5 包豪斯校舍教学车间

2.2.05-6 包豪斯校舍礼堂

部分采用砖墙与钢筋混凝土楼板的混合结构。墙面根据不同结构形式，按照内部不同房间的需要，布置不同形状的窗，包括车间部分的大片玻璃幕墙、过街楼等处连续的横向长窗，和宿舍部分整齐的门连窗等形式。

屋顶是钢筋混凝土平顶，用内落水管排水，摒弃了传统建筑的复杂檐口，只在外墙顶边翻一道窄边作为结束。

包豪斯校舍没有任何附加的装饰细节。它的建筑形式极为朴素，却又富于变化。除了前述的那些构图手法之外，格罗皮乌斯还精心地利用了房屋各种要素本身的造型美：外墙上的窗格、阳台、栏杆、大片玻璃墙面和抹灰墙面等经过恰当地组织，就取得了简洁、清新、富于动态的构图效果。在室内，尽量利用对楼梯、灯具、散热器等实用部件的细部处理取得造型效果。

还有非常重要的一点是，包豪斯校舍的造价不高。这说明，作为现代主义建筑代表的包豪斯风格在成功地解决现代社会生活提出的功能要求，发挥新型技术的优越性能、创造清新活泼的建筑艺术形象之外，还具备了强有力的经济竞争能力，符合现代社会大量建造实用性房屋的需要。这座建筑堪称现代建筑史上的一个重要里程碑。

2.2.06 包豪斯教师住宅（Director's House and Master's House，Dessau，1925－1926）格罗皮乌斯为包豪斯的教师们设计了4座住宅。他自己住的是一座独立式校长住宅，其余3座是双联式，都严格按照功能性原则设计，具有与包豪斯校舍类似的简明风格：方盒子，平屋顶，宽大的窗户，白色粉刷墙面。

2.2.07 包豪斯学生设计 在格罗皮乌斯教学理念的引导下，包豪斯学生的工业设计简洁、美观而实用，十分适合工业化生产。例如，布劳耶设计的瓦西里椅子，用钢管和皮革制作，富于原创性，对后世影响广泛。图中学生设计的灯具采用压型

2.2.05-7 包豪斯校舍学生宿舍

2.2.06-1 包豪斯校长住宅外观

2.2.06-2 包豪斯教师住宅外观

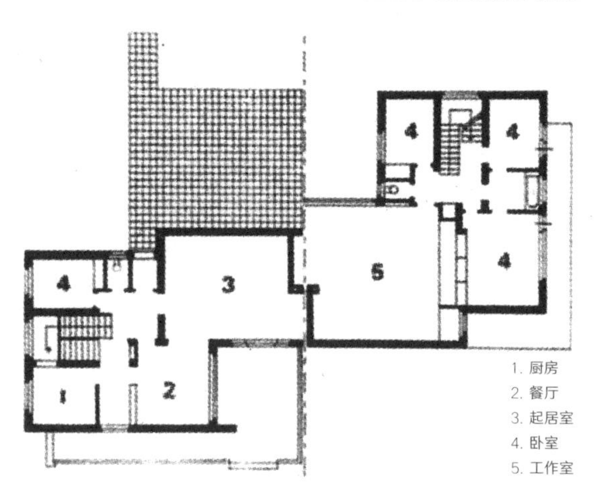

2.2.06-3 包豪斯教师住宅平面

金属与半透明玻璃，方便批量生产。

2.2.08 格罗皮乌斯的工业设计 作为“德意志制造联盟”的成员，格罗皮乌斯从事建筑设计外，还从事工业产品设计。例如1913年他设计的柴油发动机的火车机车和1930年设计的阿德勒（Adler）汽车。

2.2.09 魏森霍夫住宅展览会住宅（Weissenhofsiedlung，Stuttgart，1925-1927）在1927年德意志制造联盟举办的斯图加特魏森霍夫住宅展览会上，格罗皮乌斯设计了16号、17号两座装配的独立式住宅，外墙是贴有软木隔热层的石棉水泥板，挂在轻钢骨架上，内部摆着布劳耶设计的钢管椅。

2.2.07-1 瓦西里椅子

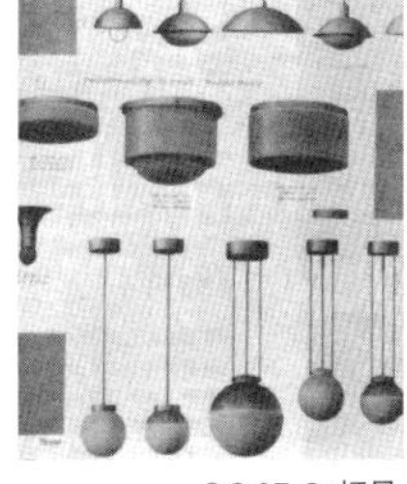

2.2.07-2 灯具

2.2.08-1 火车机车

2.2.08-2 汽车

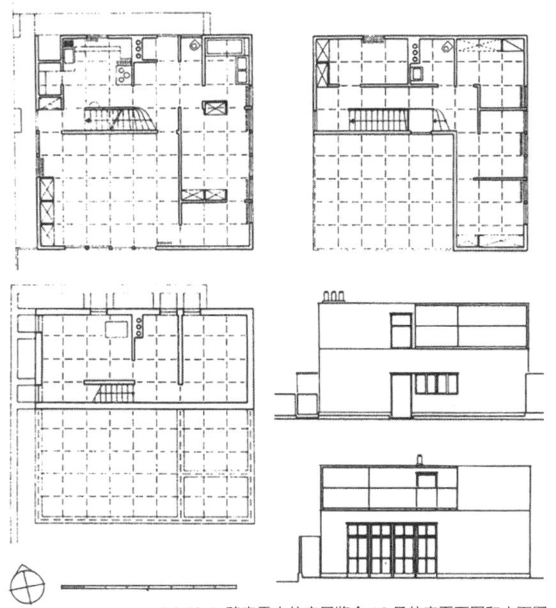

2.2.09-1 魏森霍夫住宅展览会16号住宅平面图和立面图

2.2.09-3 魏森霍夫住宅展览会16号住宅朝向花园的外观

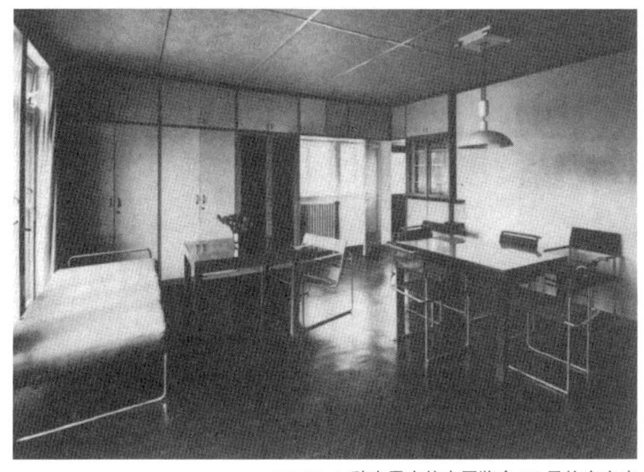

2.2.09-4 魏森霍夫住宅展览会16号住宅室内

2.2.09-2 魏森霍夫住宅展览会16号住宅临道路的外观

2.2.10 托滕住宅区（Törten Estate，Dessau，1926－1928）这是一个实验性工人住宅示范小区，总体上的行列式布局凸显了标准化单元和用行走式塔吊进行预制装配的生产流程的便利与高效。

单体的平面设计遵循理性原则，运用标准化的构件进行建造，多数构件都是在施工场地上现浇而成的。标准化手段实现了生产过程的快捷和经济，而现场制造则明显降低了运输的成本。每座住宅的基本建造工期只有 3 天。

2.2.11 全能剧场方案（1927）格罗皮乌斯为德国戏剧导演皮斯卡托（Erwin Piscator）设计的这个剧场是技术与艺术的完美结合，表达了他对空间效果与意义的诠释。这个椭圆形全能剧场方案维系了演员和观众之间长久的视觉联系，使舞台与观众厅之间不再是空间上的简单对峙关系，依据不同的演出要求可以变更舞台位置，形成不同的演出气氛，充分满足演出的功能要求，且显示了新的空间意识。

格罗皮乌斯的方案提供了一个适应性广泛的观众厅：可以是传统的前台形式，也可将舞台和乐池的一部分旋转 180° 成为一个中心表演区，上方配置了可供杂技表演的设施，中心舞台由一排排观众席包围起来。这种转动甚至可在演出时进行，观众在移动过程中出乎意料地改变原先的方向与尺度感，产生新的空间意识并感受到自己参与了演出。这个可变换观众厅还配以周边式的

2.2.09-5 魏森霍夫住宅展览会 17 号楼外观

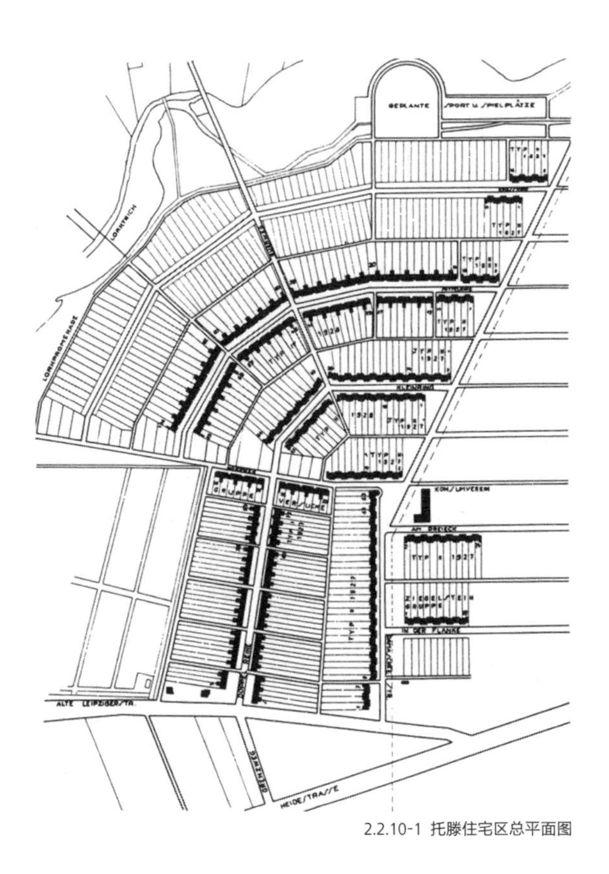

2.2.10-1 托滕住宅区总平面图

2.2.10-2 托滕住宅区外观

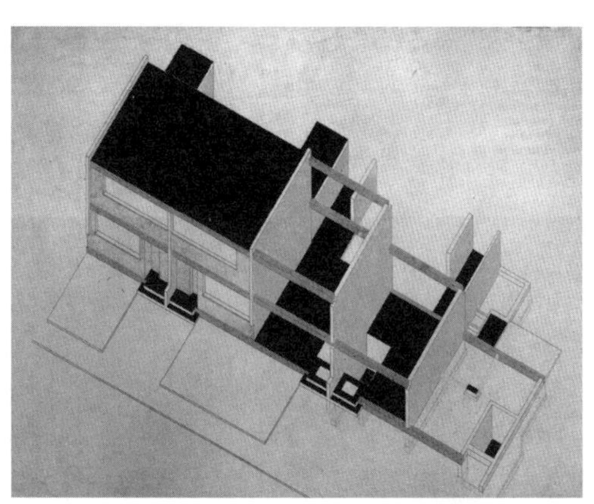

2.2.10-3 托滕住宅区单体的基本结构

舞台，使演出能够包围观众。或者，表演区可用一道天幕隔开，用放映电影的办法来补充舞台上的演出。舞台设置了可拆卸的圆形布景。这样就可以形成真正的三维演出空间，使观众或是从四面八方包围着演出或是被演出所包围。观众厅本身是透明的，其基本结构都能容易地看到，卵状屋面上开敞的构架与椭圆环上的柱子节点巧妙地协调在一起。

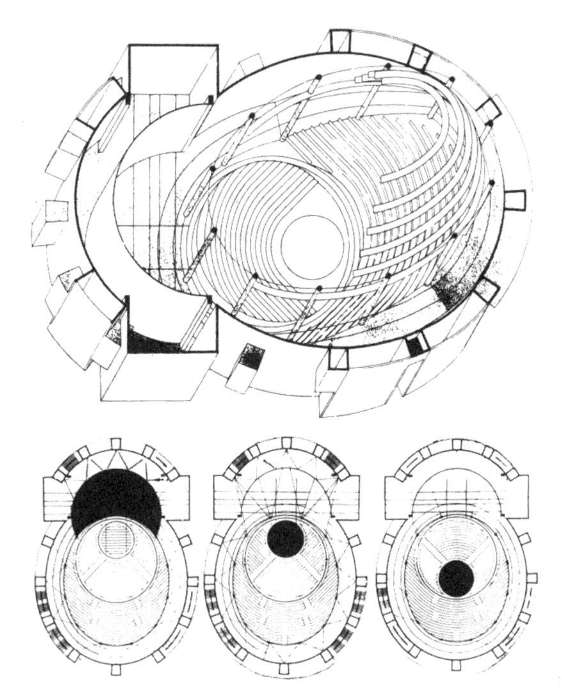

2.2.11-1 全能剧场方案剖轴测图与平面图

2.2.12 城市住宅的研究 在 1930 年的 CIAM 会议上，格罗皮乌斯以极理性的几何图解分析了城市住宅拥有最低限度的空间、空气、阳光的问题，表明：适当提高集体住宅的层数，可以有效提高建筑密度以及扩大建筑物之间的空间，改善居住环境，减少用地面积和部分公共设施的花费，当然，承重结构和电梯又会使建筑的造价有所增加。

综合考虑德国大城市的各种因素，集体住宅的最佳方案在 10 ～ 12 层之间。这个高度使建筑物之间距离宽敞，拥有的空气量、阳光量适当，可以有大块绿地供孩子们嬉戏，也没有过分增加建筑造价。格罗皮乌斯据此做了施潘道 - 哈赛尔霍斯特（Spandau-Haselhorst）试验小区高层住宅的设计方案，但由于当时条件所限，方案最终没有实施。

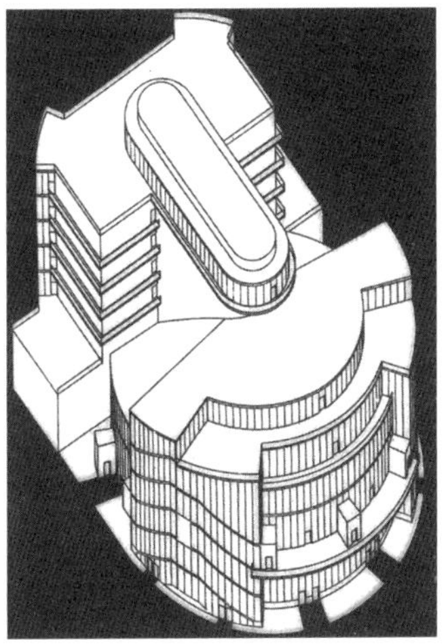

2.2.11-2 全能剧场方案外观轴测图

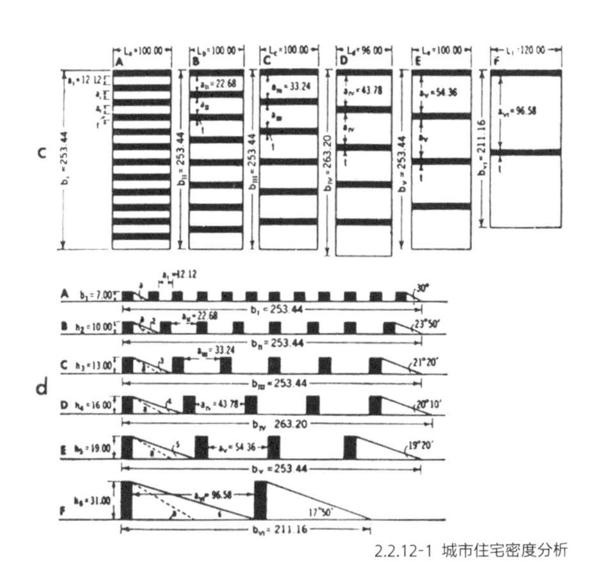

2.2.12-1 城市住宅密度分析

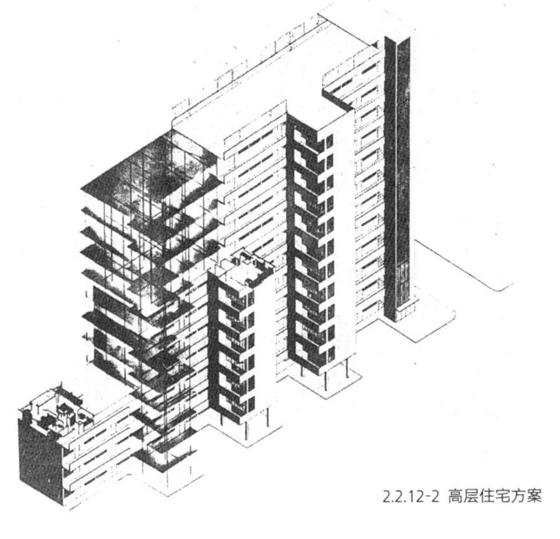

2.2.12-2 高层住宅方案

2.2.13 英 平 顿 乡 村 学 院（Village College, Impington, 1936）该建筑位于绿意盎然的乡间，一座演讲厅，一组综合管理用房，一排朝向东南开有大玻璃窗的教室，围绕在一个宽大空间的周围，好天气里，师生就在室外上课，与演讲厅相对的一翼为一排形态稍弯曲的成人娱乐活动室，平面关系清晰。同包豪斯校舍一样，这座建筑的房间形式都很简单，起着各种互补作用，满足了在其中举行各种活动的功能需要。材料主要是石材，局部以砖罩面，比较轻松，使建筑与周围种满树木的环境融为一体。虽然不像包豪斯校舍那样充满张力，但这座建筑仍显示出一种可以控制而又不受约束的力量，这种力量从学校扩散到周围空间和整个城市结构之中，成为整个城市构图秩序中的一个重要因素。这种学校模式影响了第二次世界大战后的英国学校建设。

2.2.13-1 英平顿乡村学院教室

2.2.13-2 英平顿乡村学院活动室

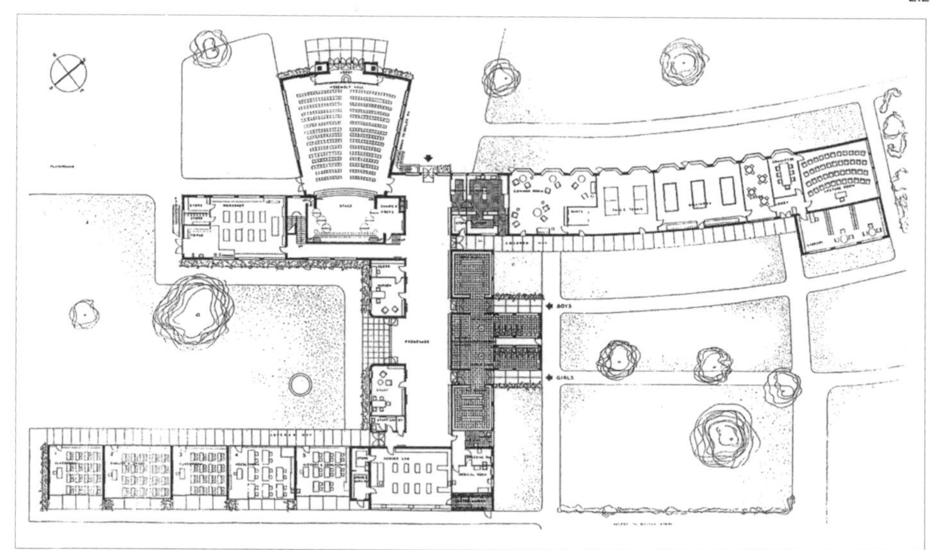

2.2.13-3 英平顿乡村学院平面图

2.2.13-4 英平顿乡村学院演讲厅

2.2.14 格罗皮乌斯自用住宅（Gropius House, Lincoln, 1937 –1938）格罗皮乌斯到美国后，与在包豪斯的学生布劳耶（Marcel Breuer）合作设计了一些小住宅，他的自用住宅建在马萨诸塞州的林肯，主要材料是预制装配式的木骨填充墙，以钢作为骨架，功能布局紧凑合理。

2.2.15 哈佛大学研究生中心（Harvard Graduate Center, Cambridge, 1949 –1950）哈佛大学研究生中心是 TAC 事务所的早期作品。它是由七幢宿舍楼和一座公共活动楼组成的综合建筑群，总体布局按不同功能分区并结合地形。几幢建筑物之间高低错落，相互用长廊和天桥联系，组成了三个形状、方向和开敞程度不同的院子。建筑实体与院落空间前后参差、虚实相映、高低结合、尺度宜人，形成了良好的社区感。其中一个梯形院落是由于地形限制而形成的，它的尽端是扇形的公共活动楼，在形式上与院子更加相宜，扇形的凹弧形墙面像张开的臂膀，面向院子，欢迎来者；底层部分透空，二层是大玻璃窗。楼上餐厅的用餐人数可达 1200 人 / 次，由于当中有斜坡通道把餐厅无形中划分为四部分，因此人们用餐时并不感到自己是在一个大食堂里。楼下的休息室与会议室在需要的时候可以打通成为大会堂。建筑造型简洁、优雅。宿舍楼外墙用淡黄色面砖，公共活动楼用石灰石板贴面。建筑处处表现出精到、细致的匠心，而整体造价并不昂贵。

2.2.14-1 格罗皮乌斯自用住宅朝向花园的外观

2.2.14-2 格罗皮乌斯自用住宅日光浴室

2.2.15-1 哈佛大学研究生中心公共活动楼

2.2.15-2 哈佛大学研究生中心宿舍楼

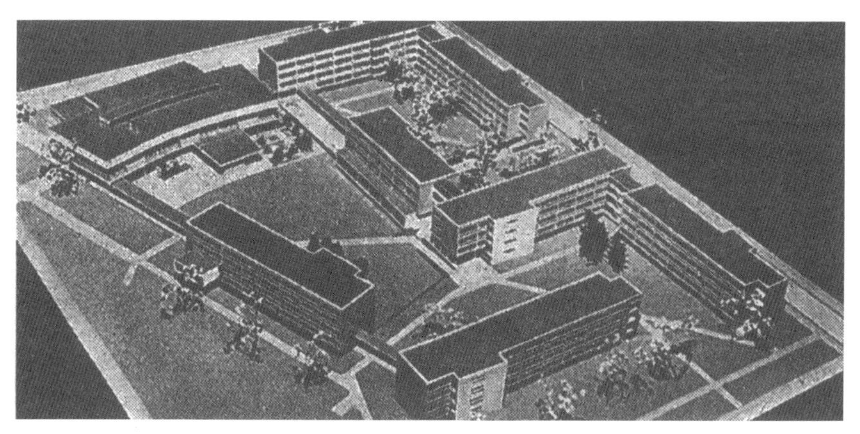

2.2.15-3 哈佛大学研究生中心总体模型

在哈佛大学延续了两百年的传统建筑环境中，格罗皮乌斯没有向传统妥协，他加入了石材和其他材料，使他的现代建筑更加生动并富于变化。他还委托现代艺术家设计壁画，把包豪斯综合各种艺术的设计理念引入哈佛大学。

2.2.15-4 哈佛大学研究生中心连廊

2.2.16 汉莎公寓楼（Apartment Block，Hansa-Viertel，Berlin，1955 –1957）1957 年，当时的西德结合西柏林汉莎区的城市改建举行了一个名为“Interbau”的国际住宅展览会。德国著名现代派建筑师巴特宁作为主持人，负责展览会的基本规划，操作上也像 1927 年的魏森霍夫住宅展览会一样，邀请了 20 多位国际上的知名建筑师参加设计，格罗皮乌斯也在其中。这次展览会成为对第二次世界大战后现代住宅设计的一次大巡阅，对于推进现代主义建筑原则的普及起到相当重要的作用。

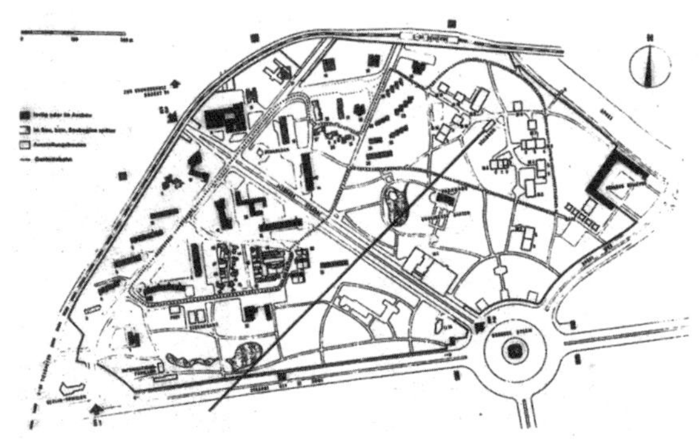

2.2.16-1“Interbau”国际住宅展览会总平面图

展览会的布局比较分散，住宅类型有高层、低层、多层，有连排式、塔式、庭院式……风格并不统一。单体的户室布局多种多样，有分层分户的、有复式的、簇式的、跃层的……建筑师们各显神通。

2.2.16-2 汉莎公寓楼外观

格罗皮乌斯与 TAC 为“Interbau”设计的是一幢高层公寓楼，上面 8 层为公寓，底层是公共活动与服务设施。作为住宅设计，格罗皮乌斯对功能、技术与经济上的关注一如既往，但在外形上却作了不少新的处理，手法虽然轻巧，效果却很突出。公寓楼像哈佛大学研究生中心中的公共活动楼一样呈弧形，为了施工方便，这个弧形是由一段一段的折线拼成的。立面上把各层阳台交错布置，两个尽端也不是简单、平均地处理，而是在部分单元设计有前窗，在部分单元设计有边阳台，使公寓的造型既简洁又活泼，完全突破了方盒子式的刻板形象。

2.3

观念的狂奔：勒·柯布西耶的贡献

（1920 年代 — 1950 年代）

2.3.01 勒 · 柯布西耶（Le Corbusier）

勒 · 柯布西耶（Le Corbusier，1887–1966，后文简称“柯布西耶”）作为现代建筑运动的激进分子和主将，在 20 世纪现代建筑运动中起着绝对“中心”和“种子”的作用，他不断以新奇的建筑作品以及大量未实现的设计方案给世人以极大的震动和启发。

柯布西耶本名“查尔斯 · 爱都华 · 让纳雷”（Charles Edouard Jeanneret），生于瑞士西南部靠近法国边境的拉肖德芒市，他的少年时代就是生活在这样一个高度网格化的以钟表业生产为主的工业城镇中。他曾在当地的工艺美术学校接受雕刻设计训练，受到美术与手工艺运动后期思想的影响而非学院派思想的束缚。他的老师是新艺术运动的追随者，教导学生们要从直接相处的自然环境中汲取装饰题材。他早年在家乡设计的第一幢住宅——1905 年法雷别墅，就应用了青年风格派手法，其装饰题材取自当地的花木鸟兽。

1907 年，柯布西耶受老师推荐去维也纳，在建筑师霍夫曼那里实习，但他对当时已成经典却又初现颓势的分离派不以为然，具有历史意义的是他遇到了法国建筑师加尼耶，后者针对现代工业城市的创造性规划方案令柯布西耶深深折服。在这一年中，他还参观了托斯卡尼地区埃玛市的慈善院，在那里第一次体验到活生生的“公社”生活，他认为那种和谐的生活实现了人类真正的理想——宁静、独居，但又与人保持交往——一种美好的、理想的生活方式，这为他以后马赛公寓的居住模式埋下了种子。

1908 年，他去巴黎，在著名建筑师佩雷处工作。佩雷因较早探索钢筋混凝土的运用而成名，他把钢筋混凝土框架看作是解决多年来存在于哥特式结构真实性与古典形式人文主义价值之间冲突的一个手段。柯布西耶在那里接受了钢筋混凝土技术的基本训练，他还借机遍访巴黎各处的博物馆、图书馆、演讲厅，扩大了对法国古典文化的认知。一年多的生活和工作使他深信钢筋混凝土是未来的材料，它具有可塑性、整体性、耐久性及内在的经济性，适用于合理化生产。

1909 年，柯布西耶在德国接触德意志制造联盟的主要成员后，他关注到现代产品工程学的成就，如船舶、汽车、飞机等。他在柏林德国著名建筑师贝伦斯事务所工作了 5 个月，受到后者强烈的影响。之后，他又去巴尔干半岛、小亚细亚游历，地中海东北岸的古代和民间建筑艺术对他产生了潜移默化的影响，他写了《东方的旅行》一书，对这次旅行作了的诗意般的描述。

回到瑞士后柯布西耶开了自己的事务所，专门应用钢筋混凝土技术来从事设计。在他 1916 年设计的一处别墅中，上述各种思想、风格得以在一个框架结构上综合体现，建筑造型甚至具有帕拉第奥式纯正几何学的古典主义含义。

1916 年，将近而立之年的柯布西耶移居巴黎。彼时正值第一次世界大战期间，他精力充沛，业余时间全部用于绘画及写作。在巴黎这个艺术圣地，柯布西耶虽然得不到德国先锋建筑师格罗皮乌斯、密斯等人那样的政府支持，却有机会接触形形色色的艺术家、文学家、哲学家等各种知识分子。不久，他有幸通过佩雷的介绍，结识了画家奥尚方（Amedee Ozenfant）。1918 年，他们两人合作发表了《立体主义之后》，抨击当时绘画界对立体主义进行无理歪曲的状态，批判它正在退化成一种谨小慎微的装饰。在他们的绘画里，追求的是垂直 - 水平结构，将物体做建筑式的简化，消除多余的装饰，也不要提示幻觉和幻想的主题。对他们来说，机器是最好的"纯粹"的象征。这种作为立体主义变体之一的"纯粹主义"形式原则在两人的绘画作品中能得到很好的说明。

他们两人又与诗人保罗·德尔梅（Paul Delme）合作，在 1920 年代前半期创办了一份文艺和艺术杂志《新精神》，发表了两人合写的论文《纯粹主义》，将纯粹主义的机器美学拓展到所有造型表现形式——从绘画、雕塑到产品设计以及建筑学。它实际上不亚于一种综合的文化理论，致力于提倡对现有的所有艺术类别进行自觉的改善。"勒·柯布西耶"这个笔名也是他在《新精神》杂志上发表文章时开始采用的。1923 年，柯布西耶将他在杂志中陆续发表的宣扬新建筑的短文结集出版，书名《走向新建筑》。

这本宣言式的小册子，言辞激烈，虽然观点比较芜杂，但是中心思想是明确的——坚决否定 19 世纪以来因循守旧的复古主义、折中主义的建筑观点与建筑风格，积极主张创造表现新时代的新建筑。柯布西耶的主要观点在以下几个方面。

经济与技术在各种条件下的变化必然蕴含着建筑上的革命。现代工业的发展，造就了轮船、汽车和飞机等表现新的时代精神的产品设计，这些机器产品体现了解决问题的逻辑性，是经济有效的，也是真实和谐的。建筑师应该向遵循数学公式的工程师学习，在新建筑中体现这些合理性的要素，挣脱习惯势力的束缚，推翻过去的艺术经典，寻找一种属于自己时代的样式。

像机器一样，住宅也应用工业化的方法大批量生产。工业时代建筑的首要任务是有效降低造价，减少房屋的组成构件，因此，必须以规模宏大的工业从事建筑活动，在大规模生产的基础上制造房屋的构件。柯布西耶甚至宣称"住房是居住的机器"——不只在于房屋的建造过程要向机器看齐，还在于它也应具有机器那样的精确性和规则性，以及那样纯粹的造型。这种美感要通过不带任何偏见的头脑去体察，了解其内在的合理性。新建筑的设计方法是由内而外的，外部是内部的投影。建筑造型要在简单的体量、纯粹的几何形中寻找形式出路。柯布西耶同时又强调建筑艺术具有与技术并驾齐驱的价值，建筑师是艺术家，造型超出实用的需要，是纯粹精神的创造。这种形式上的辩证观点一直体现在柯布西耶的创作生涯中，理性主义与浪漫主义的双重性在不同时期有不同的侧重。

然而，这个时候柯布西耶的活动更多是理论上的。1922 年，他与堂兄弟皮埃尔·让纳雷（Pierre Jeanneret）合伙开办了设计事务所（柯布西耶的大部分作品都是与皮埃尔·让纳雷合作完成的），在他早期的为数不多的几处设计实践中，主要是为他的先锋派艺术家朋友们设计的住宅。他为这些尝试做了图解，以阐释他的新建筑构想。

在大量性住宅的建造方式上，柯布西耶努力推进他在第一次世界大战初期就提出的"多米诺住宅"概念，他以法国著名汽车品牌"雪铁龙"将之命名为"雪铁龙住宅"，暗示这个长方体外形的建筑具有汽车一样的机器美学精神和像汽车一样的标准化生产方式。

为了宣传这种为成批生产和高密度组合而用的尝试性单元，柯布西耶在 1925 年巴黎装饰艺术博览会上展出了一个样板房样的新精神馆，它反映了纯粹主义的理性美，墙上点题般地装饰着立体主义画家莱热（Léger）的作品和他本人的绘画。然而，它的实际应用在当时的社会条件和工业技术水平下还难以推广。1925 年，柯布西耶有机会在波尔多的佩萨建造了一组标准化住宅，但结果并不理想，直到 1927 年，真正的"雪铁龙住宅"在他斯图加特魏森霍夫住宅展览会的作品中才得以实现。柯布西耶在架空支柱上建造了两座住宅，结构为钢框架，发展了"雪铁龙住宅"的基本构思。

1926 年，柯布西耶在先前"多米诺住宅"结构概念的基础上，就自己的住宅设计提出了"新建筑五个特点"（Les 5 points d'une Architecture Nouvelle），以最基本的术语来阐述现代建筑的原理，为以后成为主流的国际式建筑提出了方程式。这五点是：

（1）架空支柱，将黑暗潮湿的底层架空，留出独立支柱，房屋的主要部分放在二层以上，离开地面；

（2）屋顶花园，以补偿被房屋占去的地面；

（3）自由平面，由于支柱承重，分割空间的墙体得以脱离荷载而自由布局，方便合理；

（4）横向长窗，不再受承重墙的技术限制而产生的新手法，窗户可以从立面的一端开到另一端；

（5）自由立面，支柱从立面向内退，楼板朝外悬挑，立面是幕墙或窗户，是简易轻巧的薄膜。

这些都是由于采用框架结构，墙体不再承重以后产生的建筑特点。柯布西耶充分发挥这些特点，在 1920 年代后半期设计了一些与传统建筑大异其趣的住宅。萨伏伊别墅是其中的著名代表作。这座建筑从形式上彻底颠覆了传统，体现了柯布西耶"机器美学"的艺术趋向，成为现代建筑运动的坐标之一，成为反映时代精神的典型，具有强大的影响力。

1927 年，国际联盟为建造总部征求建筑设计方案，地址在日内瓦湖滨一块有限的基地上，费用也有所限制。柯布西耶与皮埃尔·让纳雷参加了这次国际性竞赛，他们合作提出的设计方案功能合理，造价适当，采用钢筋混凝土结构，建筑体形完全突破传统的格式，具有轻巧、新颖的面貌。这个方案成为第一个为政府机构的综合体提出了完全现代的解决方法的案例，引起革新派与学院派激烈的争论，评委会内部也争执不下。包括柯布西耶的设计在内的几个方案入选二次竞争，用地也有所改变。最后，官方支持的学院派占了绝对优势，选出了 4 个学院派建筑师的方案。然而，在这 4 个设计提出的最终实施方案中，在功能上和布局上与柯布西耶的方案有许多不可否认的相似之处，柯布西耶方案的功能优点甚至在对手那儿也被接受了，但他们没有接受新建筑语言，而是为它披上新古典主义的外衣，用完全多余的檐口和厚墙来徒增造价。他们赢了，却胜之不武，令人不服。

国际联盟方案成为柯布西耶早期事业的高峰，他得到公众的一片赞扬；同时也是一个转折点，代表了他纯粹主义时期的终结，此后，他的绘画变得有机和具有象征性，建筑上也逐渐由过度理性向感性方向回归。

柯布西耶在 1929 年前后设计了一批轻型钢管家具，还有称为"最大轿车"的经济型轿车等工业产品，表明他由对机器造型的赞美开始转向对人体的关注。在建筑上，他根据人体工程学原理提出了高效能的住房空间标准，把空间中每一平方厘米都优化使用，隔墙减薄到隔声允许的极限，服务核心即厨卫也减到最小。每套公寓都可以通过活动隔断改变用途，在不同时段分别供睡眠、起居、儿童游戏等活动使用。居住空间成为像火车卧铺车厢一样的标准化的高效能产品，而且符合人体尺度要求。

柯布西耶主张城市集中发展，并从 1922 年起就不断为现代城市勾画规划方案。他提出，把现代城市有秩序地分为行政、居住、商业、工业等若干个功能区，联系各区的各种现代交通工具在立体交叉的道路系统上行驶。在中心区有巨大的摩天楼，外围的高层居住建筑带有公共设施，可以解决日常生活问题，成为组成城市的基本单元。各种建筑物都由支柱架起，让地面得以延续，并成为提供“阳光”“空间”“绿地”等的整片公园，居住大楼（immeubles-villas）的屋顶也是成片的花园。这样，在高密度的现代化大城市中，就能形成安静、卫生、享乐的生活环境。他这种称之为“光明城市”（Cité Radieuse）的设想对后来城市的建设产生了一定的影响，尽管效果不尽如人意。柯布西耶提出的许多措施，如高层建筑和立体交通等，后来在世界许多城市中都得到实现。

1930—1940 年代，欧洲尤其是德国的政治经济形式不断恶化，柯布西耶个人对 CIAM 的影响逐渐凸显出来，会议讨论的重点渐渐由建筑转向城市。于 1933 年通过的《雅典宪章》确立了功能城市模型，可谓是柯布西耶现代城市设想的纲领化版本。

1930 年代，柯布西耶做了大量建筑设计方案，其中不少未能实现。他对机器时代的必胜信念此时有所松动，由于经济衰退和政治分歧，世界呈现四分五裂的状态也令他失望，他的建筑风格逐渐发生转变，纯粹主义的框架结构 + 白色光面粉墙的“居住的机器”为更加丰富多变的手法所取代。这一时期，他在地中海、南美地区做了一些建筑，有些设计任务的场地偏远，造价低廉，材料的地方性强，技术手段落后，他必须适应这类情况，了解更多民间建筑经验，并深入挖掘其他结构、材料和建造方式。

他在智利设计了一幢石头和原木墙的住宅，还在法国建造了两座乡村住宅，都表现出朴素和传统的建造方式，除了钢筋混凝土以外，还采用了石材、砖墙、木构架、胶合板和石棉水泥瓦等，结构上也引入了坡屋顶和地中海地区的传统筒拱。

在北非的工作促使他潜心研究“遮阳”（brise-soleil）措施，他在窗前设置遮阳墙板，将钢筋混凝土屋顶出挑，罩在墙板和窗户上，不再做表面粉刷。素混凝土的外观失去抽象几何特征，却能经风历雨，与自然的乡村景色结为一体。

在柯布西耶 1930 年代建成的较大型作品中，巴黎的瑞士学生宿舍比较能反映他为丰富现代建筑构图所做的尝试。瑞士学生宿舍以多层集中的较高形体与一个低层空间组合的布局方式，在柯布西耶的国际联盟总部竞赛方案中就有所显现，巴黎救世军收容所也有相似的布局和立面处理，以后又在里约热内卢的巴西教育卫生部大楼中得以再现。这种建筑手法常为后世现代建筑师所效仿，如纽约联合国总部大楼，就是采用这种板式高层加低层大厅的布局。

第二次世界大战结束后，柯布西耶对现代建筑的重要贡献得到广泛尊崇，他在建筑界的崇高地位毫无疑义地确立起来，他的创作锐气始终不减，并以更大的毅力勇往直前。在战后法国住宅建设的高潮中，柯布西耶为其城市规划中的住宅大楼提出的“居住单元”（L'unité d'Habitation）单体建筑方案终于在马赛公寓大楼中实现。从艺术风格上看，马赛公寓大楼被看作第二次世界大战以后“粗野主义”（brutalism）设计倾向的“始作俑者”，因而成为众人激烈议论的话题。

之后，类似这样的居住单元在法国又建了几处。1957 年，柯布西耶参加西柏林汉莎区的“Interbau”国际住宅展览会的建筑也是这样一座可容 3000 名居民的居住单元。然而，这种在城市中以附带公共服务设施的住宅大楼为单元的居住建筑模式并没有得到大范围推广，已有单元中的公共服务设施基本闲置或干脆不设，建筑师设想的理想生活模式与公众的需求并不合拍。

真正在城市尺度上实现柯布西耶现代城市设想的项目是印度昌迪加尔的规划及其行政中心建筑群的设计。1950 年代初，印度旁遮普邦在昌迪加尔新建首府行政中心，柯布西耶应尼赫鲁之邀担任新首府的设计顾问，终于得到机会实施他关于总体城市规划的毕生理想。他带领一个设计小组为昌迪加尔做了城市规划，并且设计了行政中心的几座政府建筑。

比较国际联盟总部竞赛方案的命运，这一次柯布西耶的设计创作符合了政府对昌迪加尔建设象征意义的期望，它超越了旁遮普邦的首府，成为摆脱殖民地历史的独立的新印度和现代工业国家的缩影。在这里，新的建筑语汇虽基于炎热的气候要求和钢筋混凝土材料的特性演化而来，却造就了雄伟壮观的权威性和纪念性，在视觉上产生强烈的感染力。

柯布西耶的惊世之作朗香教堂推翻了他在1920—1930年代极力主张的理性主义原则和简单的几何图形，其带有表现主义倾向的造型震动了整个建筑界。

柯布西耶始终是建筑及艺术领域的活跃人物，直面各种不利的环境，保持着高度的专业敏锐性和旺盛的创造力，坚持不懈地丰富着现代建筑的内涵。他不只是现代建筑最伟大的形式给予者（form giver），更是富于勇气和创新精神的引导者。

2.3.02 绘画作品（1920） 在这两件作品里，静物都是以其正面来布置的，色彩柔和，形式上有一种突出体积的幻觉。对称和机械的曲线，横穿矩形的格子，具有一种秩序优良、不断更新的机械纯粹感。

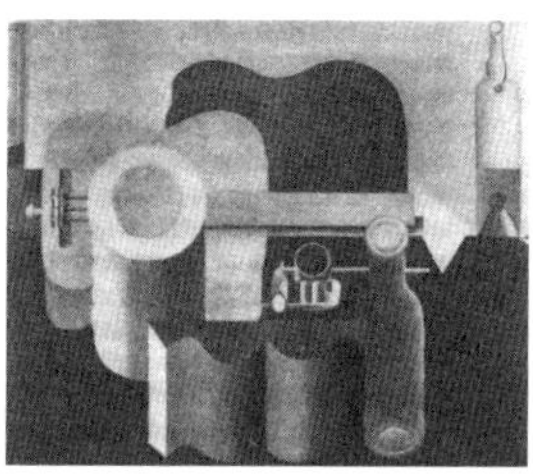

2.3.02-1 柯布西耶的《静物》

2.3.02-2 奥尚方的《静物》

2.3.03 奥尚方住宅（Ozenfant House，Paris，1923）柯布西耶的好友、先锋画家奥尚方是他在法国的第一位客户。顶层是奥尚方的工作室，设有宽大的侧窗和天窗，很好地解决了作画所需的采光问题，从外观上看颇似工业建筑。该住宅的屋顶现已改为平顶，其余部分仍保持原样。

2.3.03-1 奥尚方住宅外观

2.3.04 "多米诺住宅"（Dom-Ino，1915）柯布西耶很早就提出"多米诺住宅"的概念。用"多米诺"（意为"骨牌"）这个词，一是表达一种生产上的技术措施，犹如一项设备，它的小立方体块形式及其组合方式类似工业产品。二是指这种像骨牌那样标准化的房屋单元，可以通过多种模式进行排列组合。

"多米诺住宅"其实是一种架空在独立柱基上的钢筋混凝土板柱结构（框架结构的特殊形式）

模型，在这个结构骨架中，墙壁已经不再承重了，因而空间可以灵活布置。

2.3.05 新精神馆（Pavillion de L'Esprit Nouveau, Paris, 1925）在1925年巴黎装饰艺术博览会上，柯布西耶展出了这座被称为“新精神馆”的示范住宅，它反映了纯粹主义的理性美。起居空间有两层高，夹层上是睡眠区，内部陈列着机械化的橱桌家具、纯粹主义绘画与手工艺沙发、枫木扶手椅、东方式地毯、南美洲瓷器等，呈现出一种纯粹主义观念与民间工艺的奇妙平衡。

然而博览会主办方却以它为羞，在开幕式上竟用一块大长板将它遮挡起来。可见柯布西耶的主张在当时是不被社会接受的。

2.3.03-2 奥尚方住宅室内

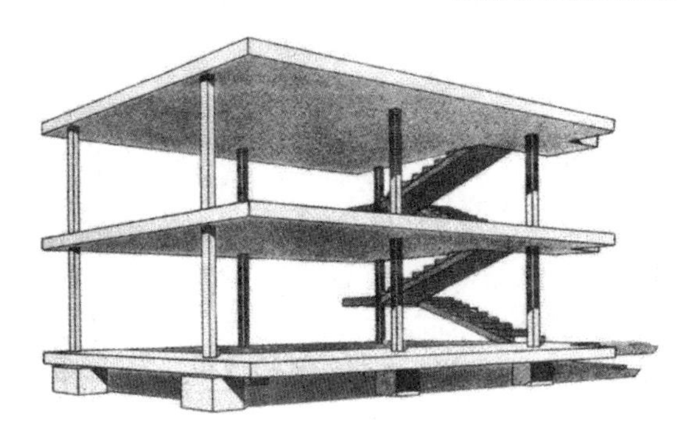

2.3.04-1 “多米诺”单元的结构

2.3.04-2 “多米诺”可能的组合

2.3.05-1 新精神馆外观

2.3.05-2 新精神馆室内

2.3.06 佩萨克工人住宅区（Estate at Pessac, Bordeaux, 1925）“多米诺住宅”概念提出10年后，柯布西耶终于得到机会将理论应用于实践。他在波尔多南郊的佩萨克为一位开发商建造了标准化单元的住宅区。它完全无视地方建筑传统的现代功能主义姿态招致社会敌视，以致地方当局拒绝发放居住许可证。

2.3.06 佩萨克工人住宅区

2.3.07 魏森霍夫住宅展览会住宅（Weissenhofsiedlung, Stuttgart, 1927）在魏森霍夫住宅展览会上，柯布西耶设计了一座独立式住宅和一座双联式住宅。它们底层用支柱架空，采用钢框架结构，外墙材料为钢筋混凝土，内部为砖墙。室内陈设具有机器产品的纯粹主义美感。“雪铁龙住宅”的基本构思在此得到实施和发展。

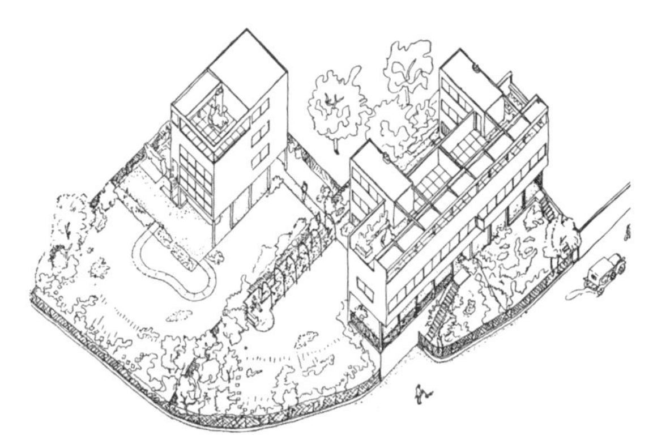

2.3.07-1 魏森霍夫双联式住宅轴测图

2.3.08 萨伏伊别墅（Villa Savoye, Poissy, 1929 –1931）这是一座豪华别墅，位于距巴黎以西大约30千米的普瓦西。基地是一大片微凹的草地，被茂密的树林所环绕——这增加了设计限制，却没有提供多少引发设计灵感的特殊景观。因此，别墅与它的环境几乎没有必然的联系，其建造方式不受特定环境和偶然事件的影响，可以用在其他场合，用于其他使用目的。萨伏伊别墅成为柯布西耶“新建筑五点”这种抽象理念的物化，因而具有了更加广泛的含义。

2.3.07-2 魏森霍夫双联式住宅外观

别墅建在这块12英亩（约48 562.3平方米）大的方形基地的中心。平面为一个约22.5米×20米的方形，钢筋混凝土结构。建筑主体支在架空的独立柱上，底层三面有独立柱，中心部分有门厅、车库、楼梯、坡道，以及仆人房间。柯布西耶设置了一个非常小的功能上的出发点：以汽车在独立柱中间的转弯轨迹确定底层房间的外部界限和地基的面积。二层有客厅、餐厅、厨房、卧室和内院，各个房间的分隔十分自由，完全不受制于结构。三层布置了供休息和娱乐用的屋顶花园。

2.3.07-3 魏森霍夫双联式住宅室内

建筑外形比较简单，由于各个方向的景观都一样，所以建筑的外观四面基本相同，与自然环境相一致，俨然有帕拉蒂奥圆厅别墅一般的君临四方而自得其乐的神气。

建筑内部空间比较复杂，功能布局巧妙。中央有一条从底层到屋顶花园的缓坡道，坡道在室内、室外往复穿插，在三层楼之间获得了空间的连续性。二楼起居房间与内院连通，而内院四壁像房间一样完整，只在顶部敞开。人们行走在建筑内部，就像是在一架复杂的居住的机器内散步，感受到不断变化的，有时甚至是令人惊讶的景象。

这所别墅的造型犹如一座立体主义雕塑，采用了各种单纯的几何形状与形体，如柱子是一根根细长的圆柱体，窗子是简单的横向长方形，等等。粉刷成白色光面的墙壁，毫无装饰的室内和室外，以及一些曲线形的墙体……所有设计细节使整栋建筑简单却不单调，克制却不刻板。

2.3.08-4 萨伏伊别墅室内

2.3.08-5 萨伏伊别墅从起居室看屋顶花园

2.3.08-1 萨伏伊别墅外观

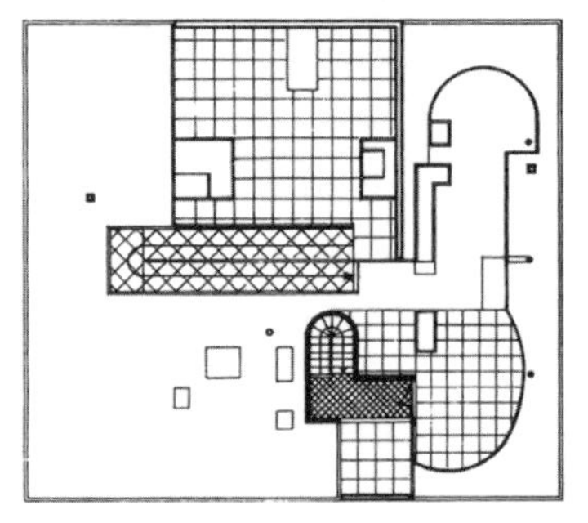

屋顶

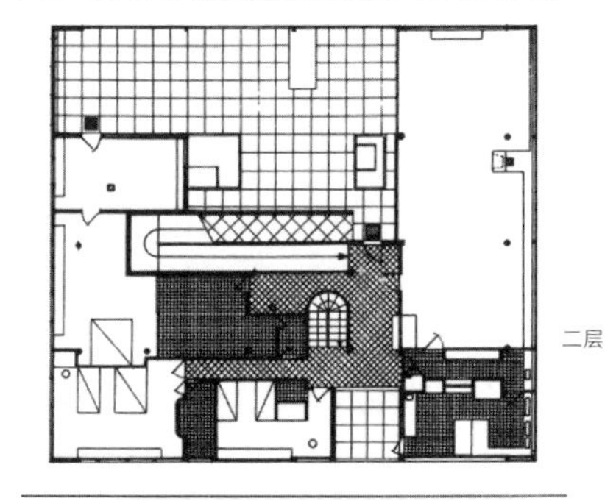

二层

一层

2.3.08-2 萨伏伊别墅平面图

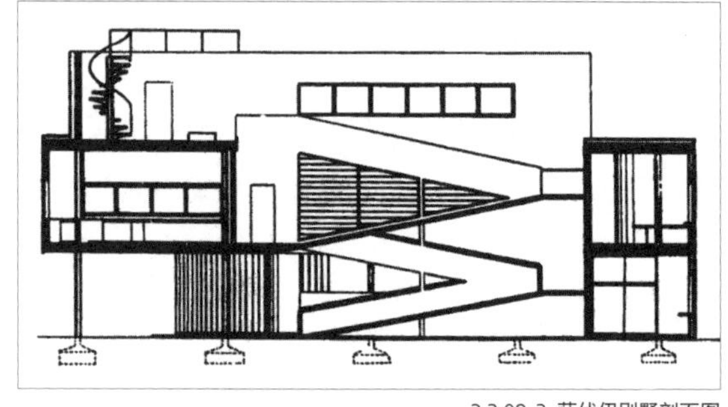

2.3.08-3 萨伏伊别墅剖面图

2.3.09 构图四则（1929）柯布西耶对独立式住宅所作的设计草图，可归结为四种构图类型和构图原则，其代表性的案例如下：① 拉罗歇别墅，1923 年；② 在加尔歇的别墅，1927 年；③ 在魏森霍夫的住宅，1927 年；④ 萨伏伊别墅，1929 年。

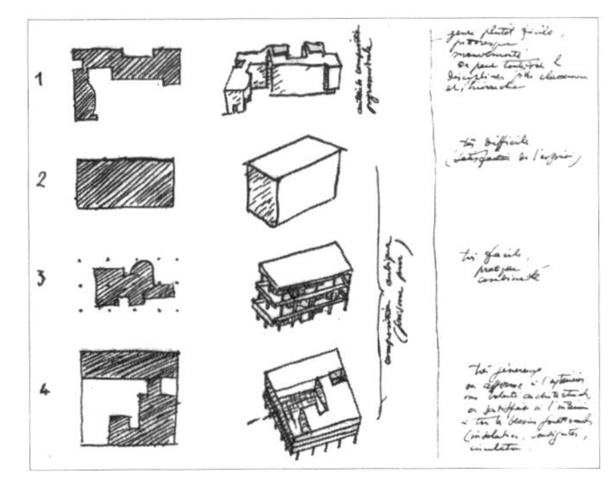

2.3.09 构图四则

2.3.10 对现代城市和居住问题的设想（1922）柯布西耶所设想的现代城市中有整齐的道路网，适合现代交通工具；中心区是十字形平面的摩天楼；外围是高层的居住大楼。楼房之间有大片连续的绿地，道路以柱子架起，立体交叉，各种交通工具在不同的平面上行驶。

带有各种服务设施的居住大楼上有屋顶花园，楼层住户有阳台花园。在居住大楼的设想中，蕴藏着以后应用于马赛公寓的"居住单元"概念的萌芽。

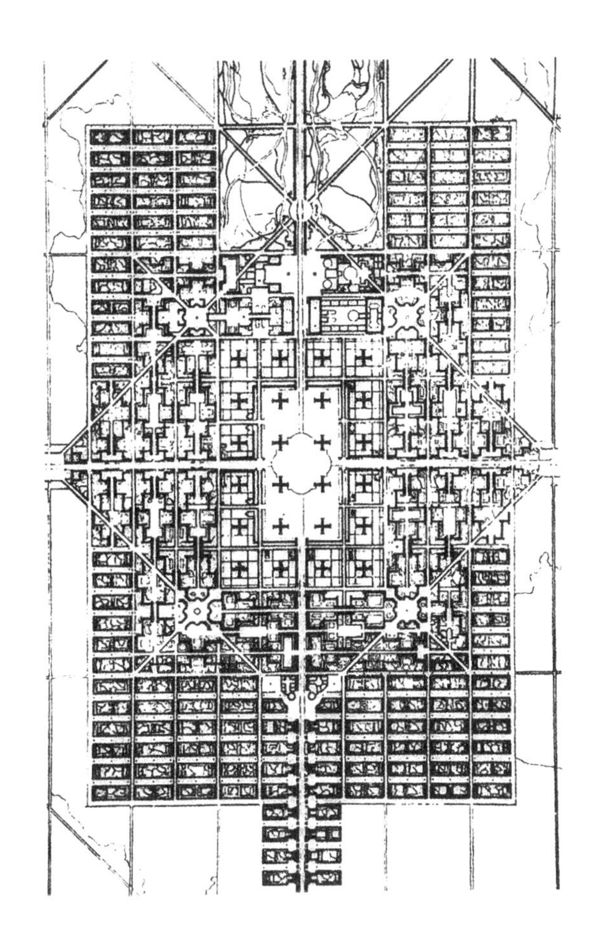

2.3.10-1 现代城市平面图

2.3.11 巴黎瑞士学生宿舍（Pavillon suisse à la Cité internationale universitaire，Paris，1930－1932）这是柯布西耶的第一座集合式居住建筑，之前他建成的作品基本都是独立式住宅。

该宿舍供来自瑞士的留学生使用，建造在巴黎大学区，周围绿树环绕，建筑主体是长条形的五层楼方盒子。底层以 6 对结实的钢筋混凝土柱墩架空，柱墩埋深达 19.5 米，各楼层使用钢结构和轻质材料的墙体。二至四层每层有 15 间宿舍，顶层主要是管理房间和可供学生活动的露台。南立面上，二至四层是以模数制划分的玻璃与钢墙面，五层部分为实墙，开有少量开口，两端的山

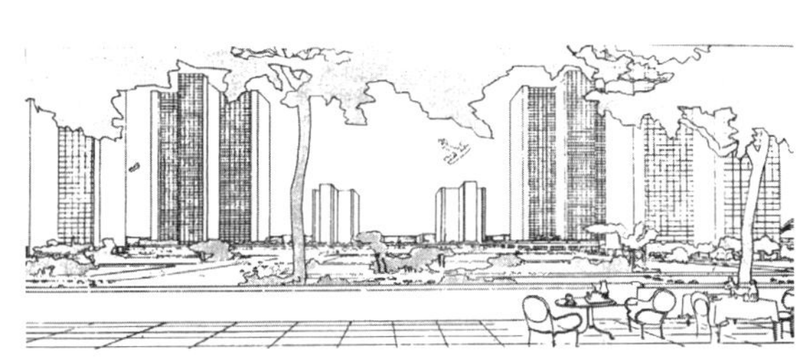

2.3.10-2 现代城市设想效果图

2.3.10-3 居住大楼

墙为实墙面，北立面上是排列整齐的小窗。楼梯和电梯间体块从北面突出，其北墙是一片无窗的凹曲墙面。在楼梯间的旁边，底层再向北伸出一块不规则的单层建筑，容纳门厅、食堂、管理员室等公用部分，它的北墙采用天然石块砌成弯曲的毛石墙面。平整的方盒子主体与弯曲的交通体块、多层与单层、上部大体量与支柱小体量、平整光滑的玻璃墙面与粗糙的毛石墙面之间形成了多种对比。

瑞士学生宿舍可以说是一座集合式的“居住机器”，完全体现了柯布西耶的“新建筑五点”。同时它还表现出一些新特点，如带有公共服务设施的居住单元、模数化立面处理、粗壮支柱和粗糙墙面等，这无疑预告了日后马赛公寓的到来。

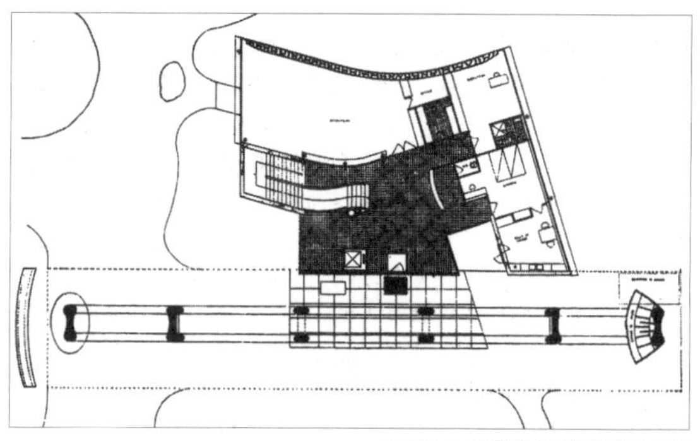

2.3.11-1 巴黎瑞士学生宿舍平面图

2.3.11-2 巴黎瑞士学生宿舍正面外观

2.3.11-3 巴黎瑞士学生宿舍背面外观

2.3.12 巴黎救世军收容所（Salvation Army Shelter，Paris，1929 –1933）这是一栋为无家可归者提供了 500 个床位的集合式居住建筑，真正呈现了埃玛慈善院式的公社生活方式，也进一步实现了“居住单元”概念。

基地形状不规则，柯布西耶妥善地解决了功能需要、建筑形式与环境之间的相互关系。建筑平面布局紧凑，几何化的形体交接清晰，低层的入口、公用部分、斜向的顶部体量与板式的主体直接对接在一起，没有过渡。这座建筑强调了规则与例外之间明确的划分，进一步反映出柯布西耶风格上的变化：建筑与环境的关系不再紧张和对立，建筑形式不仅致力于解决矛盾，而且以其自身来隐喻美好的城市生活。

2.3.12-1 巴黎救世军收容所外观

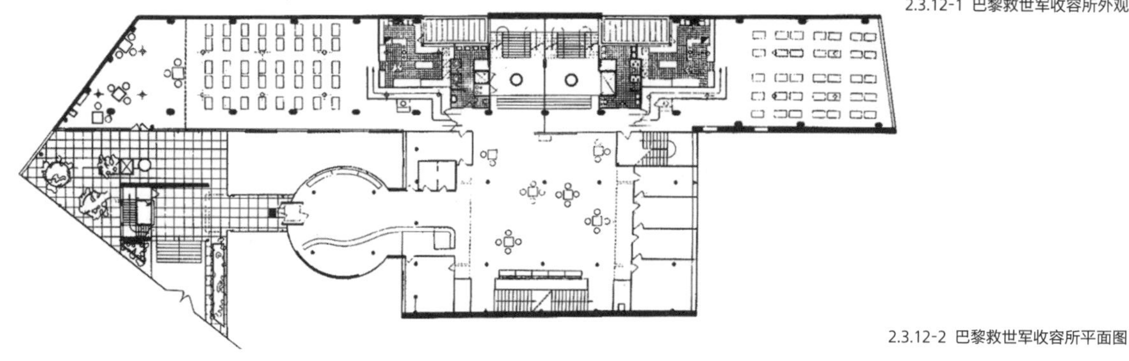

2.3.12-2 巴黎救世军收容所平面图

2.3.13 国际联盟总部竞赛方案（1927）国际联盟总部的基地计划选在日内瓦湖畔，面积有限，造价也不得超过一定限额。总部包括理事会、秘书处、各部委员会等办公和会议用建筑，以及一座2600座的大会堂及附属图书馆等。柯布西耶对功能进行了严密的分析，把大会堂放在一片直通湖滨、稍有倾斜的基地的最突出位置，而将其他部分组织在7层的楼房中，布置在会堂的一侧形成一组非对称的建筑群。院落空间组合良好，给每一个房间提供了开阔而宁静的视野。这种巧妙的布局还可以把费用控制在最适度的范围内。结构采用钢筋混凝土，建筑造型新颖、轻巧，突破了传统形式。在这块有限的基地上，柯布西耶用功能分析的方法克服了传统构图准则难以逾越的障碍，使得工作空间更加便利，交通空间更加畅通，造价更加低廉，向广大公众表明新建筑原则对重要的公共建筑也具有很好的适应性，而设计任务中的困难反而成为使形式更加丰富的契机。会议厅采用的机械化清洗系统与空气调节系统、按声学原理设计的厅堂剖面，以及可调节投光灯等新技术手段，引发了年轻人的极大热情。

该方案引起激烈的争论，保守的当局最后以柯布西耶没有按照规定的图纸格式提交方案而使设计落选。

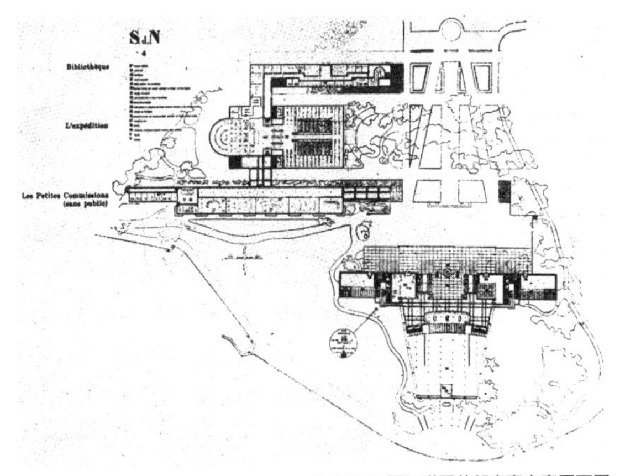

2.3.13-1 国际联盟总部竞赛方案平面图

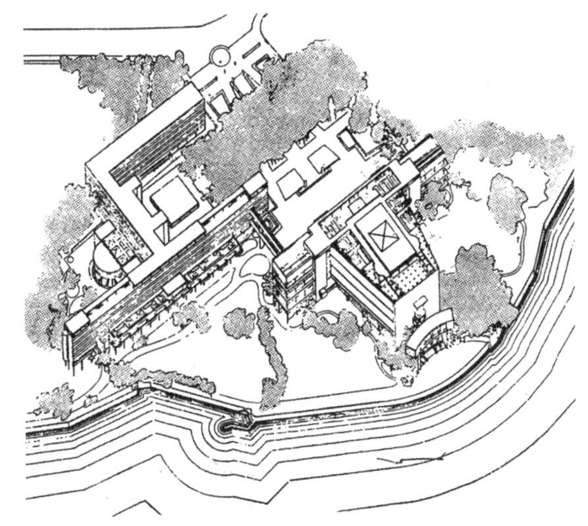

2.3.13-2 国际联盟总部竞赛方案轴测图

2.3.14 工业设计 电镀钢管和小马皮制的扶手椅（1928）是柯布西耶设计的家具之一，既具有立体主义的纯粹美感，又考虑了人体工效的要求。“最大轿车”（Voiture Maximum，1928）——柯布西耶用这个诙谐的用语强调“尺寸按照人体需要的最低标准可取得经济最优化”。

2.3.14-1 扶手椅

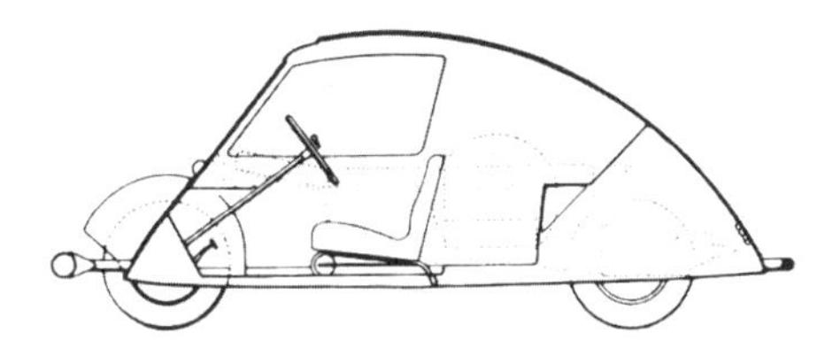

2.3.14-2 “最大轿车”

2.3.15 马瑟住宅（House at Mathes，Bordeaux，1935）这座乡村住宅位于波尔多附近的马瑟，场地偏僻，造价低廉。由于很难亲临现场监督施工，柯布西耶为此将住宅分为三个阶段实施：第一阶段，完成砌筑工程；第二阶段，完成木作工程；

最后，完成细部构件和装修，所有构配件都按照统一的标准和构造原理设计，分别组合。该住宅采用了大量乡土材料，如毛石、胶合板、玻璃、石棉水泥等，以便在当地施工条件有限的情况下完成项目。

2.3.16 马赛公寓大楼（Unité d'Habitation de Marseille，1947 –1952）马赛公寓大楼是一座可供 1600 人居住的大型公寓，钢筋混凝土结构，长 165 米，宽 24 米，高 56 米。底层以粗壮的柱墩架空，可作为停车场，上面有 17 层，除第七、第八两层外都是居住层。户型有 23 种之多，可适应从单身到有 8 个孩子的家庭的不同需要。大楼由带两层高起居室的跃层公寓套房组成，各套内有独用的小楼梯。采用这种布置方式，公共走道和电梯间每三层一设，节省了单体交通面积。

大楼的第七、第八两层为小型商店、餐馆、酒吧、洗衣房、理发室、邮电所等各种公用设施，还有一个旅馆。顶层设幼儿园和托儿所，屋顶平台上有儿童游戏场和戏水池，以及供居民活动的健身房，沿着女儿墙布置一圈跑道，此外，还配置了居民休息和观看电影的设备。这座公寓大楼不但解决了 300 多户人家的居住问题，而且使他们足不出楼就能解决日常生活的基本需求，构成一个自给自足的“小社区”。

马赛公寓大楼的设计可谓柯布西耶建筑思想与设计手法的集大成者。首先，它是组成柯布西耶现代城市概念的基本居住单元，是一个垂直累叠起来的小型公共社区，反映了他早年受埃玛市慈善院启发而构建的社会生活理想模式。其次，马赛公寓大楼底层架空、跃层布置、屋顶游戏场等处理手法，是他在早年“新建筑五点”中提出的架空支柱，自由的平面与立面、屋顶花园等诸要点的延续。再次，柯布西耶在此提出了基于人体工程学的“模数理论”，他以人体的几个控制点形成整套数据，来作为控制建筑设计的尺度系统，以便建筑从整体到细部都符合人的尺度，同

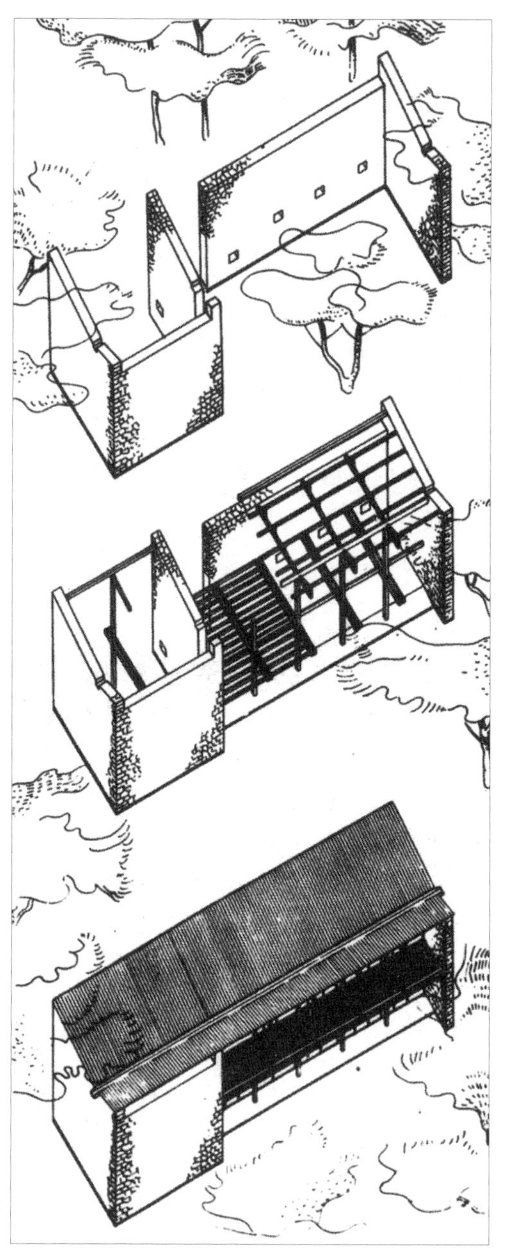

2.3.15-1 马瑟住宅施工方案

2.3.15-2 马瑟住宅外观

时也符合工业生产标准化、装配化的方向。马赛公寓大楼的外墙板采用了预制部件，并在不同部位施以各种鲜艳色彩，混凝土阳台和雨篷从建筑主体挑出，在外观上形成了富于表现力的结构构图。最后，也是最突出的一点，柯布西耶在 1930 年代转向乡土风格的设计倾向在此得到了明确表现：底层的柱墩极度夸张，完全超过结构所要求的合理尺度。混凝土墙面未加粉刷，直接暴露脱模后粗糙原始的表面；屋顶游戏场的一些构配件有意加大尺寸，呈现出一种富于表现主义风格的雕塑感。这些处理手法摒弃了以前对轻型、精确的机器材料与工艺技术的苛求，有意识地揭示在粗制的木模板中浇筑出的混凝土的自然痕迹，完全走到了他早年追求光洁的纯粹主义机器美学的对立面。

2.3.16-1 马赛公寓大楼正面外观

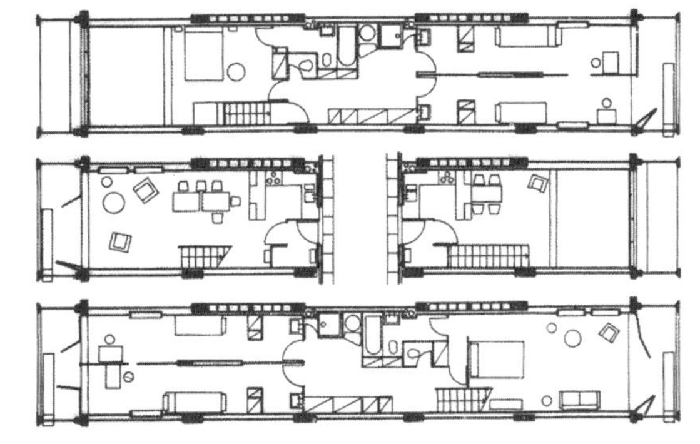

2.3.16-2 马赛公寓大楼典型住户平面图

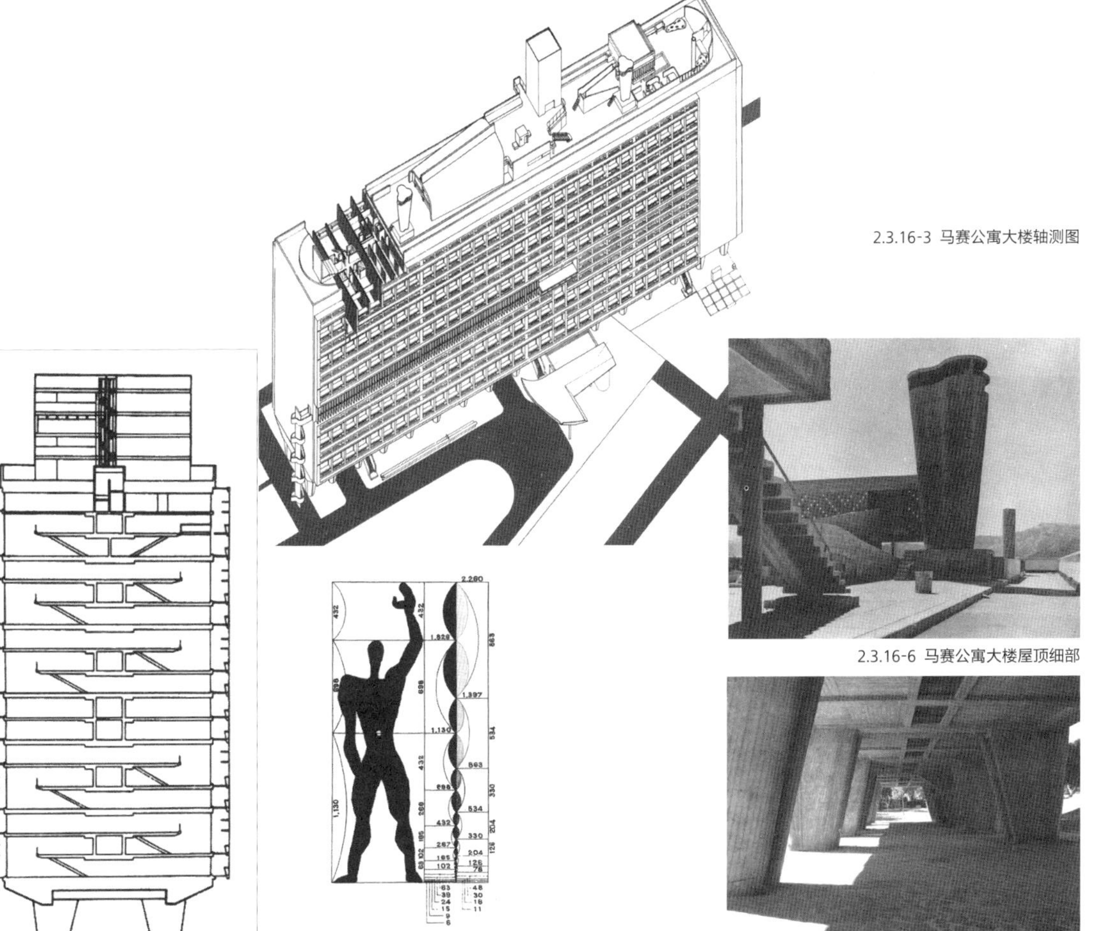

2.3.16-3 马赛公寓大楼轴测图

2.3.16-4 马赛公寓大楼剖面图

2.3.16-5 模度图解

2.3.16-6 马赛公寓大楼屋顶细部

2.3.16-7 马赛公寓大楼柱墩细部

2.3.17 朗香教堂（Pligrimage Chapel of Notre-DameduHaut，Ronchamp，Belfort，1950–1955） 朗香教堂位于离德、瑞边境不远的贝尔福附近，其所在的小山岗向来是附近天主教徒进香祈祷的场所。这个教堂规模很小，内部的主要空间长约 25 米，宽约 13 米，连站带坐只能容纳 200 来人。

教堂的墙体用白色混凝土浇筑，覆以深色的悬浮般的大屋顶。大屋顶用两层钢筋混凝土薄板构成，两层之间最大的距离达 2.26 米，在屋顶边缘处两层薄板叠合起来，向上翻起，仿佛被一股无形的力量悬吊着一样，整个屋面自西向东倾斜向上，墙体也跟随屋顶的上升直抵苍穹。

朗香教堂的平面不规则，墙体几乎全是弯曲和倾斜的。墙面上有一些大大小小随机排布的窗洞，洞口多外小内大，从室外射入的光线经倾斜粗糙的窗洞侧壁漫反射后，形成弥漫的晕染般的光影效果。东面和南面屋顶与墙的交接处留着一道可进光线的窄缝。倾斜弯曲的墙体，大小不一的窗洞，幽暗的光源，下垂的顶棚，等等，使人无从对大小、方向、水平与垂直作出理性的判断，从而营造出神秘恍惚的宗教气氛。

教堂内部主空间的周围有 3 个接近半圆形的小龛，它们都拔地而起，呈塔状，超越屋顶之上，教堂入口夹在南墙与其中一个塔体之间。东墙内外两侧都设有布道坛。南墙弯曲延伸，部分与北向高不及屋顶的一个小筒体以及大屋顶的共同围护形成了一个开敞的“室外教堂”，天气晴好，信徒众多时，牧师就在这里主持仪式。

朗香教堂抽象雕塑般的外形，具有强烈的宗教意味与象征性，同时也引发了人们的各种联想。它如同一只经过精确调音的人造听觉器官，聆听着上帝的声音，并与周围起伏的地形景观一起合奏出一首视觉的神曲。

2.3.17-1 朗香教堂外观一

2.3.17-2 朗香教堂大门

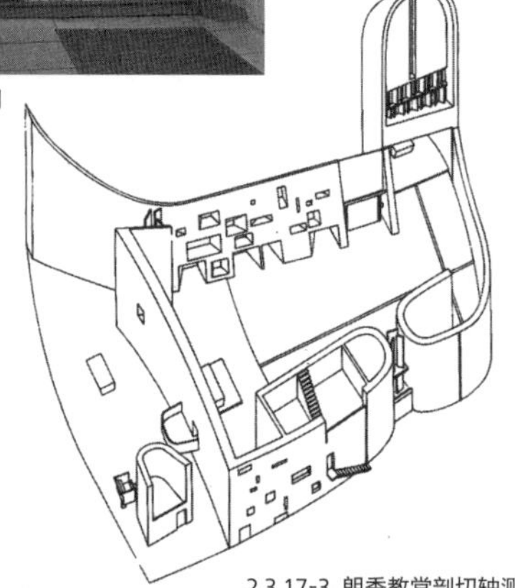
2.3.17-3 朗香教堂剖切轴测图

2.3.17-4 朗香教堂外观二

2.3.17-5 朗香教堂室内一

2.3.18 昌迪加尔行政中心（Government Center，Chandigarh，India，1951 –1957）新建的昌迪加尔城位于喜马拉雅山下丘陵地带边缘的一块干旱平原上。初期规划人口 15 万，以后扩充到 50 万，其中三分之一的居民将被雇为行政人员，政府计划为他们建造公共建筑和住宅。因此，规划者们必须根据精确的计划来控制从基本城市规划模式到最后建筑细部落实的全过程。柯布西耶为平民住宅提供了一种恰当的建筑设计方案，不过，由于精力所限，他只能负责行政中心建筑的方案落实。

柯布西耶的规划方案采用方格网式道路系统，将城市划分为整齐的矩形街区。行政中心建筑群布置在城市的一侧，自成一区，主要建筑有高等法院、首长官邸、议会大厦和秘书处办公大楼等，前三者围绕一个有人工土丘、花园和水池的中心广场呈“品”字形布置，并各自布置了大片的水池，用来调节小气候。秘书处办公大楼在议会大厦的后面，是一个长条形板式建筑。广场上车行道和人行道位于不同的标高上，建筑的主要入口面向广场，在其背面或侧面布置日常使用的停车场和次要入口。

柯布西耶是从当地严峻的气候条件入手来考虑建筑形式的，他把“遮阳”看作形式上要解决的最重要的问题，他在 1930 年代研究的罩式屋顶、遮阳墙板结构在昌迪加尔行政中心建筑群中得到大力发展，也因此成就了建筑的纪念性效果。

高等法院是其中最先建成的，格外引人注目。整幢建筑的外立面是一大片镂空格子的遮阳墙板，

2.3.17-6 朗香教堂室内二

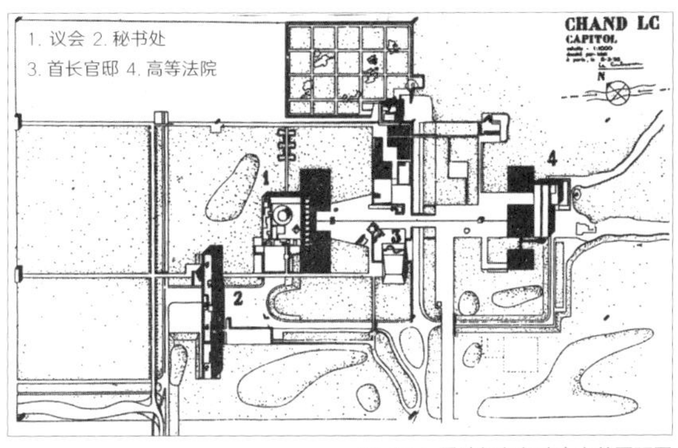

2.3.18-1 昌迪加尔行政中心总平面图

2.3.18-2 昌迪加尔高等法院外观

2.3.18-3 昌迪加尔议会外观

2.3.18-4 昌迪加尔从议会远眺秘书处

上面罩着100多米长，由11个连续拱壳组成的巨大钢筋混凝土波形屋顶，屋顶前后略上翘，既可遮阳，又可让空气和光线自由地流通和射入。前后立面粗重的格子形遮阳墙板上部略为向外探出，与其上外挑的屋顶相呼应。室内空间宽敞，各层的水平外廊与斜坡道在大屋顶的罩护下，向室内的大空间开放。大厅和办公室的玻璃墙面受到外层镂空遮阳墙板的保护。整座建筑倒映在前方的水池中，经一条路堤抵达入口——由三道直通到顶的柱墩限定的大门廊。

几座建筑都有令人惊异的造型处理。议会大厦的形式特色是采用了向上反翘的拱顶作为入口大雨篷；秘书处办公大楼的立面层次丰富、生动。这些取材当地景观的造型要素意在表现现代印度的独立自主精神。

这些尺度巨大、气势恢弘的建筑物布局相对分散，虽然各自都显示出完整的纪念性轮廓，却无法形成亲切的关联性环境，完全不适合步行的尺度和热带烈日暴晒下的广场也很难留住人群。行政中心丧失了作为“城市心脏”的公共性。

柯布西耶创造的新的建筑语汇虽基于当地炎热的气候要求和钢筋混凝土材料的特性演化而来，但是，因此造就了建筑的权威性和纪念性，以及在视觉上强烈的感染力。

2.3.18-5 昌迪加尔秘书处细部

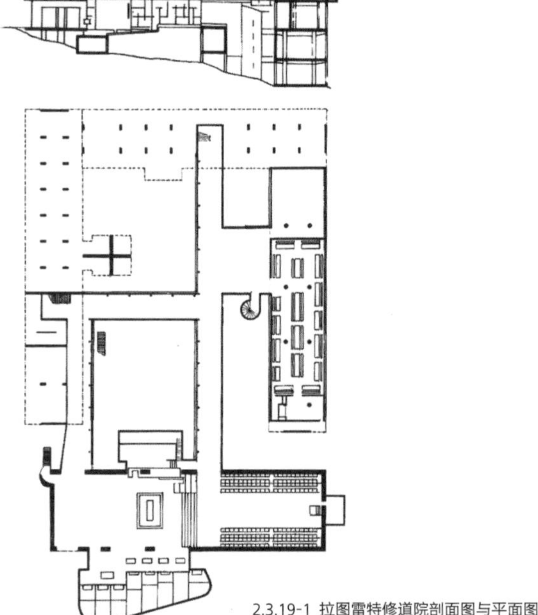

2.3.19-1 拉图雷特修道院剖面图与平面图

2.3.19 拉图雷特修道院（Couvent Sainte-Marie de La Tourette，Eveux-sur-Arbresle，Lyon，1952 –1959）拉图雷特修道院位于里昂附近的埃弗，基地是一片朝西的草坡。建筑环绕着一个内院布局，并且被架离地面。教堂位于北端，庭院中心的回廊和餐厅组成了一个象征性的十字架，上部环绕着修道院的单人房间。建筑庄严、朴素，富于隐喻性，其离世出尘的形象，引发人们的内省和沉思。这座建筑既反映了修道院建筑的传统，又体现出柯布西耶对功能、形式和材料的把控能力与处理技巧。

2.3.19-2 拉图雷特修道院外观

2.3.19-3 拉图雷特修道院教堂室内

2.4

技艺成就风格：密斯风格

（1920 年代 —1950 年代）

2.4.01 路德维希 · 密斯 · 凡 · 德 · 罗（Ludwig Mies van der Rohe）

密斯作为一位个性鲜明的现代主义建筑大师，他的建筑经验和技艺主要是通过实践得来的，虽然他的言论不多，影响却广泛而深远，以至于在建筑界出现了以他名字命名的“风格”。

密斯全名“路德维希 · 密斯 · 凡 · 德 · 罗”（Ludwig Mies van der Rohe，1886–1969）生于德国西部靠近荷兰的古城亚琛（Aachen），父亲是当地有名的石匠。密斯未受过正规学校的建筑专业教育（不论是学院派还是新风格派），少年时代在父亲的石作坊和石头打交道。他上了两年职业学校，曾在一家营造商那里做过外墙装饰设计师，后去柏林，在一名从事木结构设计的建筑师手下工作，又在家具设计师那里当过一段学徒，自己也曾短期开业，1908 年，他到德意志制造联盟的建筑师贝伦斯处工作。贝伦斯在工程技术与建筑艺术相结合方面做出了示范性探索，并发展了辛克尔严谨有序的新古典主义传统，这些都对密斯建筑思想和设计手法的形成产生了深远的影响。

1912 年，密斯在海牙工作时，为荷兰著名建筑师贝尔拉格的作品中强调的结构的完善性、清晰度，以及对砖材料的精美运用所打动。这在密斯 1920 年代初的几个重要设计方案和实际作品中有明显体现。

第一次世界大战使工业和军事强国德国遭受重创，经济和政治一片动荡。从军队中复员的密斯开始发展自己独特的建筑道路。此时，各种现代艺术流派吸引了激进的建筑师们的注意，建筑思潮此起彼伏。不仅德国原有的表现主义在建筑中得到应用，来自荷兰的风格派、来自苏联的构成派等也都对建筑艺术产生了影响。

密斯此时相当活跃，他创办杂志，参加艺术团体，组织展览会，并就此展出了自己多个建筑设计方案，对现代建筑运动起了积极的推动作用。与当时激进的建筑师们一样，密斯也主张建筑要符合时代特点，反对形式主义和艺术投机，提出以当代的手段来表现建筑，满足现实和功能的需要。他尤其重视结构问题以及工业化的建造方法，提倡采用混凝土、钢、玻璃等新材料。

1924 年之后，德国经济开始复苏，更多的现代建筑也从一味的方案探讨进入了实际建造。密斯设计建造了一批实际项目。由于致力于推动现代建筑运动，密斯被任命为德意志制造联盟副主席，他完成的一项重要工作就是于 1927 年主持了著名的斯图加特魏森霍夫住宅展览会，邀请了来自 5 个国家的 16 位先锋建筑师，如格罗皮乌斯、柯布西耶、贝伦斯、奥德、陶特等。这批住宅建筑突破传统，发挥了新材料的性能，功能合理，形式朴素、清新，大多采用没有装饰的平屋顶、白粉墙、灵活的大面积开窗，风格统一，成为现代建筑一次有力的集中实物展示。

密斯的工作成果提高了他的业界声望，也给他带来了巴塞罗那世界博览会德国馆的设计项目。他在这座建筑中采用综合手段，建立了新颖的设计风格，特别是“流动空间”的概念和“少就是多”（Less is more）的建筑处理原则，成为现代建筑中的经典。

德国馆以及后来的许多设计方案和实际建造作品进一步成就了密斯的影响力。1930 年，在格罗皮乌斯的推荐下，密斯继任包豪斯校长，开始从事建筑教育工作。然而，由于纳粹党上台后提携复古风格以炫耀种族主义，压制现代建筑运动，学校于 1933 年关闭，密斯本人的事业前景也变得渺茫，于是，他决定前往美国继续发展。

1937 年，密斯受到位于芝加哥的伊利诺工学院（当时称“阿尔莫工学院”，后改名）的邀请担任建筑系主任。密斯制定了全新的教学计划，并推荐了几位包豪斯学派的成员充实师资队伍，试图改变该校长期沿袭的学院派教学方法。除了教学工作，1939 年开始，密斯为整个学院做校园总体规划，并陆续完成其中多座建筑的设计。

密斯逐渐适应了美国的社会文化环境，并发现他梦寐以求的建筑材料——钢材——正在这里被广泛使用。由于钢材优异的结构特性，为密斯追求的技术精美提供了条件，他因此设计建造了许多构造与施工极其精确的、纯净通透的、钢和玻璃的盒子建筑。他的设计思想和方法极富理性，主要包含两方面内容：一是简化结构体系，精简构件，产生极少阻隔的“全面空间”（Total Space），以适应任何用途；二是净化建筑形式，精确施工，以形成纯净笔直的、模数构图（modular composition）的、钢和玻璃的方盒子，没有任何冗余。

1947 年，纽约现代艺术博物馆为密斯举办了一次大型的作品回顾展，吸引了第二次世界大战后处于文化更新期的美国人的广泛注意。密斯的影响也由校园扩大到社会。芝加哥湖滨公寓是他 1920 年代所作设计中第一个变为现实的方案，他用精美的技术追求创造出纯净、抽象的形式。为西格拉姆酿酒公司设计的办公楼成为“密斯风格”最好的注脚，密斯在艺术界与企业界引发的轰动持续发酵。密斯风格体现出现代科学技术的威力和鲜明的时代精神，也特别符合第二次世界大战后美国人的心态，因而追随者甚众，对 20 世纪下半叶世界大都市的建筑景观产生了重大影响。

2.4.02 高层建筑方案“蜂巢”（1921）密斯做的这座高层建筑设计应用了表现主义手法，平面基本为三角形，与基地形状相适应，核心部分设有服务设施。外观是高度简洁的三个棱柱体塔楼。结构采用钢框架和悬臂楼板，外墙全部为玻璃。站在三角形平面的每一边都可清楚地看到其他两条棱柱体的边，它们由深而直的凹槽分隔开，再由浅凹槽把每一个边分成两个面，而这两个面都微微向内倾斜。密斯通过立面上锐角与钝角的生动错列，使玻璃外表产生丰富的反射作用，从而与传统建筑的光影效果大异其趣。

2.4.03 玻璃摩天楼方案（1922）密斯设想了一个极为大胆与抽象的玻璃摩天楼方案——一座通体玻璃外皮的塔楼像一个晶莹剔透的巨大水晶，从外面可以清楚看见建筑的一层层楼板。

建筑形式新颖，设计思路开阔，这是对高层建筑富于想象力的一种设计。尽管密斯采用了玻璃模型进行各种建造试验，但在德国当时的经济技术状况下尚难以真正实现。

2.4.04 砖砌乡村别墅方案（1923）这个运用砖作为建筑材料的方案借鉴了贝尔拉格的作品和赖特早期的住宅设计，并且还明显受到凡·杜斯堡风格派绘画的启示。从平面上看，独立自由的墙体组织起内部空间，它们既不封闭房间，也不暗示房间的范围，只是在空间中指示动态，有些甚至向建筑周围外部空间的无限远处延伸。这个方案可以说是密斯探求空间内外融合与结构清晰的过渡性作品。他把室内转变为动态的空间统一体，空间之间互相渗透，这成为他形成空间新概念的先导。此时，他对作为住宅传统功能的封闭空间已不再坚守。

2.4.05 李卜克内西和卢森堡纪念碑（Monument to Karl Liebknecht and Rosa Luxembourg，Berlin，1926）这座纪念碑为砖砌，造型抽象，构图稳定，形成庄重、严肃的效果，以此体现两

2.4.02-1 高层建筑方案“蜂巢”效果图

2.4.02-2 高层建筑方案“蜂巢”平面图

2.4.03 玻璃摩天楼方案

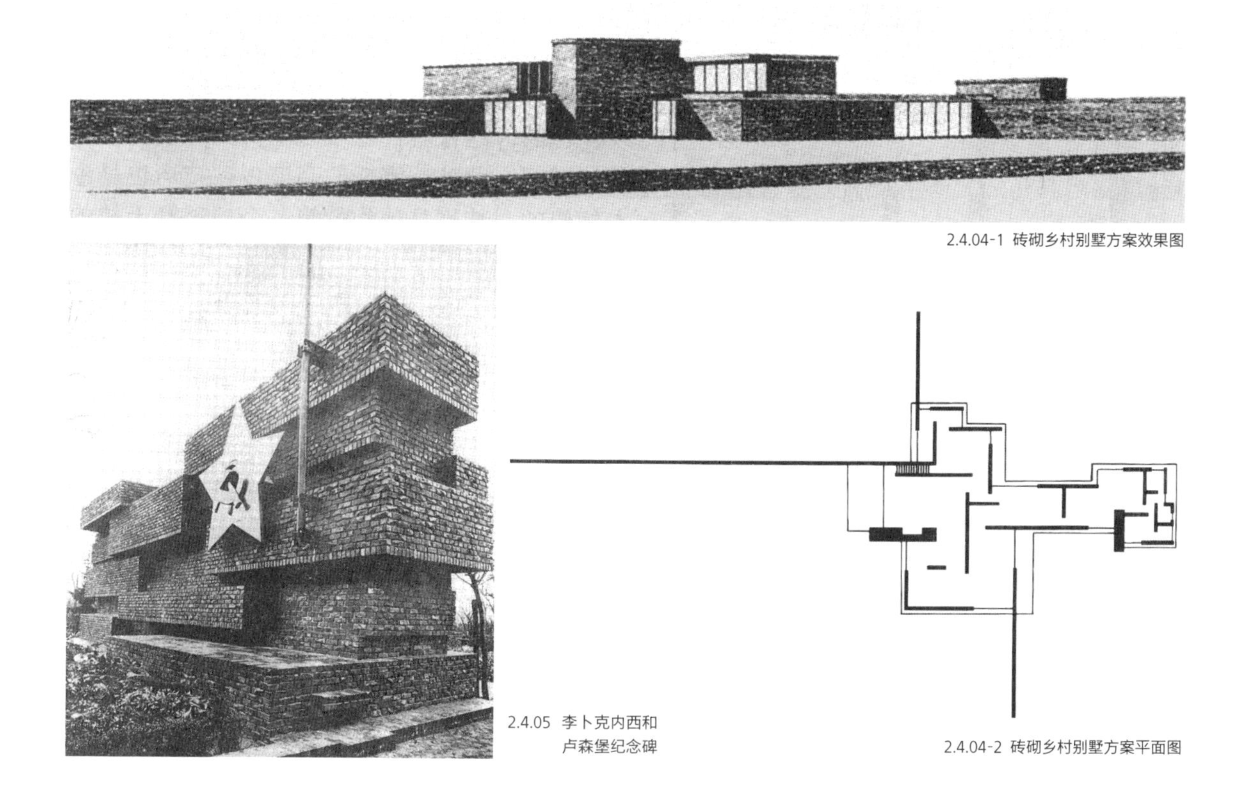

2.4.04-1 砖砌乡村别墅方案效果图

2.4.05 李卜克内西和卢森堡纪念碑

2.4.04-2 砖砌乡村别墅方案平面图

位伟大共产主义者的精神与品质。该纪念碑后来被纳粹拆毁。

2.4.06 魏森霍夫住宅展览会住宅（Weissenhofsiedlung，Stuttgart，1925－1927）密斯在担任德意志制造联盟的副主席期间，规划主持了在斯图加特魏森霍夫区举办的住宅建筑展览会。他本人参展的作品是一座 4 层公寓，每层有 4 个单元，1 梯 2 户。结构采用框架承重，内部可以自由分隔，以适应不同形式和大小的公寓单元。密斯认为通过合理化及标准化的建造方法，就能满足功能需求的复杂性和灵活性。

2.4.06-1 魏森霍夫住宅临道路外观

2.4.06-2 魏森霍夫住宅临花园外观

2.4.07 兰格住宅（Hermann Lange House，Krefeld，1927－1930）这个鲜明的现代住宅设计依然显现了密斯对砖材的兴趣。建于克雷弗尔德的这座住宅方盒子造型，外观平整，构造清晰，不加粉刷，平屋顶，风格纯朴典雅。内部空间组织灵活，宽大的门窗有利于室内外空间的相互渗透。这座住宅后来被改作画廊。

2.4.07-1 兰格住宅外观

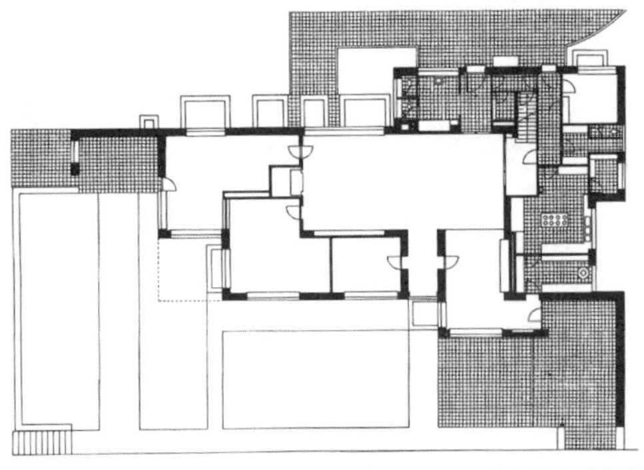

2.4.07-2 兰格住宅平面图

2.4.07-3 兰格住宅庭院

2.4.08 巴塞罗那世界博览会德国馆（German Pavilion at the International Exhibition，Barcelona，1928－1929）这座展览馆建在约 1 米高的台基上，占地长约 50 米，宽约 25 米，由一间主厅和两间附属用房组成，两部分由一道大理石墙面连成一体。在入口前面的平台上有一个较大的水池，主厅后院是一个小水池，其中立有一尊雕像。

主厅承重结构为 8 根“十”字形断面的钢柱，支撑着一片轻薄的钢筋混凝土屋面板，长 25 米左右，宽 14 米左右。主厅平面上游离散布着几道隔墙，纵横交错，或延伸出去成为围墙，它们划分出一些似分隔又似连通的半开敞空间，使得室内各部分之间、室内和室外之间相互穿插，没有明确的分界。这座建筑是密斯“流动空间”概念的典型代表。

整座建筑外观平稳、简洁，所有墙面、柱身、顶板都是平整光洁的，没有任何装饰线脚，所有构件的交接干净利落、清新明快。钢柱和隔墙各自成组，互不搭接，结构体系十分明确。

建筑材料的选择相当考究。地面全部采用米灰色的大理石，明净含蓄；墙面采用米灰色、暗绿色的大理石和一片色彩斑斓的红玛瑙石，以及光滑与磨砂两种表面肌理的玻璃，各种材质的墙面相互映照，熠熠生辉；钢柱外镀克罗米，显得光亮挺拔。小水池的边缘衬砌黑色的玻璃，像镜子一般映衬着雕像灵动的光影。建筑材料质地和颜色所造成的强烈对比产生出一种雅致、活跃的空间气氛。

室内除摆放了几把密斯特别设计的座椅外，无其他陈设。建筑本身的造型与空间处理就是给人印象最深刻的展品，体现了密斯所谓“少就是多”的建筑处理原则。

德国馆空间布局灵活多变，形体简洁新颖，细部处理清晰明确。由于这是一座没有明确实用功能要求的展览建筑，材料和经济又不受限制，因而成就了密斯能以纯艺术手段来表现他的新建筑概念。

随着博览会的闭幕，这座建筑被拆除，但它对现代建筑产生的巨大影响促使巴塞罗那市于1986年在原址上重建了这一经典名作，以供后人参观和铭记。

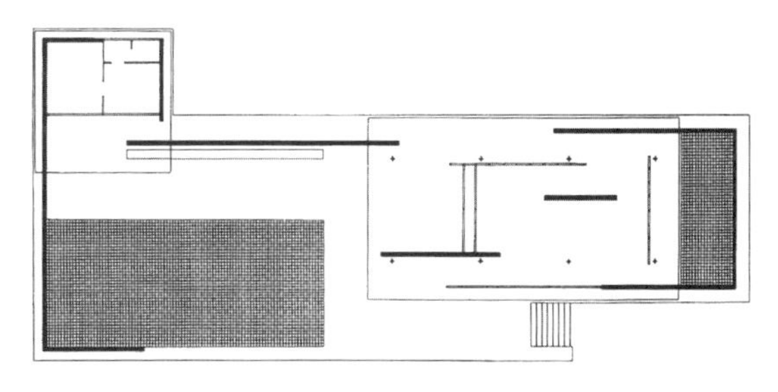

2.4.08-1 巴塞罗那世界博览会德国馆平面图

2.4.08-2 巴塞罗那世界博览会德国馆大水池

2.4.08-3 巴塞罗那世界博览会德国馆细部

2.4.08-4 巴塞罗那世界博览会德国馆室内

2.4.08-5 巴塞罗那世界博览会德国馆外观

2.4.09 图根达特住宅（Tugendhat House，Brno，1930）这是位于捷克布尔诺市的一位银行家的豪华住宅，总长约40米，总宽约23.7米，坐落在一片草坡上。建筑前面是一个大花园，主体两层，另有部分地下室，所有卧室与露天活动平台均设在楼上，便于保证私密性和观赏周围景色的需要。由于坡地关系，出入的大门设在二层，起居活动部分设在楼下。密斯延续了流动空间的概念以及他在巴塞罗那世界博览会德国馆中的建筑手法：住宅的起居室、餐室和书房并不分隔成一个个单独的房间，而是纳入一个开敞的全面空间之中，利用一些十字形断面的钢柱和两三片孤立的隔断将各部分加以界定。起居部分外观开敞，端部连接一个大面积的玻璃温室，朝向花园的是整片活动的大玻璃，可以通过机械装置升降、启闭，以保证内外空间相互流动、渗透。

室内细部处理精致，用材考究。承重结构为十字形断面的镀铬钢柱，起居与会客空间之间一片独立的墙体以精美的玛瑙石饰面，餐厅部分以乌檀木贴面的胶合木弧形隔断划分出来，地面铺着本色的羊毛地毯，家具上蒙着灰绿色的牛皮套，玻璃长窗挂着黑色和米黄色的丝绸窗帘……各种材质、色彩协调统一，显得既简洁又华丽。

密斯不但设计了室内灯具、窗帘盒和暖气罩等配件，还精心设计和布置每一件家具与陈设，以至于让人感到似乎每把椅子都必须摆在特定位置而不可任意移动。如此细致入微的用心要求住户在使用中也必须小心翼翼地配合和维护，以免破坏了“少就是多”的设计效果。显然，没有几个人能住得起如此的豪宅，或者能够长期忍受这般谨慎的住法。第二次世界大战期间，这所住宅遭到破坏，修整后，被改为健身房。

2.4.10 椅子 密斯对家具、陈设有细致、深入的研究，他设计了不少现代风格的椅子，布置在他设计的建筑中，两者相得益彰，令人印象深刻。

“金属藤椅”或称“MR.（先生）椅”（1927

2.4.09-1 图根达特住宅起居室

2.4.09-2 图根达特住宅餐厅

2.4.09-3 图根达特住宅朝向花园的外观

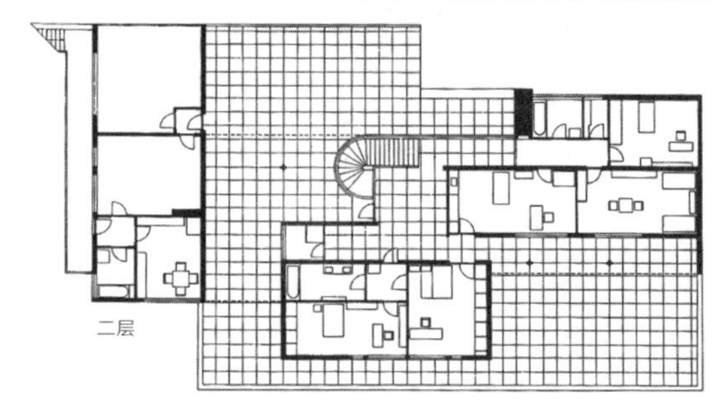

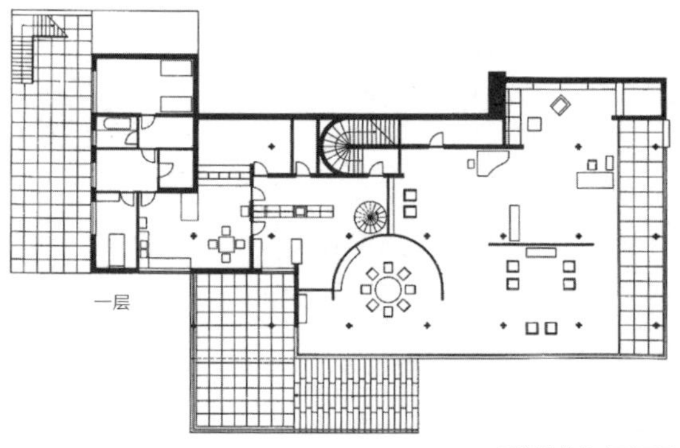

2.4.09-4 图根达特住宅平面图

年)，是一种用镀克罗米的钢管弯曲而成的悬臂椅，藤编或小牛皮的坐面、靠背面，造型优美，最初出现在一次展览会上，密斯为此获得专利。

著名的“巴塞罗那椅”（1929 年）是密斯为 1929 年巴塞罗那世界博览会德国馆专门精心设计的。这种沙发椅镀铬的钢条构架呈反向交叉状，曲线流畅、简洁、舒展，放上带按扣的皮靠垫和坐垫，使用起来非常舒适。密斯十分重视制作工艺，对每处细节都要斟酌再三，例如，带状钢板的宽度与厚度，以及其在交接点处的曲率、皮带的宽度和间隔、矩形皮垫的长宽比例，等等。

“图根达特椅”和“布尔诺椅”（1930 年），这两种悬臂扶手椅是专为图根达特住宅配套的家具，前者带有牛皮垫，豪华气派，用于客厅；后者轻巧灵活，用于餐厅和书房。

2.4.10-1 金属藤椅

2.4.10-2 先生椅

2.4.10-3 巴塞罗那椅

2.4.11 伊利诺工学院规划 (Illinois Institute of Technology, Chicago, 1939 –1958)

密斯担任伊利诺工学院建筑系主任后，接受了新校园规划与设计的任务。他曾经作了 3 次总体规划，历经 10 年才逐步定案实施。

新校园位于一块面积 110 英亩 (约 44.5 公顷) 整齐的长方形地段上，按 24 英尺 ×24 英尺（约 7.3 米 ×7.3 米）为模数的方格网来规划，几乎所有的建筑平面尺寸也采用同样模数，按网格纵横布置。建筑高度以 12 英尺（约 3.7 米）为模数，形体基本都是简单的立方体，暴露的黑色钢框架，框架之间嵌着网格状的米色清水砖或玻璃幕墙，形式语言极其简单，施工极其精确，一切都显得十分有条理和现代化。这种精美的坐标纸式的处理凸显的是其逻辑性、艺术性，而不是功能性。

密斯曾经宣称，形式不是目的，而是建造的结果；但在这里，为显示其现代化的结构形式，建筑外表面的钢梁、钢柱都没有摆脱装饰性的命运——它们都是钢结构外面包上防火层之后再包一层钢皮形成的。这种做法从理论上说显然已经背离了密斯的初衷。

2.4.10-4 图根达特椅

2.4.10-5 布尔诺椅

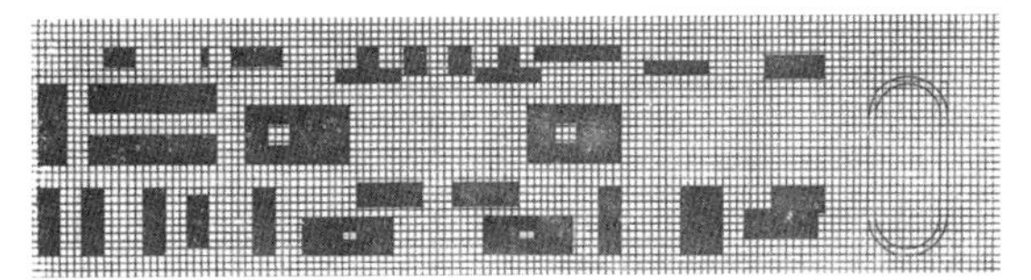

2.4.11-1 伊利诺工学院规划图

2.4.11-2 伊利诺工学院鸟瞰

2.4.12 伊利诺工学院克朗楼（Crown Hall，1950 –1956）克朗楼是伊利诺工学院建筑系的教学楼，是密斯在校园内的得意之作。他改变了过去在欧洲常用的流动空间手法，采用静止的一体空间的设计构思。

建筑外观为一单层的长方体玻璃盒子，带有半地下室，平面呈对称式布置，长 220 英尺（约 67.1 米），宽 120 英尺（约 36.6 米）。主体室内地坪比室外抬高 6 英尺（约 1.8 米），偌大的一间通间工作室，可供 400 多名学生同时使用，里面包括绘图室、图书室、展览空间和办公室等功能，整个内部没有柱子，顶棚上看不到梁，四面均为通透的玻璃幕墙，表现了“全面空间”的新概念。密斯没有采取在梁上支撑屋顶的通常做法，而是将 4 根大梁突出在屋顶之上，向下悬吊屋面，这样就避免了室内空间的一体性被横梁所打断，外观上也进一步凸显了结构，从而创造出新的建筑语汇。这一大间工作室内没有墙体分割，仅以一人多高的活动木隔板将各功能分区略加界定，学生可以把设计方案挂在隔板上，以便师生间的互相讨论。这种教学气氛很生动，不过，要想避开嘈杂，有个安静的思考环境，也许还是需要躲到半地下室里去。

半地下室部分用隔墙划分为一个个封闭的房间，布置小教室、车间和各种辅助房间，在它们的外墙上都开有高窗，以便采光通风。

克朗楼的造型表现出密斯高度理性的设计思维方法，建筑逻辑明晰，细部与比例近乎完美。外墙立柱的间隔为 10 英尺（约 3.05 米）宽，立柱间地上部分的玻璃幕墙高约 20 英尺（约 6.1 米），被划分为 12 英尺（约 3.7 米）和 8 英尺（约 2.4 米）上下两段，下段再沿垂直向等分为二，整个立面井然有序。所有外部钢构件都漆成黑色，与透明的玻璃幕墙相配，显得十分清秀、淡雅。

主要入口位于建筑主体南面中央，通过宽敞的平台和阶梯上下。主体首层室内地坪的抬高强调了入口地位的重要性，也使这座建筑具有了一种纪念性特征，反映出辛克尔严谨的古典建筑思想对密斯的影响。

2.4.12-1 伊利诺工学院克朗楼外观

2.4.12-2 伊利诺工学院克朗楼鸟瞰

2.4.12-3 伊利诺工学院克朗楼室内

2.4.13 范斯沃斯住宅（Farnsworth House，Plano，1945 –1950）该住宅建在距芝加哥 47 英里（约 75.6 千米）的普拉诺南郊，坐落于福克斯河北岸一片平坦的原野上，周围夹杂着成片茂密的丛林，靠近房子的是两片糖槭林。

住宅平面是一个东西向的 28 英尺 ×77 英尺（约 8.5 米 ×23.5 米）的长方形。中央是服务核心，围绕着一个扁长的管道井布置，南面中间是壁炉，东、西两边各有一卫生间，管道井背面是厨房。这个核心部分两端设独立的隔墙。核心之外的其余部分未加明确划分，东端的空间作为卧室，其南边有一个大橱柜，兼作划分空间的隔断；南面是起居部分；原设计东端靠近入口处作为临时客房，但建成后的室内布置已经有所改变。入口门廊在西端，前面有一过渡性的室外平台，设有两段台阶。

为了避免河水泛滥时的影响，住宅架空于地面 5 英尺（约 1.5 米），托在 8 根间距和高度都为 22 英尺（约 6.7 米）的工字形钢柱上，四周墙面全都是透明的玻璃幕墙。整个建筑像水晶一般纯净、典雅，在周围树丛的掩映下显得极其动人。住宅的结构构件被精简到极致，除了地板平台、屋顶板、8 根钢柱和室内中央的服务核心是实体之外，其余都是“虚空”。建筑施工极其精准，柱子有意贴在屋顶和地板的最外缘，以充分显示其高超的焊接工艺。平台、踏步、阳台和地板都用凝灰石贴面，钢结构在磨光焊缝之后被喷白，窗帘用中国山东出产的本白色丝绸。

这座精美的住宅体现了密斯“全面空间”的建筑思想和“少就是多”的设计手法。然而，毫无遮拦的一体空间本质上是公共性的，业主作为一名单身女医生，面对这“玻璃鱼缸”般的私人住宅显得极为不安，超出预算 85% 的造价更加剧了她的不满，导致最终与密斯对簿公堂。

这座“中看不中用”的“玻璃盒子”后来由一名富裕的地产商买下，作为周末别墅，尽管建筑装修得体，维护完善，但因长期无人居住，就像一件被供奉起来的艺术藏品。1980 年代，由于市政建设的需要，房子被拆除。

2.4.14 芝加哥湖滨公寓（Lake Shore Building, Chicago，1948–1951）在距离最初设计玻璃摩天楼方案将近 30 年后，密斯终于有机会真正实现萦绕在他脑海中的梦想了。芝加哥湖滨公寓是密斯到美国后在高层建筑上应用钢结构框架的先例。

2.4.13-1 范斯沃斯住宅外观

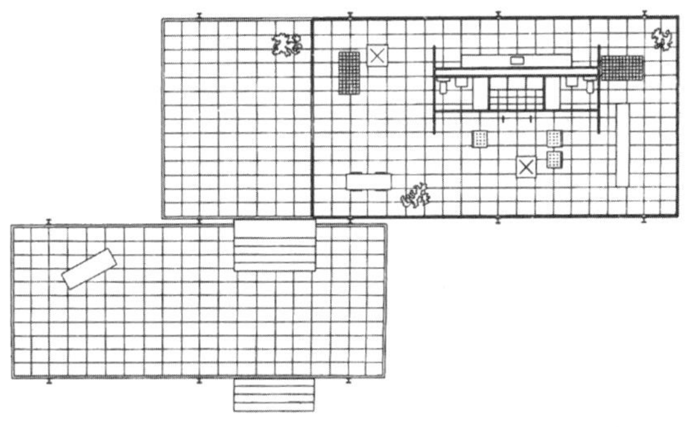
2.4.13-2 范斯沃斯住宅平面图

2.4.13-3 范斯沃斯住宅入口

2.4.13-4 范斯沃斯住宅厨房

公寓位于一块直角梯形的地块上，密斯在建筑前留出一块绿地，将两座 26 层的大楼呈直角布置，底层以敞廊相连，借此与梯形的基地相吻合。两座大楼的平面尺度都是 63 英尺 ×105 英尺（约 19.2 米 ×32.0 米），柱网横五跨、纵三跨，双向间距均为 21 英尺（约 6.4 米）。由于采用了钢框架结构，内部布置十分自由，房间可以划分成任何大小和形状。标准层设 8 个居住单元。密斯再次以“不变”的结构来应对功能的“万变”，将各单元的厨卫服务设施集中，其余部分是一个全面空间，可按不同的单元大小和类型用片段的矮墙或家具来进行分隔。然而，住宅的功能并不像某些公共建筑那样可以经常变动，由于这种能适应各种功能的“全面空间”隔而不断，使声音、视线、气味成为干扰。

建筑外观是钢与玻璃组成的精美的方盒子，标准化的幕墙构件使它呈现模数化的构图效果，钢的不透明性与玻璃的反射性相互映衬，共同显示出强烈的工业时代的高技风范。它为高层建筑开创了一条形式新路，影响之大不亚于当年沙利文的摩天楼，甚至其双楼的布局也成为一种时尚。

2.4.14-1 芝加哥湖滨公寓外观

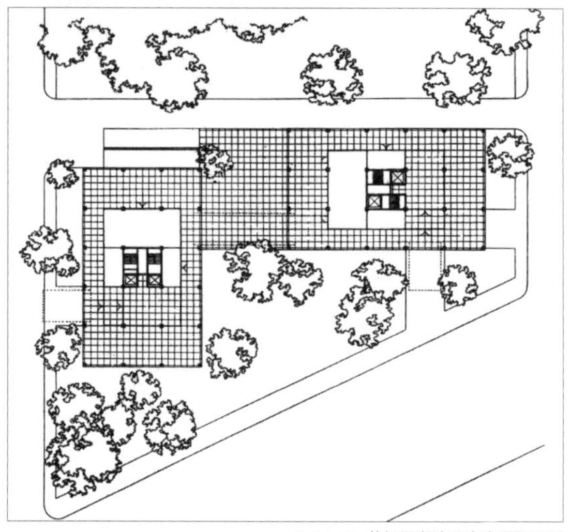

2.4.14-2 芝加哥湖滨公寓底层平面图

2.4.14-3 芝加哥湖滨公寓标准层平面图

2.4.14-4 芝加哥湖滨公寓细部

2.4.15 西格拉姆大厦（Seagram Building，New York，1954 –1958）西格拉姆大厦无疑是纽约最精致的高层建筑之一，它是“密斯风格”最典型的代表，也是追求技术精美的成功之作。

西格拉姆大厦是一家大型酿酒公司的行政办公楼，位于纽约曼哈顿高地价的繁华街区。主楼共 38 层，高 520 英尺（约 158.5 米），背面还连有一个 11 层的附属部分。大楼采用钢框架结构，方格柱网，标准层宽 5 跨，约 140 英尺（约 42.7 米），进深为 4 跨，约为 112 英尺（约 34.1 米），背面的两角各少掉一间，平面呈“凸”字形。服务核心集中于平面中央，核心之外为整体大空间，层高 9 英尺（约 2.7 米）。底层高 24 英尺（约 7.3 米），三面留出空廊，强烈的阴影使整座大楼看起来像是架空在一些独立的鸡腿柱上，毫无沉重感。

外墙采用玫瑰灰色的吸热玻璃，钢框架被包在防火层内，外表贴紫红色的铜条作为窗框。整个建筑色彩华贵，造型端庄，施工精准，实现了密斯多年前的预判："……玻璃建筑最重要的在于反射，不像普通建筑那样在于光和影。"同时，周围环境的一切——房屋、道路、广场、行人、车辆、树木、花草，乃至天光云影，都在这纯净的玻璃幕墙中变幻闪现。

大楼前面设置一个带有水池的小广场向市民开放，也为建筑让出了有效的审美距离。在用地上这样大方的姿态以及昂贵的选材自然使建筑造价高得惊人，而密斯设计所提供的权威感和豪华感正是追求公众效果的业主所期望的，精美的玻璃摩天楼耸立在城市中心，不啻一面完美无瑕的巨型商业广告牌。

西格拉姆大厦建成后，"密斯风格"在美国乃至全世界开始风行，几乎深入所有城市中心区的方形玻璃办公楼中，其影响之深远直到今天仍未断绝。

2.4.16 西柏林新国家美术馆（New National Gallery，West Berlin，1962 –1968）密斯在世界

2.4.15-1 西格拉姆大厦外观一

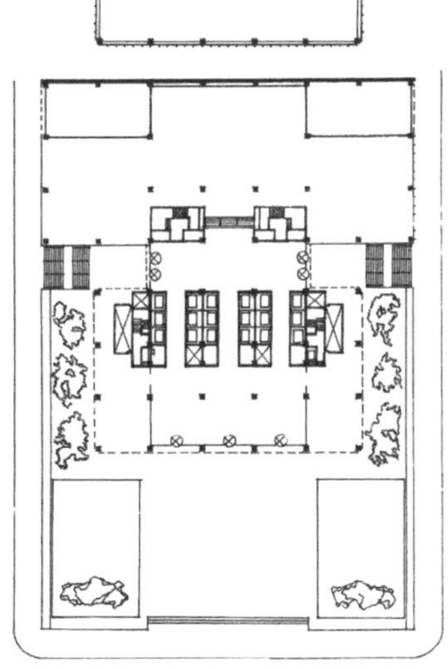

2.4.15-2 西格拉姆大厦平面图

2.4.15-3 西格拉姆大厦外观二

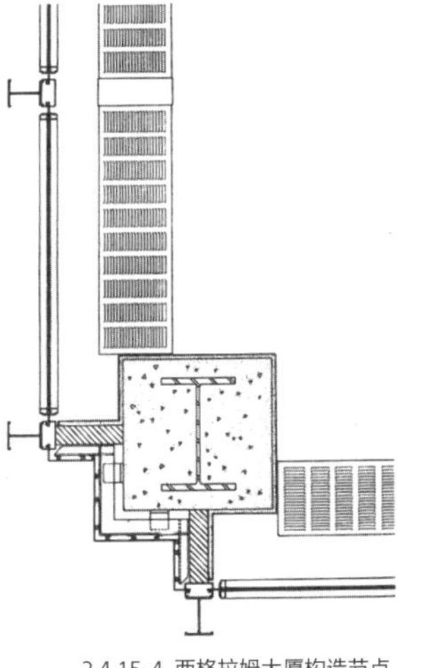

2.4.15-4 西格拉姆大厦构造节点

2.4.15-5 西格拉姆大厦细部

范围内的崇高声望为其晚年带来了这座新国家美术馆的设计项目。建筑设计构思与处理手法与克朗楼相似，但较之更具古典建筑的庄严感。

该美术馆建在一个 346 英尺 ×362 英尺（约 105.5 米 ×110.3 米）的花岗岩大平台上，前面有宽阔的大台阶，布局轴线对称。平台上是边长 166 英尺（约 50.6 米）的正方形玻璃大厅。6 英尺（约 1.8 米）高的格构井字梁大屋顶 214 英尺（约 65.2 米）见方，支承在 8 根十字形断面的钢柱上，每边两根，没有角柱。钢柱都有收分。屋面中心微微凸起，以抵消可能的挠曲变形，屋面四角微微起翘，用以校正视差，使外表看起来水平。大厅的玻璃幕墙都向内退进约 7.3 米，形成一圈宽阔的外敞廊。这一系列严谨考究的做法令人联想到古希腊神庙。

室内没有任何支柱，只有楼梯、电梯、衣帽间和管道间等辅助设施，以及四片绿色大理石隔墙。活动隔板全都悬挂在屋顶梁架上，而不是支撑在地面上。密斯决意塑造一个“全面空间”，巨大的空间给展品布置带来了一定的制约，但由于展览是临时性的，经常变动更换内容，所以“全面空间”还是基本适用的。

大平台的下面全部是地下室，主要用来收藏永久性的美术品，结构按照常规布置。大平台后面是一个长条形的下沉式庭院，陈列着室外雕塑。

2.4.16-1 西柏林新国家美术馆外观

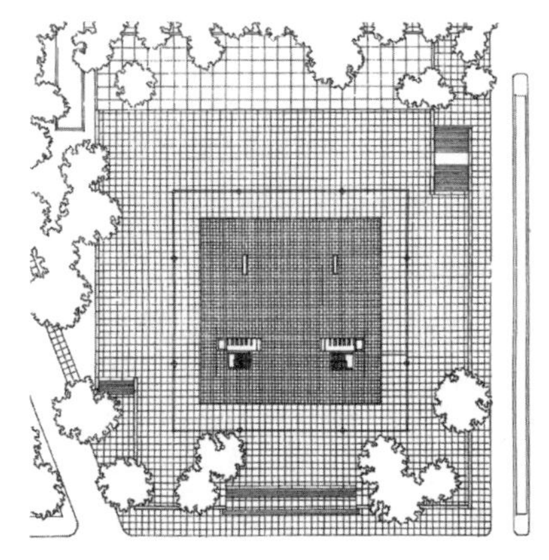

2.4.16-2 西柏林新国家美术馆平面图

2.4.16-3 西柏林新国家美术馆室内

2.4.17 约翰逊自用住宅（Philip Johnson House, New Canaan，1949，设计者：约翰逊 | Philip

2.4.17-1 约翰逊自用住宅外观

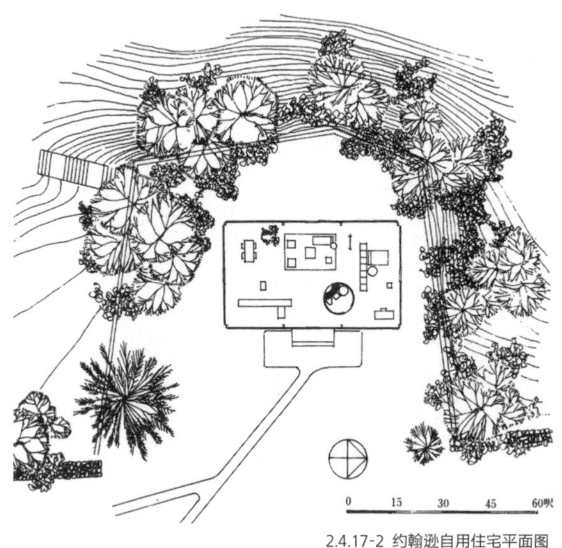

2.4.17-2 约翰逊自用住宅平面图

Johnson）约翰逊在建筑生涯的早年与密斯关系十分密切，他曾在纽约现代艺术博物馆任职，组织了1947年密斯作品回顾展，并于当年出版了《密斯·凡·德·罗》一书，该书后来以多种文字在世界各地出版，成为研究密斯的重要文献之一。约翰逊还是密斯西格拉姆大厦的设计合作人。

约翰逊自用住宅位于康涅狄克州纽坎南，地段周围林木葱郁。建筑平面为32英尺 ×56英尺（约9.8米 ×17.1米），高10.5英尺（约3.2米），是一个深色的钢结构玻璃盒子，地面为红色砖地。起居部分铺本白色地毯，摆着一组巴塞罗那椅。室内没有隔墙，只有一个红砖砌的圆筒容纳了浴室，它并不分隔空间，却使围绕它的空间更为流畅，而且带来空间上的中心感和亲切感。

约翰逊自用住宅的设计显然受到了密斯的范斯沃斯住宅的启发，与后者暗含纪念性的架空平台、室内外交融的通透空间，以及刻意的白色纯净化处理不同的是，它安安稳稳地落在地上，色调沉稳，四周玻璃幕墙的用意在于引入室外深远、恬静的景色，而不是创造内外空间流动的效果，因此，室内空间感觉是安定而有层次的，更适宜居住。由于没有造价纠纷之扰，它反而比后者更早建成，而且一直在正常使用。

2.4.18 通用汽车技术中心（General Motors Technical Center，Detroit，1951 –1956，设计者:

2.4.17-3 约翰逊自用住宅室内

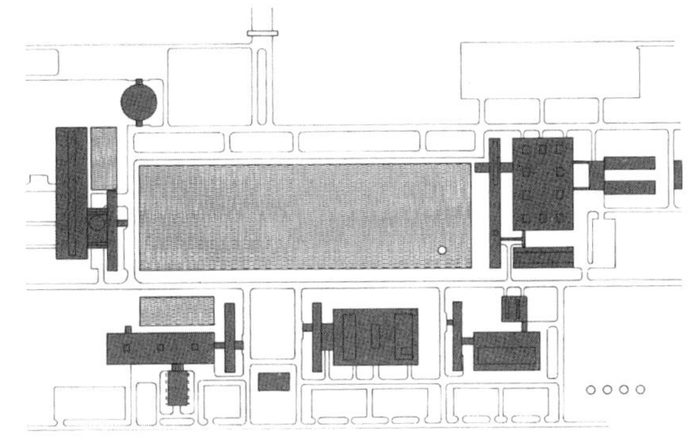

2.4.18-1 通用汽车技术中心总平面图

2.4.18-2 通用汽车技术中心研究部入口

2.4.18-3 通用汽车技术中心研究部螺旋楼梯

2.4.18-4 通用汽车技术中心研究部高架通道

小沙里宁 | Eero Saarinen）小沙里宁曾经是密斯的追随者，通用汽车技术中心就按着当时风行的密斯风格来设计的。通用汽车技术中心的基地约1 英里（约 1.61 千米）见方，中央是一个长方形的人工湖，环绕着它是 5 个部门的 25 幢钢和玻璃的盒子建筑，都不超过 3 层，布局富于条理而有变化。所有建筑的“纯净形式”“模数构图”和技术上的精益求精等密斯式特点十分鲜明，功能合理，外形简洁，表现出同机器产品相应的工业技术美感。

小沙里宁在尺度的掌握，形体界面的处理上较密斯更为丰富，即讲究技巧又接近人情。例如，水塔被别具匠心地置于水池中，由 3 根钢柱顶着闪闪发亮的金属扁球；汽车展示厅被设计成一个扁平的没有墙与顶之分的金属穹隆……这些处理在整体上软化了周围密斯式办公楼与厂房的严肃氛围。研究部的室内螺旋楼梯富于雕塑感，显示出小沙里宁特有的曲线造型能力。

2.4.19 利华大厦（Lever House，New York，1950–1952，设计者：邦沙夫特 | Gordon Bunshaft，来自 SOM 建筑设计事务所 | Skidmore, Owings and Merrill）密斯的芝加哥湖滨公寓刚一出现，就得到了邦沙夫特的响应。这座办公大楼全部采用不锈钢框格玻璃幕墙，由深绿色不透明的钢丝网玻璃窗裙和淡蓝色吸热玻璃的带形窗水平相间而成，模数构图的不锈钢框格刻画出适宜的尺度，外观纯净闪亮，夺人眼球，成为当时宣传玻璃幕墙的有力建筑实例。这座 21 层的办公大楼是当时世界上最早的板式高层建筑之一。邦沙夫特沿基地红线建了一圈低层的裙房，围出内院花园，而将主楼压成笔挺的板片形，与纽约传统的阶梯式摩天楼大异其趣，引来众多效仿者。

2.4.18-5 通用汽车技术中心汽车展示厅

2.4.18-6 通用汽车技术中心水塔

2.4.19 利华大厦

2.5

徜徉在草原：赖特的有机建筑

（1900 年代—1950 年代）

2.5.01 弗兰克·劳埃德·赖特（Frank Lloyd Wright）

赖特是 20 世纪美国最重要的建筑师，在世界上享有盛誉。他的建筑思想与欧洲现代主义者们的最大不同在于他对自然环境的关注，这是他“有机建筑”的重要内容，有机建筑论是他在一生的生活、教育、建筑实践的过程中逐渐发展、成熟起来的。

赖特全名“弗兰克·劳埃德·赖特”（Frank Lloyd Wright，1867–1959），出生在美国威斯康星州的一个小镇上，从小在农村生活、劳动，热爱美国的乡间田园生活，练就了对大自然观察入微的才能。他自幼受母亲影响很大，母亲给他买过福禄贝尔幼教体系（F. Froebel Kindergarten System）的一套积木玩具，这是一套由几种大小、形状的几何形体拼装组合的积木，带给他在几何形式感、形体组合与空间关系等方面的启蒙训练，其潜在作用和影响在他的建筑设计作品中隐约可见。母亲一心希望他日后成为建筑师，为此，赖特于 1886 年进入威斯康星大学。

威斯康星大学当时没有建筑专业，赖特只得就读土木工程，并在课余兼职做绘图员补贴学费，练就了不错的手头功夫。他对大学的学习兴味索然，半路弃学，去了芝加哥的一家事务所，担任一名绘图员，并学习做设计，这成为他当一名真正建筑师的起点。后来，他跳槽进入当时兴旺且著名的爱德勒与沙利文合开的事务所。沙利文的建筑设计原则是“形式追随功能”，而建筑装饰手法受欧洲“新艺术运动”的影响，多为造型自然又极具美感的花卉图案，其徒手绘制的漂亮草图令赖特也倾慕不已。赖特一直用德语尊称沙利文为“敬爱的宗师”（lieber Meister），他从沙利文处受教良多，参与了事务所的许多重要项目。在此期间赖特结婚生子，经济压力渐增，他开始私下接一些小住宅的设计，然而，这种“不合规行为”不久被雇主发现了，赖特只得离开沙利文事务所。1893 年，他自行开业。

羽翼渐丰的赖特在兴旺发展中的芝加哥不缺主顾。他的业务稳定成长，雇用的员工逐年增加。这些人同为奋斗中的画家、设计家、雕塑家或建筑师，最多时，成员有 7 人。在他的业内交际圈中，青年才俊咸集，与这些年轻建筑师长期相处、交谈，经过无数次头脑风暴，赖特得到许多意想不到的启发。

1905 年，赖特偕妻在日本旅游 3 个月，切身感受到了以前只能在博物馆和展览会上见到的日本艺术。东方的艺术理念与欧美有很大差别，因而对这位西方建筑师来说，刺激颇大，以致日本艺术和建筑的影响在赖特以后的创作中明显可见。1910 年，赖特在美国中西部设计了许多小住宅和别墅。这些住宅大都属于中上等阶级，地段开阔，环境优美，造价宽裕。材料是传统的砖、木和石头，有出檐很大的坡屋顶。在这类建筑中，赖特逐渐形成了一些既有美国民间建筑传统特色，又突破了封闭性的住宅处理手法。非常适合美国中西部草原地带的气候和地广人稀的环境。赖特把这种住宅称为“草原式住宅”。

赖特认为“草原”一词是属于美国文化的特殊词语。美国中西部宽广的大草原在赖特看来，有一种豪迈、辽阔的浪漫主义意境，是美国式的理想的象征，代表着美国精神。他设计的这些小住宅，虽然并不都建在大草原，但他意在追求建筑与环境的结合，与中西部象征美国精神的一望无际的大草原相结合，追求一种土生土长的美国建筑，体现美国本土文化和生活方式。

赖特设计的小住宅，平面常为“十”字形，以大壁炉为中心。他认为炉火有一种神圣的象征性，是把家庭成员集中到一起的精神力量。壁炉成为家庭活动空间的中心，反映了他对家庭生活的理想追求。起居室、书房、餐厅都围绕着壁炉来布置，没有传统做法中的严格空间划分，只以局部矮墙分隔不同的活动区域，如读书、就餐、会客等，以形成一个大空间中的多个“活动角”。住宅层高降低，用缓缓的坡屋顶、很大的挑檐，显示出他受到的日本建筑的影响。此外，还有水平展开的平台、花台，用以强调水平线条；外墙的连续开窗，以求与自然环境的相互交融；取消多余、累赘的阁楼和地下室，使住宅在形象上更加和谐；多用砖、石、木等传统建筑材料，用以表现自然本色与结构特征，在形式上废除装饰，强调层层水平展开的形体，与草原的水平延展相呼应。大挑檐的缓坡屋顶既反映了雨水少的草原气候特点，又形成横向线条，以及在连续开窗上的水平投影。壁炉作为竖向的构图中心，把各个方向的水平形体统一收拢，使之不松散。赖特在草原式住宅强调的是一种宁静的水平感，而在这一时期的公共建筑中多采用对称构图，追求形体上的变化，并在重点部位采用简洁的装饰。

1910 年，赖特前往欧洲举办建筑作品展，深受德国、法国、荷兰及其他地区的新派建筑师们的重视与欢迎。1911 年，他的建筑图集在德国出版，对欧洲正在酝酿中的新建筑运动产生了推动作用。同时，赖特在此也首次了解到欧洲的古老建筑和先锋建筑师的作品。从欧洲返回后，赖特的创作项目里掺进了新的欧洲元素，他将之完全吸收到自己的设计方法之中；1911 年，赖特着手在故乡斯普林格林（Spring Green）建造“塔里埃森”（Taliesin）——这个名称来自他的威尔士祖先的古语，意为“闪亮的坡顶”。他建成了一座依坡伸展的花园和农庄，而工作室及家就隐藏在其中。庭园、露台及花圃如迷宫般地穿梭交织，矮墙和石阶散布，充满田园诗般的景象。与赖特合作多年的雕刻家博克（Richard Bock）把一尊石雕作品立在园中角落。这尊半身女神像被视为“建筑的缪斯”，其下半身隐入几何形体之中。据说，这座石雕代表着赖特一生的信念：建筑的力量是从生命而来，人和他的创造物是生命共同体。

此时的赖特由于个人生活有失检点，尽管在欧洲风光一时，在美国国内却备受冷落，业务量锐减。加之，塔里埃森遭受火灾，情人意外被害，家庭关系紧张，很想换个新环境的赖特不巧又正逢第一次世界大战爆发……然而，来自日本东京的项目——帝国饭店建筑设计成为赖特事业新生一个契机。

接下来 6 年时光——1916—1922 年，赖特几乎把全部精力都投注在东京帝国饭店的设计上，并精心为其进行了室内家具、陈设等一体化设计，在建筑结构的处理上更是巧妙，他与工程师配合，采用了一系列高效的抗震措施。该饭店建成的第二年遭遇日本关东大地震（1923 年），在绝大多数建筑毁于一旦的残酷现实中，帝国饭店却安然无恙，并在震后救灾期间，成为东京市民的临时救济所，以及各个部门与机构的临时总部。关东大地震灾情惨重，引起世人的瞩目，而帝国饭店以幸存者的姿态也频频在世界各大媒体上亮相。一夕之间，建筑师赖特成为举世皆知的业界名流。

赖特的建筑思想在其实践活动中不断发展，在日本的工作经历使他受到更多东方文化的影响。他赞赏日本茶室那样以展现材料本性的方式对待建筑材料，如砌石不切割，木材只锯不刨，等等；他赞赏老子“凿户牖以为室，当其无，有室之用”的说法，中国“虚空”的建筑理念使之对空间的理解更加精深。

赖特开展东京帝国饭店项目的同时，还完成了位于洛杉矶橄榄山上的“蜀葵居”，其外观极具玛雅建筑神韵，气派辉煌，令人难忘。随后，因蜀葵居的地缘牵带，赖特又设计了 4 栋中产阶级的住宅，虽然面积不大，但看起来却精致典雅得像一件件艺术品。他在这批小住宅中都采用了浇筑抽象图案的预制混凝土砌块，用钢筋拉结以增强结构整体性。在南加州青山翠谷中，这些有钱又有闲的艺术爱好者们的玛雅式住宅带有强烈的戏剧性，成为赖特新技术、新设计手法的“试验品”。多孔的混凝土砌块墙体吸潮、易裂，年深日久，在遭受洛杉矶空气污染带来的溶解性酸雨侵袭后，墙壁日渐腐蚀……赖特喜欢将他的设计灵感与想象一而再、再而三地运用到建筑上，不断有新的尝试，大胆使用新材料与新方法，不断从惨痛的教训中汲取实践经验。

1920—1930 年代，欧洲现代派的影响蔓延到美国，而 30 年代初美国的经济大萧条使得经济性问题不得不纳入建造者的考虑之中，赖特认识到传统材料和构造的局限性，被迫放弃了草原风格那种附属于大地的语法，转而提出“usonian”（可译为“美国风”）一词，希望创造一种属于美国文化的住宅模式。

“美国风”住宅大多形体简洁，直线方角平屋顶，内部空间流动，功能分区明确，具有国际式住宅的特征，但又坚守着美国传统的壁炉主题以及草原式住宅讲究与环境配合和表达材料性能的特点。“美国风”住宅可以根据业主、环境、气候、材料而灵活多变，适应美国中小城镇小康之家的经济能力和生活方式，而且造价经济，施工迅速、简便，尽量采用工厂化建筑制品，设备管线敷设于地面垫层，便于扩建，因此受到广泛的欢迎，并逐渐推行到美国各地。

“有机建筑”是赖特始终秉持的建筑观，是一种由内而外的整体性的组织，总体与各个局部之间存在着有机的必然的联系，像自然界生长的生命体一般，与其所处的环境密切协调，成为环境中和谐有机的组成部分，土生土长的，真实、自然、本性的，它只存在特定的环境中，并为环境添彩，不能随意移置到世界其他地方。

赖特始终没有给出“有机建筑”的明确定义，他的建筑理论很散漫，说法显虚玄，让人不易把握，但他设计于 1930—1940 年代的一批作品，包括上述的“美国风”住宅，能够形象地反映出他的设计思想，其中最具代表性的是流水别墅和“西塔里埃森”。这一时期的赖特思想成熟、手法丰富，对材料性能的把握以及对形式的驾驭能力都相当高超，他所用材料并不局限于砖、石、木等传统材料，还包括钢筋混凝土和玻璃等。

1930 年代初，随着赖特的设计作品在欧洲巡回展出，他的国际声誉进一步扩大，在美国国内的影响也逐渐得以恢复。经济萧条时期，由于业务不多，他有精力来深入思考问题，发展他的有机建筑思想。他各处去演讲，还撰写自传。赖特的自传在 1932 年问世，引起建筑界和社会上的广泛关注，他的名望吸引了各地乃至各国的年轻建筑师投其门下。此时，赖特家庭生活幸福，他的创作精力也愈加旺盛起来。

1932 年，塔里埃森建筑学院正式开办，这是以赖特为中心的半工半读的学院和工作集体。赖特提倡师徒传帮带式的学习方法，打破一般正规学校的教育教条，他的追随者和从世界各地来学习的学生，就在塔里埃森共同生活、学习、工作。工作有设计、绘图，也有家务和农活，不时还做做建筑维修。塔里埃森所在的威斯康星州冬季气候严寒。1937 年，赖特以低价买下西部燥热的亚利桑那州的一大片荒地，他带领塔里埃森的学员们在这里搭盖起沙漠营地，以做冬季使用，取名“西塔里埃森”。除了建设自己的工作与教学场所外，赖特还为一所私立大学南佛罗里达学院做了规划，用 20 年的时间才建设完成。

塔里埃森学院半耕半读的生活方式反映了赖特对理想社区的看法。赖特主张城市应当有机、疏散地发展，未来城市应当是无所不在又无所在，最终消散在广袤、开阔的农村。每个家庭散居在地广人稀处，人人均有 1 英亩（约 4046.9 平方米）土地，以自给自足的农耕方式来经营，人们居住在自行建造的"美国风"住宅里，利用现代化的交通工具——汽车和通信设备就可以方便地相互联系。在这样的"广亩城市"（Broadacre City）里包含了农场、果园、工业区，以及教堂、学校、剧场等公共设施，可以让人在那里同时生活和工作。这是缓解都市人口密集的一种方法。这种源自英国田园城市的乌托邦式的理想与他自幼生长于乡村的经历和必然产生的泛神论自然观有关。事实上，资本主义城市集中化发展是由于资本大量集中而引发的结果，赖特没有认识到或者说不愿接受这样的社会现实，他虽大半生身处 20 世纪，但他的思想情感仍留在 19 世纪爱默生、惠特曼的时代。当然，他对现代大城市以及资本主义的生活方式持批评态度，而较早冲破国际式方盒子的呆板与单调。约翰逊公司总部可谓是赖特"广亩城市"理想的现实版本，其建筑造型奇特，结构创新，吸引了世人的目光。

长寿的赖特在他的晚年接下了大批设计任务，其中不少都采用了几何构图手法，幼年福禄贝尔幼教体系积木玩具的潜在影响此时仿佛回光返照般地显现了。赖特倾向于抓住一种几何形作为构图母题，施展手段让整个设计围绕它展开，创造出来的建筑形式富于变化，有十分强烈的个性与可识别性。然而，他这种"几何性嗜好"如果过度发展，却容易导致一种庸俗的形式主义。晚年，他终以纽约古根海姆美术馆向世界做了精彩的谢幕。

赖特没有为现代建筑运动提供原则性的指导，而是以个人的天分和才干树立了个性化的艺术风格，为现代建筑贡献出别具特色的瑰宝。

2.5.02 博克的雕塑"建筑的缪斯"（1902）这尊雕塑象征着赖特早年建筑设计的草原风格。

2.5.03 马丁住宅（Martin House，Buffalo，1904）马丁住宅用地宽阔，是一组由主屋、温室、车库，以及一条藤架连廊组成的建筑组群。各个部分采用相同材料和细部处理。住宅的起居室内包含许多相互穿插的次空间，且与外部连成一片，加上开敞的回廊和露台，使空间层次丰富多彩。马丁住宅的庞大规模进一步发挥了草原式住宅构图的特征。建筑与原有环境的关系处理得

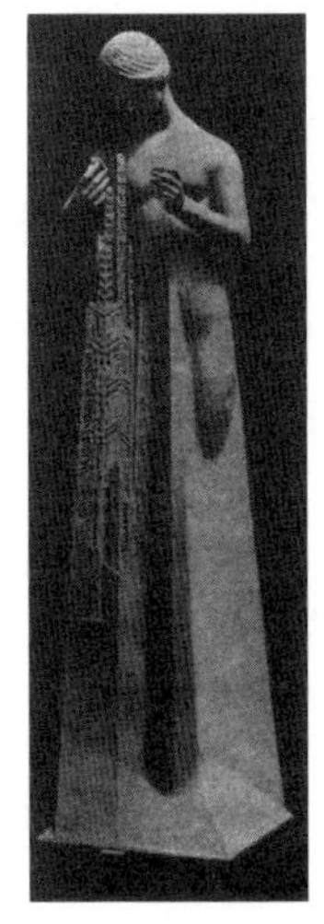
2.5.02 建筑的缪斯

很好，墙不高，但足以挡住路人的视线。舒展的十字形平面使人无论从那个角度观赏都能感受到建筑变化的轮廓线。马丁住宅是赖特成熟建筑风格的代表。

2.5.04　罗比住宅（Robie House，Chicago，1909）罗比住宅在芝加哥大学附近，是赖特在草原式住宅的基础上设计的一幢城市型住宅。它的平面根据地形布置成两道平行贴边错动的长方形。业主希望能在起居室里自由地欣赏街景，却不要让路人看见他本人。为此，赖特设计了一扇扇成排的彩绘玻璃窗，一层层水平的阳台、花台和矮墙，抬高的起居室，以及出挑达 6 米远的缓坡屋顶。中央的壁炉不仅是空间布局的核心，其竖向的外观也将水平展开的各形体收束成为统一整体。这座建筑全靠形体组合和精美的砖工表现建筑形象，没有附加任何多余的装饰。

2.5.05　拉金公司大楼（Larkin Company Administration Building，Buffalo，1904，已拆毁）纽约州布法罗市的拉金公司大楼主体内部是一宽阔的长方形空间，中央有通达五层的天窗采光中庭，围绕中庭形成一个个内向的开放办公室，

2.5.03-1 马丁住宅外观

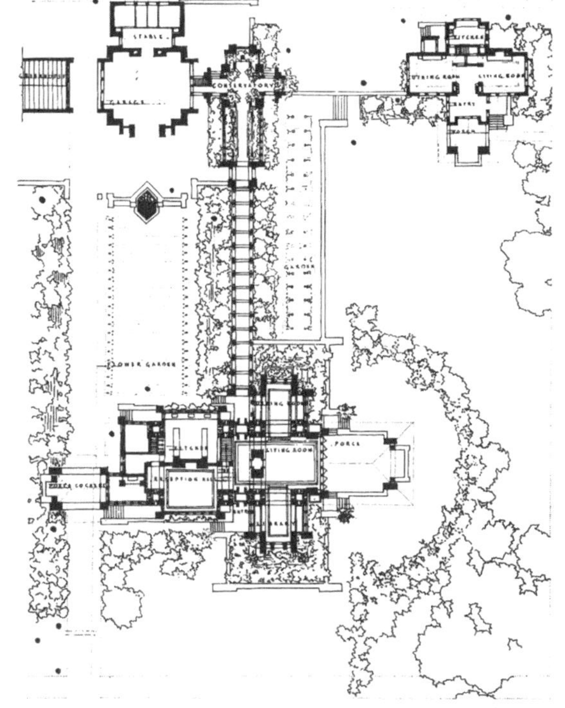

2.5.03-2 马丁住宅平面图

2.5.04-2 罗比住宅餐厅

2.5.04-1 罗比住宅外观

2.5.04-3 罗比住宅内草原风格椅

管道系统及疏散楼梯设在四角。主要垂直交通及门厅、厕所等其他辅助功能布置在突出主体之外的另一个次要体量中。在外形上，赖特完全摒弃了传统的建筑样式，除极少地方重点做了装饰外，其他都是清水砖墙，檐口也只有一道简单的凸线脚。建筑形象朴素而庄严，坚实的墙面将工业区里的噪声和空气污染完全隔离。入口处理新颖，其位置不在立面中央，而是在侧面体量的凹进处。

2.5.05-1 拉金公司大楼透视图

2.5.06 基督教统一教派教堂（Unity Church，Oak Park，Chicago，1904－1906）该教堂由正方形的礼堂和矩形的“教区之家”组成，它是世界上最早的整体式钢筋混凝土建筑之一。造型简洁，没有多余的装饰，卵石粗骨料赋予了建筑表面的纹理，室内有不同高度的挑台而使空间富于变化，室内外均以长方形、正方形为形式设计的基准，这对荷兰的“风格派”产生了重要影响。

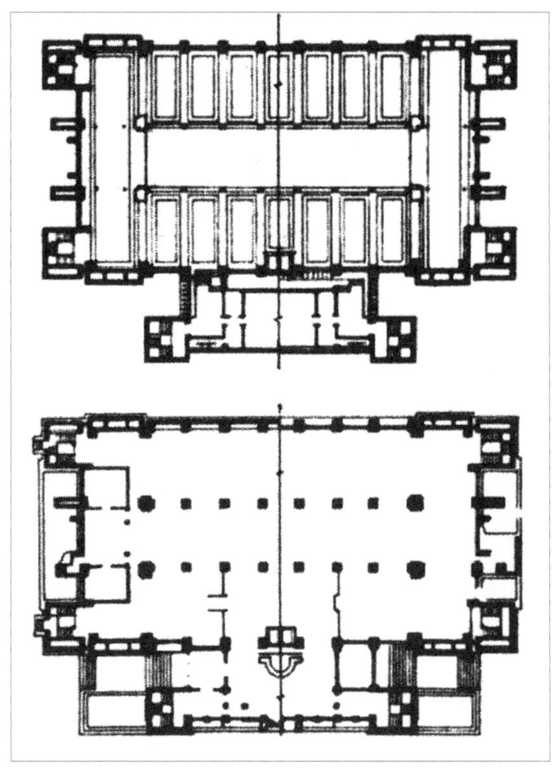
2.5.05-2 拉金公司大楼平面图

2.5.05-3 拉金公司大楼室内

2.5.05-4 拉金公司大楼内部专用椅

2.5.05-5 拉金公司大楼入口

2.5.07 帝国饭店（Imperial Hotel，Tokyo，1916–1922）豪华的东京帝国饭店平面大致呈 H 形，中央部分布置着大厅、宴会厅、舞厅及其他公共设施，其核心地位通过在各个方向连通的从属空间得以突出；两侧是客房部分，构成平行对望的两翼，将花园、水池、户外平台等与大街隔离。临街的水池不只为美化环境，还兼作消防水源。建筑的墙体是砖砌的，以日本产的一种火山熔岩奥雅（oya）石雕琢后作为装饰。从建筑风格来说，它是西式和日式的混合：外观像一座日本皇宫，而在装饰图案中又夹杂墨西哥玛雅传统艺术的某些特征。赖特率领他的设计团队为帝国饭店设计了地毯、家具、壁画、器皿等。帝国饭店的结构

2.5.06-1 基督教统一教派教堂外观

2.5.06-2 基督教统一教派教堂室内

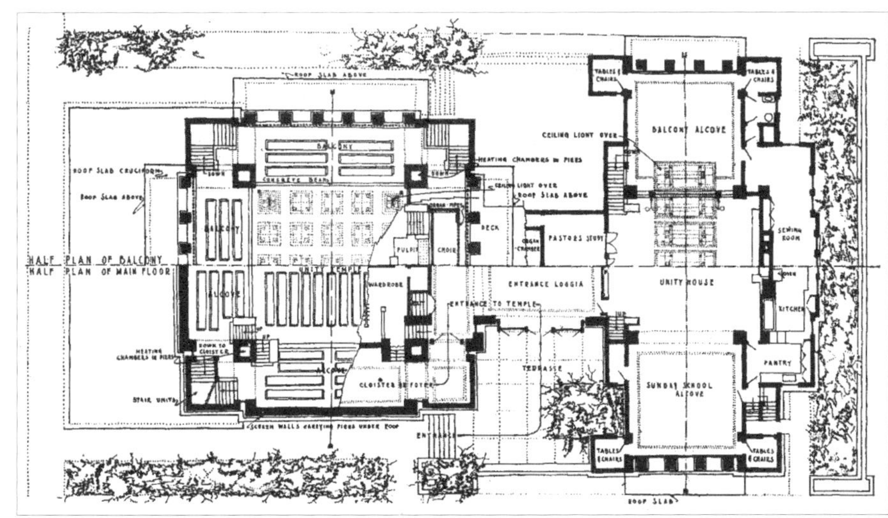

2.5.06-3 基督教统一教派教堂平面图

2.5.07-1 帝国饭店鸟瞰图

2.5.07-2 帝国饭店公共部分外观

很巧妙。由于日本是多地震国家，赖特根据自己早年在沙利文事务所掌握的处理高层建筑基础的知识，与工程师配合，采取了一系列柔性抗震措施。饭店经受住了1923年关东大地震的考验，赖特也因此享誉世界。帝国饭店后因故被拆除，大厅部分移建于神户明治村。

2.5.07-3 帝国饭店入口

2.5.08 蜀葵居（Hollyhock House，Los Angeles，1920）与东京帝国饭店建设同时，赖特完成了位于洛杉矶橄榄山（Olive Hill）上的巴恩斯达尔（Barnsdall）女士的住宅设计。基地附近遍地漫生的蜀葵花为业主所喜爱，赖特索性以此作为建筑的装饰主题，这栋住宅也因而得名“蜀葵居”。赖特突破了加州当时流行的西班牙中世纪式样，转而强调建筑必须富于当地的色彩，同时又能表现出业主爱好戏剧的特点。他采用混凝土砌块取得了建筑厚实的体积感，与环境既协调又有对比效果。竣工后的蜀葵居，外观极具玛雅建筑神韵。

2.5.07-4 为帝国饭店设计的家具

2.5.07-5 为帝国饭店设计的餐具

2.5.09 斯托勒住宅（Storer House，Los Angeles，1923）业主是一位富裕的牙医。住宅基地环境虽非特别，但建筑轮廓线起伏多变，反映出其内部

2.5.08-1 蜀葵居内院

2.5.08-2 蜀葵居外观

空间的多样高度，并与周围自然环境结合成为自由舒展的构图。

主要建筑材料是预制混凝土砌块，赖特还为之设计了特别的纹样。

2.5.09-1 斯托勒住宅外观

2.5.10 雅各布住宅（Jacobs House，Near Madison，1937）该住宅是赖特“美国风”住宅的第一个建成品。这是一幢面积 125 平方米，造价 5500 美元的小康之家。建筑立在铺设有暖气管线的混凝土底板上，墙是由红木和胶合板组合而成的夹心板墙（卫生间和厨房用砖墙），“L”形平面围合了一个花园，起居室和卧室均朝向花园。赖特在房屋背街的一面不设窗，而将建筑正面迎向花园，并用落地窗将风景和光线引进室内。

建筑形象清雅而不单调，富于时代感。建成后，不断有人来敲门请求参观，以至于业主贴出告示，要“收门票五十美分”。

2.5.09-2 斯托勒住宅室内

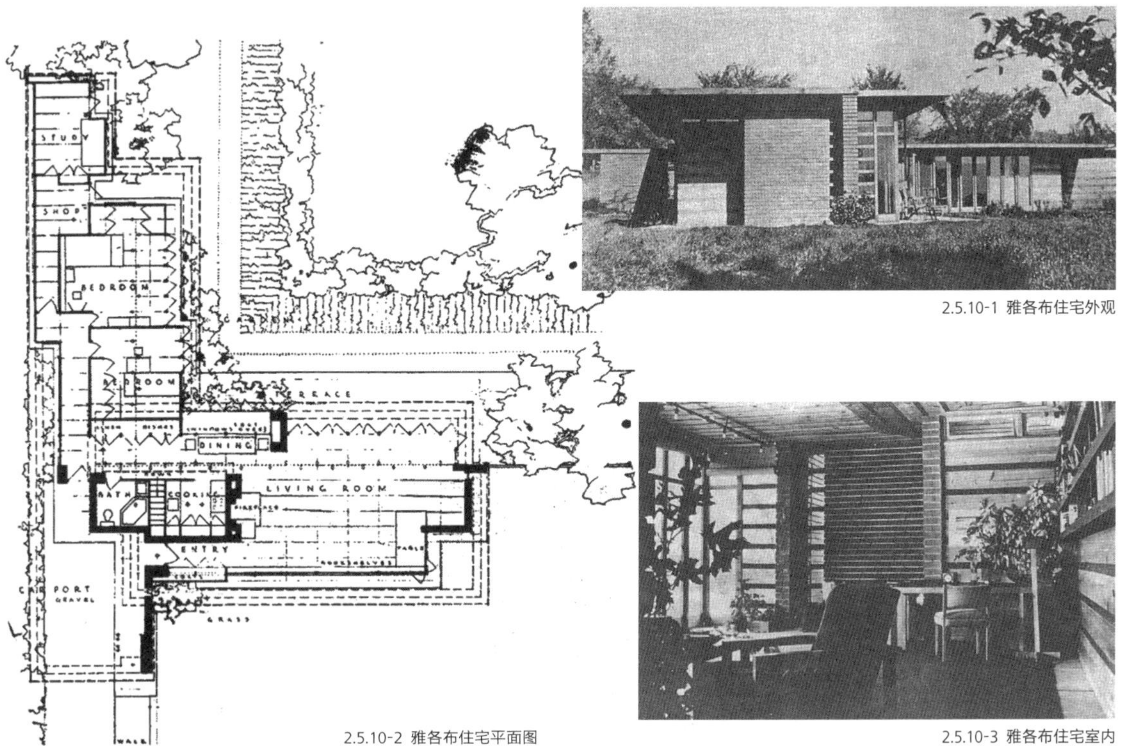

2.5.10-1 雅各布住宅外观

2.5.10-2 雅各布住宅平面图

2.5.10-3 雅各布住宅室内

2.5.11 流水别墅（Falling Water，Bear Run，Pennsylvania，1935－1937）流水别墅正名为“考夫曼别墅”。考夫曼（Edgar Kaufmann）是匹兹堡百货公司大亨，他的儿子在读了赖特的自传后衷心感佩，遂投奔“塔里埃森”，考夫曼随之也结识了赖特。

1934 年底，考夫曼邀请赖特为其设计一座周末度假屋，地点在宾夕法尼亚州匹兹堡东南康那斯维尔市一个叫“熊奔”的地方。基地有山有水，密林环绕，一泓瀑布从石壁披挂而下。赖特脑子里有了一个模糊的意象，他要把房子直接建在瀑布上面，达成建筑与环境密不可分的关系。然而，他迟迟未动手画图，直到 1935 年 9 月，才在一天之内完成了设计草图。

别墅局部高 3 层，采用钢筋混凝土结构。它的每一层平台连同周边上翻的栏板以及雨篷、遮阳架等水平形体都各自向前、左、右三个方向远远地悬挑出去，依靠墙和柱墩承托并锚固在山石上，瀑布从这柱墩之间倾泻而出。各层平面的大小和形状不相同，主要的一层几乎是一个完整的大房间，包含着相互流通的、或封闭或开敞的各个从属空间，位置适当的几块岩石被保留下来作为壁炉，并有一道小楼梯直达下面的水池，沿阶而下，便可更亲近水面。

在建筑的外形上最突出的是一道道上下、左右、前后、错落，长短、宽窄、薄厚参差的横向平台，它们与几条竖向的石墙组成横竖交错的构图。钢筋混凝土现浇的栏板是淡黄色，粉刷得光洁平滑，石墙就地取材，色彩深而质感粗砺，与环境十分匹配。在窗台与天棚之间，是整片红色樱桃木窗框的大玻璃，虚实对比强烈。水平和垂直的方向上的对比，颜色和质感上的对比，再加上虚实光影的变化，使得这座建筑生动有趣。

流水别墅最成功之处在于其与周围自然风景的紧密结合。在远离尘嚣的山林中，建筑轻盈地峭立在流水之上，那些挑出的平台像是争先恐后地伸进周围空间的“触角”。整个体形疏松开放，

2.5.11-1 流水别墅外观

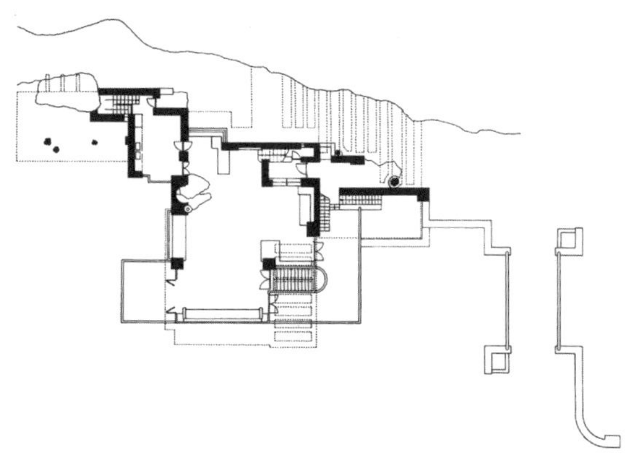

2.5.11-2 流水别墅平面图

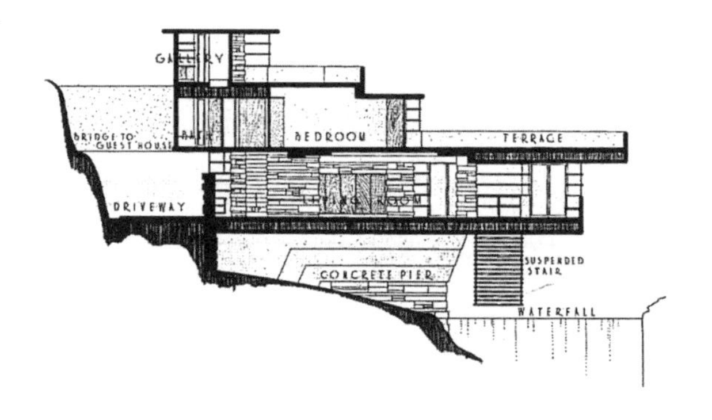

2.5.11-3 流水别墅剖面图

室外平台的面积几乎与室内面积相当，站在平台上，仿佛伸手就能摘取树梢上的叶片。流水——瀑布被创造性地融入建筑设计之中。人在室内朝外望，“可闻而不可见”的感觉更添森林野趣。“浑然天成”的人工建筑与大自然的地形、林木、山石、流水互相衬映，互相渗透，并融为一体。室外的细部设计充分表现出赖特对环境的热爱与借用：混凝土板嵌入原有自然山石之内，形成光影斑驳的灰空间，其“土生土长”之感是对赖特“有机建筑”理论的有力诠释。

称流水别墅是世界上“最漂亮的”房子似乎并不为过。对于一个大亨休闲清享之所，建筑师无须面对功能、造价等诸多问题，全部的智慧和才能都可以用来为艺术服务，与其说流水别墅是支撑在柱墩、山石之上，不如说它是支撑在金钱的力量之上。35 000美元的预算造价最后被追加到75 000美元，另有50 000美元的内部装潢费用。考夫曼想要的一座周末度假小屋最终成为赖特毕生最杰出的建筑代表作。

2.5.11-4 流水别墅挑台

2.5.11-5 流水别墅起居室

2.5.12 西塔里埃森（Taliesin West，Scottsdale，1938）西塔里埃森所在地本是亚利桑那州斯科茨代尔北方的一大片荒原，与天堂谷（Paradise Valley）遥遥相对。

赖特带领学员们亲手建造这个冬季营地，耗费数年光阴，一砖一石被叠成了墙，被砌成了壁……学员们使用睡袋在临时搭起的庇护里休息。

2.5.12-1 西塔里埃森入口

2.5.12-2 西塔里埃森大起居室

2.5.12-3 西塔里埃森外观

没有完整的设计蓝图，赖特只画了个大概图样，其中包括工作室、作坊、赖特和学员们的住宅、起居室、文娱室等。每天工作计划一确定，大家就四下寻找建筑材料，把看中的大小、形状、色彩各异的岩石七手八脚地弄回来，混合水泥砂浆，简单堆砌成粗糙、倾斜的“沙漠混凝土”墙墩，上方以红木搭梁，只锯不刨的木料上疤痕斑驳，张开易拆卸、半透光的白帆布作天棚，把强烈的阳光柔化为室内均匀的漫射光。每当风起时，掀得轻盈的帆布一起一伏，像在沙海中颤动的船帆，人处其中，如行海上，真切地与自然共呼吸。

从外观上看，西塔里埃森的形象十分特别，粗糙的乱石墙体呈菱形或三角形，没有油漆的木料和倾斜的帆布天棚交织在一起，有的地方像石头堆砌的地堡，有的地方像临时搭设的帐篷。室内，有的地方如洞天府地，有的地方开阔明亮，与沙漠荒野连通一气。硕大尺度的室内壁炉、东方艺术品、粗纹地毯，以及沙漠植物之间配合协调，色彩绮丽。这是一组率性的、充满野趣的建筑群，与当地的自然景物浑然一体，如同丰富多彩的沙漠植物一样，在那块土地上自在地“生长着”。

2.5.13 南佛罗里达学院规划（Florida Southern College，Lakeland，1936 –1938）1936 年，赖特接到南佛罗里达学院规划项目。这所学校坐落于一片坡向霍林斯沃思湖（Lake Hollingsworth）的橘子林中。赖特想在此建立一个表现美国文化和教育精神的“真正的美国校园”。规划呈开放式自由布局，各个楼宇间有带顶的廊子相连，以抵御强烈的日晒。设计的范围包括教堂、图书馆、博物馆、剧场、办公大楼和一系列的教室。

最先完成的南佛罗里达学院小教堂几乎成为学院的标志性建筑。在外挑的楼座与钟塔部分采用光滑的白色墙面，而下部则以带图案肌理的深色墙面与之形成对比。顶部的钢架用作教堂钟声的共鸣器，效果好得让周围邻居们抱怨，而学生们则喜爱地把它比作“上帝的自行车架”。赖特后来爱用的几何形构图手法在此也初见端倪——小教堂的多处设计反复运用了六边形和三角形。

2.5.12-4 西塔里埃森绘图室

2.5.13-1 南佛罗里达学院小教堂

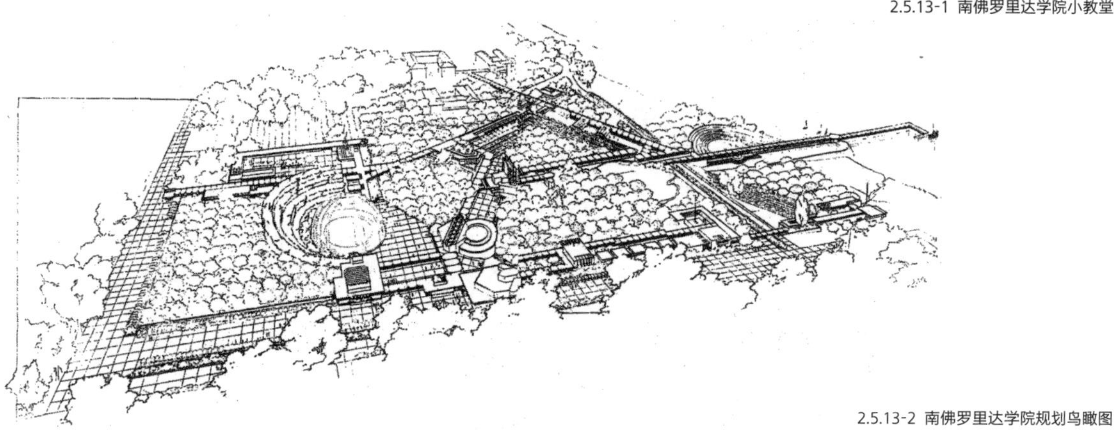

2.5.13-2 南佛罗里达学院规划鸟瞰图

2.5.14 约翰逊公司总部（Johnson and Son Inc. Administration Building，Racine，1936–1939）

约翰逊（制蜡）公司是家族企业，对员工实行自由管理制度，是美国最早采用员工分红制度的公司之一。这种企业文化恰恰与赖特的“广亩城市”理想有某种意义上的契合。

总部的整体布局是封闭的，建筑从基地的三边退进，用绿化带与街道分隔，主要入口退入内部，以避免过多与外界接触，除了办公楼，还设置有休息娱乐平台、公共餐厅、剧院等，员工可在其中自得其乐，像是一个自足自治的“世外桃源”。

总部建筑最令人注目的是开敞的办公大楼，其布局恍如30年前的拉金公司大楼：中央是一个带天棚采光的共享大厅，四周有一圈跑马廊供各部门主管办公使用，廊下设卫生间等辅助空间。竖向支撑结构是赖特自创的中空蘑菇形圆柱，一根根均匀排列，下小上大，到顶部展开为一片睡莲叶子般的顶板，板间的空隙用组成图案的玻璃管填充，使阳光柔和地照进来，漫射在开放的室内。四周以实墙围护，墙不承重。外墙与屋顶相接的檐部有一道用细玻璃管组成的长条形窗带，使得内外严密隔绝，同时屏蔽了室内外的视线干扰，从而强化了室内大家庭般的亲切气氛。这座建筑用圆形作为构图母题，不只用圆形蘑菇柱，建筑的许多转角部位都是圆的，墙和窗子平滑地转过去，组成横向的流线形，楼梯、电梯也是圆形，就连办公桌椅也被设计成圆弧形。

办公大楼结构特别，形象新奇，吸引了许多参观者，开业头两天的参观人数就达到三万人，约翰逊（制蜡）公司也随之闻名。然而，那个可同时容纳几百人办公、看似亲切温暖的大厅，人真正置身如此“眼多嘴杂”的环境中，实际体验可就不怎么舒服了，但老板约翰逊对设计十分满意，并不计较建造费时三年，费用超预算一倍多等事实。十年后，他再度敦请赖特设计实验楼。

2.5.14-1 约翰逊公司总部鸟瞰

2.5.14-2 约翰逊公司总部外观

2.5.14-3 约翰逊公司总部入口

2.5.14-4 约翰逊公司总部室内

2.5.14-5 约翰逊公司总部办公家具

2.5.15 普赖斯塔楼（Price Tower，Barlesville，1953 –1955）赖特职业生涯中所做高层建筑设计真正落成的只有一幢，那就是位于俄克拉荷马州巴勒斯维尔的普赖斯塔楼。其实，他对摩天楼很早就有接触，当年在沙利文事务所上班时，他便看到沙利文为芝加哥设计的早期摩天楼，他自己也不止一次做过关于高层建筑的设想。

1953 年，开始建造的普赖斯塔楼是一幢 18 层的高层公寓和办公楼。平面大致接近方形，局部有棱角形的外挑部分。结构布置独特：中央承重部分为电梯和服务设施形成的四个竖井，以及由此延伸出的四片十字形伸展的刚性厚墙，各层楼板就从这些厚墙挑出。

2.5.15-1 普赖斯塔楼外观

赖特没有把这栋楼设计成一个巨型“火柴盒”。利用水平线、垂直线与凸出的棱柱形相互穿插交错，塔楼的外观形成了一种旋转向上的动势，十字形结构冲出屋顶，使建筑显得玲珑、峭拔。水平线条部分布置办公，竖直线条部分布置住宅，几何元素被赋予了“象征性”，隐约透露出工作、居住混杂在一起的“广亩城市”的意味。然而，这些水平与竖直线条的构图效果要远远超过赖特所谓的“象征性”。建筑中特别采用了铜百叶窗，随之日渐氧化变绿，为建筑更添一种绚丽的色彩。赖特特别为大楼内三角形与菱形平面的房间设计了适用的家具。

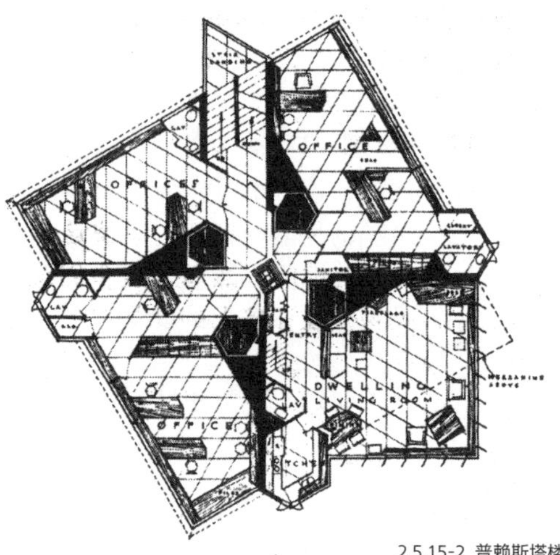

2.5.15-2 普赖斯塔楼平面图

2.5.16 古根海姆美术馆（The Guggenheim Museum，New York，1941 –1959）该美术馆是赖特建筑设计生涯中最后的佳作。

美术馆坐落在纽约第五大街上，主楼是一个上大下小的白色钢筋混凝土螺旋形建筑，内部中央是一个带玻璃圆顶的圆筒形共享空间，周围有螺旋形坡道盘旋而上，并逐渐放宽。美术作品沿坡道陈列，观众循着坡道边走边看，参观过程不因上下交通而中断。采光靠大厅上面的玻璃圆顶和沿坡道外墙的条形高窗。博物馆的办公部分也是圆形平面，同展览部分并排摆放在一个基座样

2.5.16-1 古根海姆美术馆外观

的形体上。

圆和螺旋线创造了戏剧性的空间效果：当人站在入口处时，感觉美术馆体量并不很大，然而当人乘电梯上升时，却感到空间迷一样地“膨大起来”；当人沿坡道回旋而下回到地面后，通过对整个空间感受的回想，会意外领悟到空间的巨大和丰富；当人仰头望见明亮而且尺度巨大的穹隆时，空间感又缩小了……如此大与小、收与放的节律变换，使人自然地体会到一种行进中的动态感。

古根海姆美术馆是赖特在纽约落成的唯一建筑，从外观上看，它的体形奇异，充满了流动、不对称、自由不拘的特点。其下小上大的螺旋形造型，与纽约的市容似乎很不协调，但这应该正是它的特色：标新立异，与众不同。建筑与古根海姆本人所收藏的现代艺术品一样——抽象、前卫。该美术馆唤起了人们对建筑内部空间精神感染力的重新重视，赖特也因此成为一名超越时代的“预言者”。

起初，纽约建管部门不同意发放建筑许可，经过赖特的不懈努力，古根海姆美术馆终于在1959年建成，彼时赖特已然辞世。

今天，古根海姆汉美术馆作为纽约一座重要的地标性建筑闻名于世，纽约也因之而荣耀。然而，这座美术馆屡遭批评的是其斜坡道与画框不平行，参观者只好扭着脖子看到发酸，又因它的墙壁也是斜的，所以展品自然而然地一律后倾……赖特对此曾辩称：“如此一来，这幅画就像仍然放在画架上一样了。”

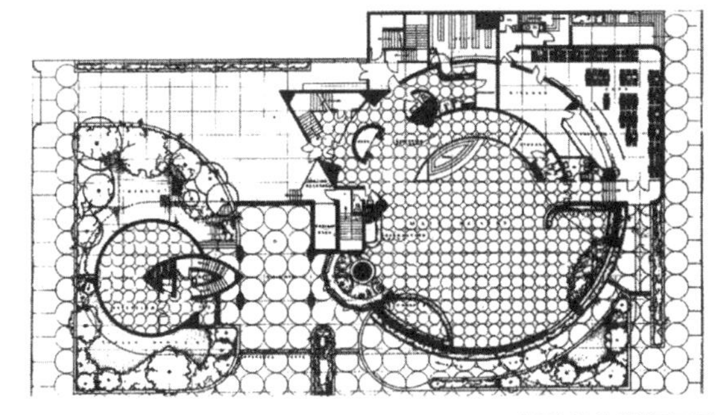

2.5.16-2 古根海姆美术馆平面图

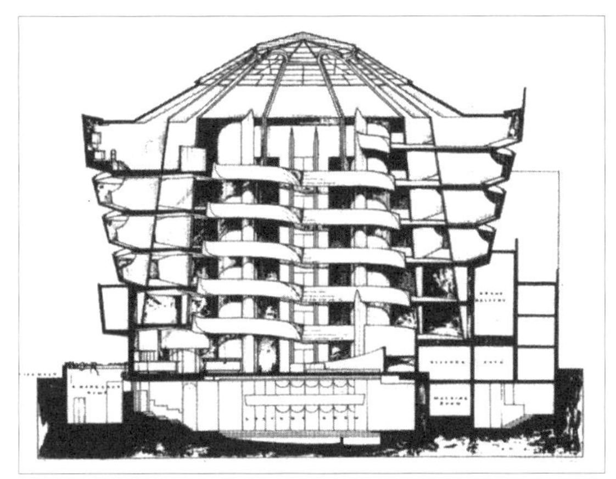

2.5.16-3 古根海姆美术馆剖面图

2.5.16-4 古根海姆美术馆室内

2.5.16-5 古根海姆美术馆天窗

2.6

温情体贴的设计：北欧的阿尔托

（1920 年代 —1970 年代）

2.6.01 阿尔瓦 · 阿尔托（Alvar Aalto）

阿尔托全名“阿尔瓦· 阿尔托”（Alvar Aalto，1898–1976），是著名的现代建筑大师，为现代建筑发展作出了独特的贡献。他构思丰富，手法灵活，作品反映时代要求的同时又体现本民族特色，在第二次世界大战后，他所倡导的建筑“人情化”（humanizing architecture）理念极大拓展了现代建筑设计的视野，为现代建筑开辟了一条广阔的道路。

阿尔托一生的建筑实践大致经历了三个发展阶段：第一阶段从 1920 年代到第二次世界大战结束，此时，他基本上走的是欧洲现代派建筑之路，作品多为白色外观，结合芬兰特色的木材运用；第二阶段从 1945 年到 1950 年代中期，这一时期他的设计形式自由，常运用各种自然和人工材料，尤其以红砖外墙为其建筑的显著特点。之后为第三阶段。他重新大量使用白色，空间变化丰富，造型既反映功能要求，又强调艺术效果。阿尔托具有北欧人淳朴、谦和的性格，心灵手巧，从不夸夸其谈，尽力去满足使用者的多重需要。他对材料的运用富于亲切感和人情味，造型自由而不乖张，每件作品都是综合考虑具体任务、环境、技术与人情化后的独特体现，在理性规则下让空间成为人的显现场所。

阿尔托出生在芬兰西部的库奥尔塔内（Kuortane），父亲是一位土地测量师。1921 年，阿尔托从赫尔辛基理工学院毕业后到国外旅游学习，两年后，独立开设建筑事务所。1925 年，阿尔托结婚，他的妻子艾诺·马尔西奥（Aino Marsio）一直是其主要合作者，尤其在后来阿尔特克家具公司的设计与生产过程中起了重要作用。

阿尔托从事建筑设计之初，正值芬兰从瑞典和俄罗斯前后长达数百年的殖民统治下被解放出来不久，人民普遍具有保存和复兴自己民族文化的强烈意识，他也满腔热情投身到探索具有芬兰特点的建筑创作中。阿尔托在学校时受的是学院派的新古典主义教育，毕业后他自然地走向了一条带有中世纪芬兰地方传统的浪漫主义的设计创作之路。

第一次世界大战后，德国和荷兰兴起了现代建筑运动，欧洲现代派讲求实用、经济，采用新的工业技术来解决问题，建筑形式具有强烈的新时代感。这对于当时经济尚不宽裕，资源也不丰富的芬兰来说，提供了一条新路，尤其吸引了年轻的阿尔托。1929 年他参加了国际现代建筑协会（CIAM），积极地将现代派建筑风格引入芬兰。此后几年，他的设计作品表现出强烈的国际式特点，有些甚至成为功能主义建筑的典型范例。然而，阿尔托内心深藏着北欧民族的浪漫主义情感，芬兰独特的自然条件和人文传统总是他在作品中有所反映。他喜欢在建筑与家具制造中使用样式别致的木材制品，努力体现木材温暖的质感与手感，反映芬兰这个盛产木材的寒冷国家的特点和人们内心的情感需求；他喜欢采用柔和的曲线，那是芬兰众多湖泊在他脑海中呈现出的动人意象；对于高纬度地区长期的“白夜现象”以及太阳高度角低平的日照特点，他仔细斟酌建筑采光，创造出不同形式的窗户，形成他作品中的重要特点。

在他早期的作品中，帕米欧肺病疗养院和维堡市立图书馆是最具代表性的，两者都是设计竞赛的获奖作品，是功能主义建筑的优秀实例，在现代建筑发展的进程中产生了重要影响。由于善于在设计中把现代性与地方特色相结合，阿尔托多次赢得为世界博览会设计芬兰馆的任务。他在 1937 年巴黎世界博览会芬兰馆和 1939 年纽约世界博览会芬兰馆的设计中努力展示木材与木材制品，特别探讨了木材在现代建筑中应用的种种可能性，展现出一个先进的现代化芬兰的国家形象。这些设计表明阿尔托已渐渐摆脱国际式僵硬教条的束缚。

阿尔托的才华引起芬兰企业家古利克森夫妇（Harry and Maire Gullichsen）的注意。他们请阿尔托设计工厂和工人住宅，工程分期持续多年，使阿尔托有机会从规划的角度综合考虑建筑师的工作意义。更重要的是，古利克森夫妇还请他设计被称为“玛利亚别墅”的夏季住宅。阿尔托在这座著名住宅的设计中尽情挥洒，尝试建筑形式的变化、内外环境关系的建立、各种不同材料肌理的并置，乃至各种细节构件的处理。玛丽亚别墅成就了阿尔托对建筑创作新途径的探索，超越了第二次世界大战前他的任何一个作品，成为把 20 世纪现代理性主义与民族浪漫运动联系起来的纽带。别墅的构思反映出阿尔托不仅在功能上满足客观要求，而且从情感上关怀使用者，这种理念影响了后人对住宅的认识，影响了相关的建筑设计。

阿尔托在第二次世界大战后的另一件著名作品——卡雷住宅也可追因至此。业主在杂志上看到他设计的建筑后，在威尼斯找到了阿尔托，又到芬兰实地领略玛利亚别墅等作品的优美后，郑重委托他从建筑到室内陈设的整体性住宅设计。古利克森夫人与阿尔托夫妇合作，开设了阿尔特克（Artek）公司，专门生产他们设计的各种曲木家具，同时经营室内设计与玻璃器皿的生产。阿尔托很早就开始尝试家具设计，受到包豪斯风格的布劳耶钢管家具的启发。他不断实验用木料来制作胶合板家具，将传统材料加以现代化的运用，发挥了芬兰的资源优势。

1949 年，妻子艾诺去世，阿尔托生活与事业上都失去了一个得力伙伴。1952 年，他与建筑师玛琪纳米（Elissa Makiniemi）结婚。此后，阿尔托的作品回归白色的纯粹世界，手法更加从容，风格动人，富含隐喻的抽象造型，理性与情感并存，体现了他所具有的人性关怀、自然情趣和艺术修养。

芬兰人具有的自觉和独立自由的精神使阿尔托很早就能批判性地看待欧洲现代主义，他反对纯粹从技术的角度考虑功能，反对一味强调建造的经济性，主张建筑还必须同时满足其他较为复杂的人情化设计要求。这使得他的思路开阔，手法丰富，设计深入、细致。阿尔托被公认为第二次世界大战后北欧人情化建筑设计思潮的引领者。

阿尔托的设计蜚声国内外。他曾受聘于美国麻省理工学院并为该校设计了著名的贝克宿舍，在瑞典、德国、法国、瑞士等地也都有他的设计作品。1954 年，在瑞士苏黎世举行了阿尔托作品展。他的作品获得多项荣誉。

阿尔托的设计思想代表了北欧建筑中讲究人情化与地域性的倾向，是 1920 年代欧洲现代主义设计原则结合北欧重视地域性与民族习惯理念后的进一步发展，反映了第二次世界大战后他舍弃国际式严格强调的形式纯净性，转向形式和材料丰富化的设计倾向。

由于北欧的工业化程度不及产生并发展现代建筑的德国和后来推广现代建筑的美国那么高，北欧的政治与经济相对安定平稳，因而对建筑设计思想的影响与干扰比较小，此外，北欧的建筑一向都雅致、舒适，设计朴实、不夸张。大多数北欧建筑师能够平和地将外来经验与自己的实际情况相结合，形成既现代化又具北欧特点的地域性建筑，尤其年轻一代的建筑师，在第二次世界大战后的住宅建设和城镇规划方面作出了突出贡献。

2.6.02 圣马诺报社（Turun Sanomat Newspaper Building，Turku，1928 –1929）该报社是建于图尔库一条商业大街一片老建筑之中的五层办公楼，地下室有印刷车间，功能很适用。结构采用钢筋混凝土框架。轻质混凝土墙的表面覆盖金属网，并用特制的拉毛水泥粉刷。立面构图有构成主义的感觉，并让人想起柯布西耶的带形窗和鸡腿柱。

阿尔托在这座楼里首次尝试安装大型圆天窗，表明他对于当时现代建筑的“方盒子”已经有了不同的见解。更令人注目的是，他在地下室的印刷车间里采用了无梁楼盖，将柱子设计成上大下小，并在上部向一侧出挑，整根柱子浑然一体，犹如雕塑，在材料性能与力学传递上非常合理。这个把美学与技术结合在一起的作品引起了人们的关注，被公认为“芬兰的第一座现代主义建筑”。

2.6.02-1 圣马诺报社外观

2.6.03 帕米欧肺病疗养院（Tuberculosis Sanatorium in Paimio，1929 –1933）该疗养院位于离城不远的一个小乡村，环境优美，周围是一片树林，用地没有太大限制，使建筑师可以自由地布置建筑物的形体。

疗养院的主体建筑是一座七层的病房大楼，北面是单面走廊，设有 290 张病床，每间住 2 人。大楼朝向南略偏东，所有房间都面对原野和树林，有明亮的阳光、新鲜空气和广阔的视野。在病房

2.6.02-2 圣马诺报社地下室

大楼的东端尽头转为正南向，连有一段日光敞廊。大楼最上一层也是供病人晒太阳（这是当时治疗肺结核病的主要方法）用的敞廊。

病房大楼的背后是垂直交通部分，有电梯、楼梯及其他房间，底层是入口门厅。再后面连着一幢 4 层小楼，设有办公室、各种治疗用房、病人餐厅和文娱阅览室。为了阳光不受阻挡，小楼与前面病房楼不平行，形成一个张开的喇叭口形的前院，给进出的车辆留下宽裕的通道。

小楼的后面是护理人员用房，以及厨房、储藏室和一座锅炉房。

以上几部分相互既不平行，又不对称，都是按内部的功能需要而布局，使休养、治疗、交通、管理、后勤等都有比较方便的联系，同时又减少了相互间的干扰。整个疗养院建筑顺着地势的起伏自由舒展，和环境结合得非常妥帖。

病房大楼的结构采用钢筋混凝土框架，外形上清楚地显示出它富于韵律的结构特征，清新、朴素。外墙为白色抹灰，衬托着大片的横向玻璃窗。建筑底部用黑色石块砌筑，楼尽端的各层阳台还点缀着红色的栏板，色彩明快。

在病房的布置中，阿尔托仔细考虑了环境控制、易识别性和私密性，如何避免光和热直射病人头部，如何以天棚的色彩减少眩光，洗手盆如何设计得用起来没有噪声等问题，在各种细节上都争取满足病人生理和心理上的需求。

帕米欧肺病疗养院是设计竞赛中获头奖的作品，它表现了现代建筑功能合理、技术先进与造型活泼的特点，是阿尔托早期的重要代表作之一，它预示了现代建筑将在更大地域、更多类型中发展的强大声势。

2.6.04 维堡市立图书馆（Municipal Library, Viipuri, 1930 –1935）这座建筑是阿尔托对现代建筑发展的又一重大贡献。

图书馆位于维堡市（原属芬兰，1947 年归苏联）中心公园一角，由两个靠在一起的长方体组成，

2.6.03-1 帕米欧肺病疗养院西面外观

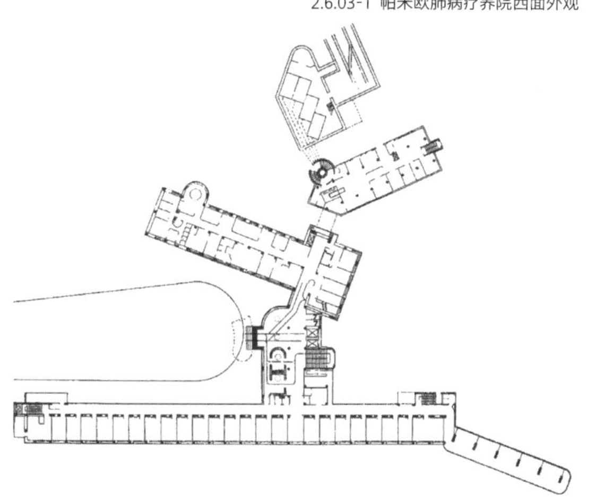

2.6.03-2 帕米欧肺病疗养院平面图

2.6.03-3 帕米欧肺病疗养院东面外观

2.6.03-4 帕米欧肺病疗养院顶层晒台

2.6.03-5 帕米欧肺病疗养院门把手

各部分层高不同，并有错层。底层半地下室大部分为书库；南边较大体量主要是阅览室、借书处以及位于下层的儿童阅览室、阅报室、管理员住所等；北边狭长体量上层为办公室与研究室，下层为讲演厅和门厅。主要入口朝北，门厅布置得很紧凑，正面通向南边的阅览室部分，向右通向讲演厅，左边是楼梯间，通向二楼的办公室和研究室。门厅设有衣帽间、卫生间、小卖部。儿童阅览室另有入口朝南，临近公园里的儿童游戏场。阅报室的入口朝向东面的街道，方便行人直接进来看报纸。

阅览大厅在楼上。阿尔托巧妙利用楼梯的栏杆，使出入阅览室的人必须经过设在夹层的出纳台，以便雇用少量管理人员就能照管整个大厅。阅览、出纳和交通功能都被容纳在一个完整的空间里。

讲演厅采用结构框架，开有大片的玻璃窗，引入公园宜人的景色，厅内可以根据需要用活动隔板分成三段，尽端空间挂幕，可用作临时舞台，通过小楼梯可以用楼上房间当临时化妆室。

整个图书馆不仅功能布局合理，空间利用率高，还充分考虑了建筑保温、照明和声学问题。阅览大厅外墙厚 75 厘米，四壁不设窗户，隔绝了外界噪声的干扰，在北欧的冬季也更利于保暖。四面墙壁可以摆放书架；利用屋顶上开的圆形天窗采光，以避免高纬度地区的阳光通过侧窗平射到阅读者的眼睛里。讲演厅的顶棚呈波浪形，可以将每个座位上人的说话声音都反射到全场，顶棚是木条拼制的，体现了芬兰木建筑的传统。

维堡图书馆的外观很简洁，使用与造型充分反映了功能主义的原则，但其设计手法细腻、体贴，把美学、技术同地方性结合起来，为现代建筑增添了光彩。令人遗憾的是，它从 1927 年设计竞赛中获奖到最终建成，历时 8 年，而竣工后仅使用了 8 年就在第二次世界大战中被毁。

2.6.04-1 维堡市立图书馆外观

2.6.04-2 维堡市立图书馆模型

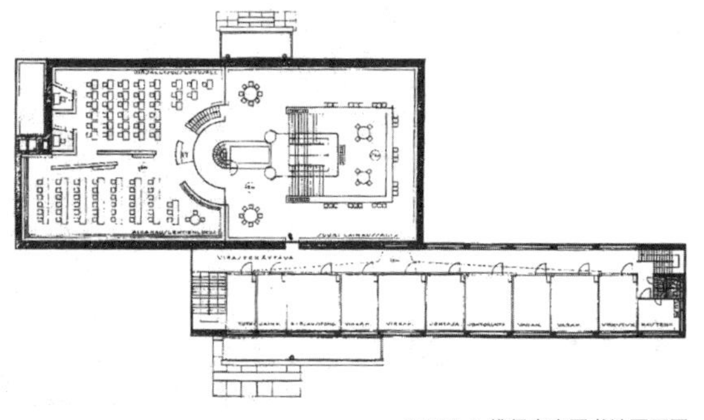

2.6.04-3 维堡市立图书馆平面图

2.6.04-4 维堡市立图书馆阅览厅

2.6.04-5 维堡市立图书馆讲演厅

2.6.05 纽约世界博览会芬兰馆（Finnish Pavilion，New York World's Fair，1938 –1939）阿尔托在芬兰馆的设计中向世人展示了他独特的设计才华。展馆空间狭长，高达 52 英尺（近 16 米），展区全部安排在一侧墙面，分 4 层，上部是照片，下部摆放展品。阿尔托通过层层前倾的波浪形墙面，扩大了展览面积，在适应参观者仰视的角度的同时，体现出展览建筑的动态特点。参观者游览动线有机地融合在空间序列中，增加了人与建筑的密切联系。在材料使用上充分展现了木材的特殊性，并与展品共同组成一曲丰富而浪漫的交响乐。

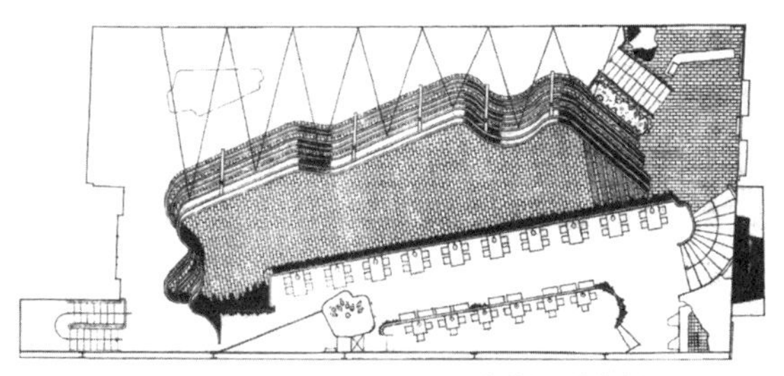

2.6.05-1 纽约世界博览会芬兰馆平面图

2.6.05-2 纽约世界博览会芬兰馆室内

2.6.06 玛利亚别墅（Villa Mariea，Noormarkku，1937 –1939）玛利亚别墅位于距波里（Pori）不远的诺尔马库附近的一片林间空地中，环境清幽。住宅平面呈“L”形，另有一个桑拿浴室，两者之间以廊相连，三面围合成庭院，院中设置了自由曲线形的游泳池。住宅功能布局明确、合理，主入口正前方是餐厅，右边是卧室，左边经几级踏步进入起居室。起居室包括会客和休闲两部分空间，两者之间既没有隔墙，也没有地坪的高差，而是以铺贴不同的地面材料加以区分。起居室靠院子的一角向内缩进形成一间次要门廊，从这里可以直接出入楼上女主人的画室。

建筑形体由数个规整几何体块组成，但在重点部位上则以自由曲面围合的体量加以突出，如住宅入口处的雨篷，庭院中的腰果形游泳池，起

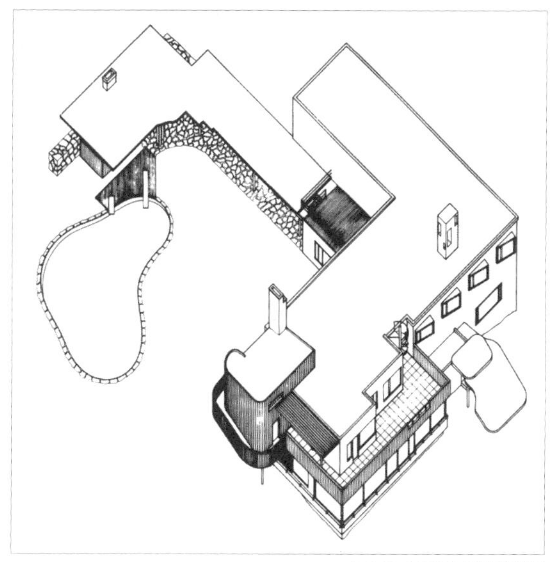

2.6.06-1 玛利亚别墅轴测图

2.6.06-2 玛利亚别墅朝向内院的立面局部

2.6.06-3 玛利亚别墅入口

居室楼上对着院子一角的画室等。该画室作为以女主人名字命名的住宅核心，其形体明显高出其他部分。

阿尔托在玛利亚别墅中采用了多种建筑材料，并把它们精心地组合在一起：外墙混合了白粉墙、木板条饰面和打磨得很平滑的石饰面，而院墙用粗犷的毛石砌筑；入口支撑雨篷的是天然的粗树干，通向桑拿浴室的连廊是一束束用绳子捆扎的细树干做柱子，起居室内的钢筋混凝土柱子上缠裹藤条，使人触碰时不觉冰冷、僵硬；起居室的地面以铺贴的地砖和木地板来区分出会客和休闲两部分空间，而门廊的地面采用的是粗糙的铺路石。桑拿浴室是一个用草皮覆顶的传统木板屋；曲线形的游泳池令人想起芬兰众多的湖泊；入口雨篷侧面和室内台阶处排有疏密相间的木杆屏风，以呼应周围树林的节律……所有细节设计都增强了住宅回归自然的意境。

在功能使用的舒适性方面阿尔托考虑得细致入微。例如，为了避免"白夜"季节阳光水平射入室内，影响主人休息，二层卧室采用三角形凸窗转换采光方向。窗玻璃外装有遮阳百叶，用以帮助恒定室内温度；楼板与顶棚内装有隐蔽的通风管，用以调节室温和通风量。

此外，阿尔托对室内装修的细节、家具、灯具的设计也都煞费苦心。他运用多种设计手段，打造了一个舒适、自然、宜居的环境，将现代理性主义与浪漫的北欧地域特色完美结合起来，对现代建筑的长远、健康发展作出了贡献。

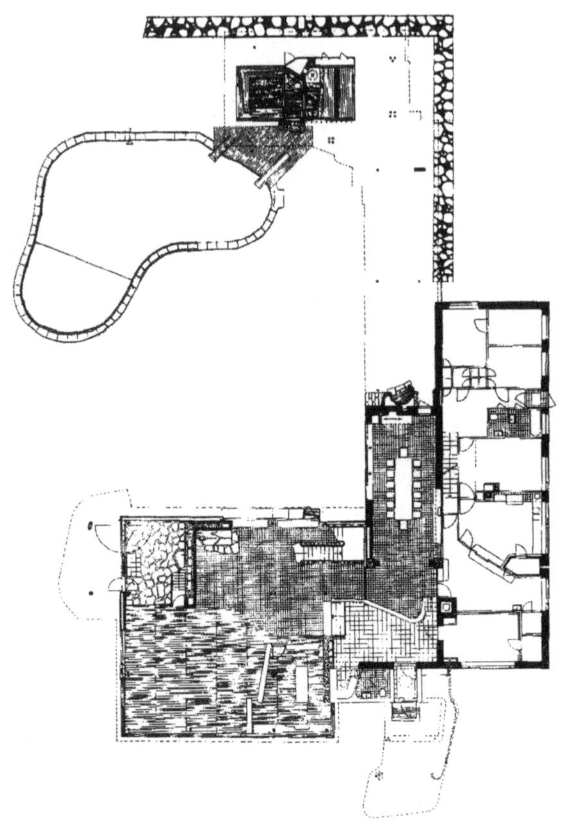
2.6.06-4 玛利亚别墅平面图

2.6.06-5 玛利亚别墅室内

2.6.07 麻省理工学院学生宿舍贝克大楼（Baker House Dormitory，MIT，Cambridge，1947–1948）这是一座七层大楼，红砖砌筑。阿尔托再次使用波浪形元素，设计出曲折、流动的建筑平面，并在有限的地段里使每个房间都能朝向并呼应景色优美的查尔斯河。弯曲的形体为当时追崇国际式风尚的美国引入了北欧的浪漫气息。平面中，刚劲有力的折线与柔顺、流畅的曲线形成

2.6.07-1 麻省理工学院学生宿舍贝克大楼沿河外观

了强烈的对比，外挑的处理丰富了轮廓层次，也减轻了庞大建筑体量的沉重感。

这个作品反映出阿尔托对砖墙的使用不只在于材质的表现，也在于对空间围合和墙体限定关系的设计追求。

2.6.08 珊纳特赛罗镇中心（Town Hall, Säynätsalo, 1949 –1952）珊纳特赛罗是一个位于湖中半岛的小镇，阿尔托曾主持这里的总体规划，其设计在镇中心区规划设计竞赛中获胜。镇中心由市政厅、几家商店、宿舍，以及附近的一座剧院和一座体育场组成，沿着坡地形成序列。令人遗憾的是镇中心整体建筑群的序列设计最终未能全部实现，只建成一座市政厅。

市政厅被安置在坡地的高处，是一组红砖墙、单坡顶的低层建筑，环绕着内院布局。南侧是图书馆，下层设置商店。东侧的主体单元是镇长办公室，其上为会议室。位于西侧、北侧的职员宿舍与各部门的办公室只有一层高，尺度亲切宜人。图书馆左右两侧各有一组台阶与其他体量相连。

当人们沿着坡道上行时，首先看到的是白桦树丛掩映的图书馆部分，走到近处，一段自由折线形的台阶将人引向市政厅的内院。拾级而上，空间豁然开朗。绿化与红砖相映，窗子有节奏地排列着，会议室醒目地高高突出，转而朝向图书馆的入口前搭设着花架，花影在墙面和东边的台阶上摇曳。市政厅室内设计别具特色，例如，会议

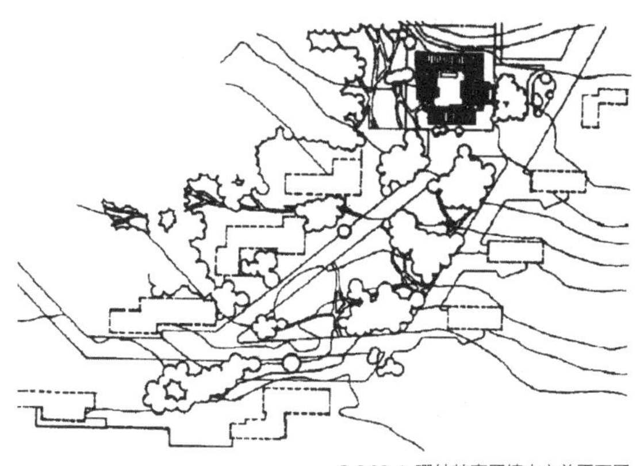

2.6.08-1 珊纳特赛罗镇中心总平面图

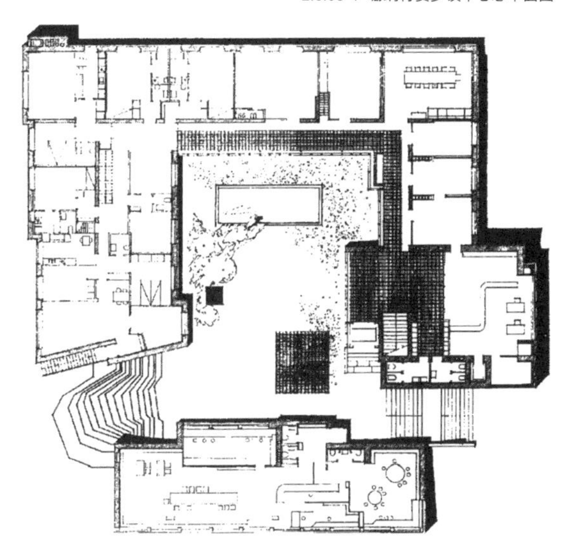

2.6.08-2 珊纳特赛罗镇中心市政厅平面图

2.6.07-2 麻省理工学院学生宿舍贝克大楼北面外观

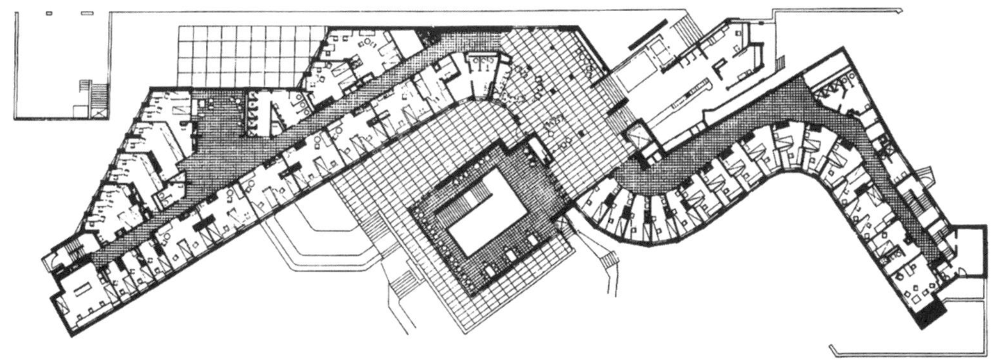

2.6.07-3 麻省理工学院学生宿舍贝克大楼平面图

室的顶棚使用了木质托架，具有哥特式结构的装饰效果。

阿尔托将空间处理得并非一目了然，而是层次丰富，逐渐展开，同周围自然环境融为一体。建筑物体量化整为零，与人的尺度相适应。对砖和木材的创造性运用体现出北欧地区的传统特色。阿尔托将各种手法有机地融合，创造出既合理又富于人情味的优秀作品，突破了技术功能主义的桎梏，为现代建筑的发展开阔了思路。

2.6.09　汉 莎 公 寓 楼（Apartment Block，HansaViertel，Berlin，1955－1957）这是阿尔托在德国西柏林汉莎区的“Interbau”国际住宅展览会上建造的示范楼，是第二次世界大战后出现的最重要的公寓住宅类型之一。它的特色在于将集中式公寓楼与独户家庭的特定要求巧妙地结合起来：单元的各个房间围绕宽敞的中庭阳台布局，形成一种类似独立小住宅的亲切私密的气氛。公寓各个单元成簇地围绕着自然采光的楼梯厅，有效避免了通常情况下公寓楼相同单元重复排列后产生的单调感。

2.6.08-3 珊纳特赛罗镇中心市政厅西侧外观

2.6.08-4 珊纳特赛罗镇中心市政厅东侧外观

2.6.08-5 珊纳特赛罗镇中心市政厅室内细部

2.6.09-1 汉莎公寓楼剖轴测图

2.6.08-6 珊纳特赛罗镇中心市政厅内院

2.6.10 卡雷住宅（Maison Carrée，Bazoches-sur-Guyonne，Paris，1956－1959）该住宅位于巴黎郊区，业主是一名艺术商兼收藏家。住宅建在一座满是栎树的山丘上，随着蜿蜒曲折的上山通道，住宅外观与周围景色也在不断变化。

住宅的入口在西面；北面是厨房、餐厅等功能，有两层楼；卧室朝东，向南下几步台阶为起居室；西南角是工作室和有屋顶的开敞平台。这些房间都围绕着一个宽大的中厅，它不仅起联系各部分空间的作用，而且陈列着主人收藏的各种艺术品。住宅的内部空间组合复杂，层次丰富，有的开敞，有的封闭；隔墙错落，大空间里嵌套着小空间。展示墙不但使中厅的空间流动起来，同时也成为卧室等私密空间前的遮挡。四面的外墙都有前后错动，将建筑划分成小体量，并使每个主要房间拥有一处独立的室外空间。

2.6.09-2 汉莎“Interbau”国际住宅展场鸟瞰

2.6.10-1 卡雷住宅外观

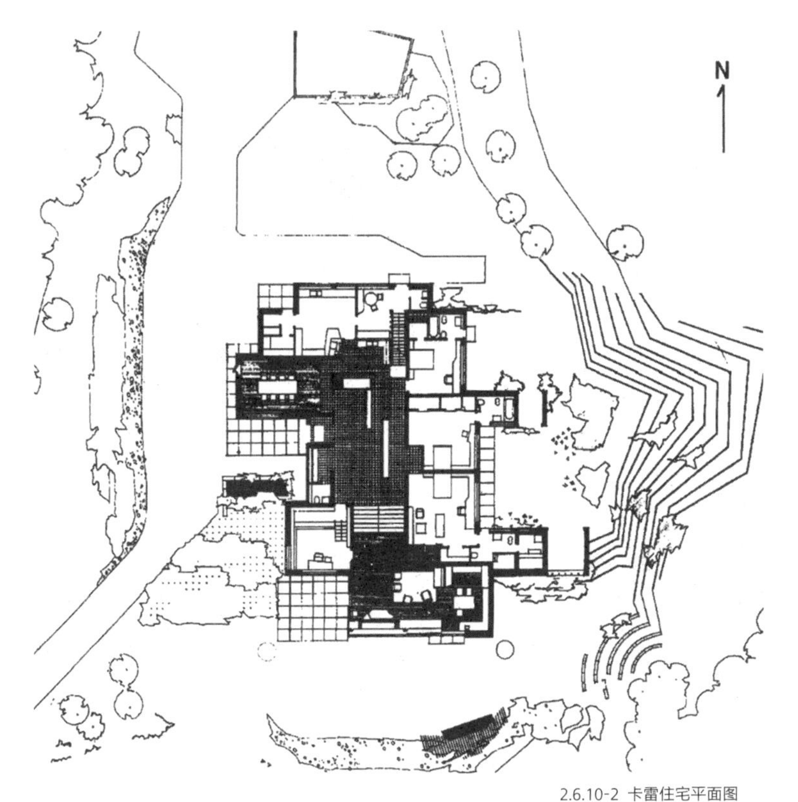

2.6.10-2 卡雷住宅平面图

2.6.10-3 卡雷住宅入口门廊

整栋建筑用一个大斜坡顶统一起来，屋顶顺着地势北高南低，并与平板的雨篷相交错。中段屋顶下开侧高窗，为中厅提供明亮、均匀的自然光。屋顶下用木板顶棚，局部呈曲线状。入口门廊插有鳍片的木柱造型别致，住宅的家具、灯具和各种陈设也都由阿尔托一力承当。他对材料的选择与搭配精心周到：外墙主体材料回归到他早期喜爱使用的白粉墙，入口立面的下段采用了当地特有的多孔石，屋顶铺蓝色石棉瓦，以灰暗色的天沟及铜制装饰衬托出整个建筑物的轮廓。

2.6.12-1 沃尔夫斯堡文化中心东面外观

2.6.11 不来梅的高层公寓（Neue Vahr High-Rise Apartments，Bremen，1958－1962）这座 22 层的白色钢筋混凝土大楼位于德国不来梅市的诺瓦尔区。它是单面通廊式公寓，每层有 9 个小房型单元，供短期居住的住户使用。平面呈折扇形，使每户向外的展开面增大，视野更开阔，有效降低走道和服务性面积在平面中所占比重。三角形内阳台消除了每户扇形平面的锐角，并在立面上形成深深的阴影，使建筑形象更生动。南面的公寓外观采用阿尔托惯用的“波浪”手法，微微的起伏使公寓的巨大体型显得生动、舒展。

2.6.11-1 不来梅的高层公寓外观

2.6.12 沃尔夫斯堡文化中心（Wolfsburg Cultural Center，1959－1963）该文化中心是阿尔托于 1958 年参加竞赛的中标作品，坐落在德国沃尔夫斯堡市政厅广场和一座公园之间。这里是城市重

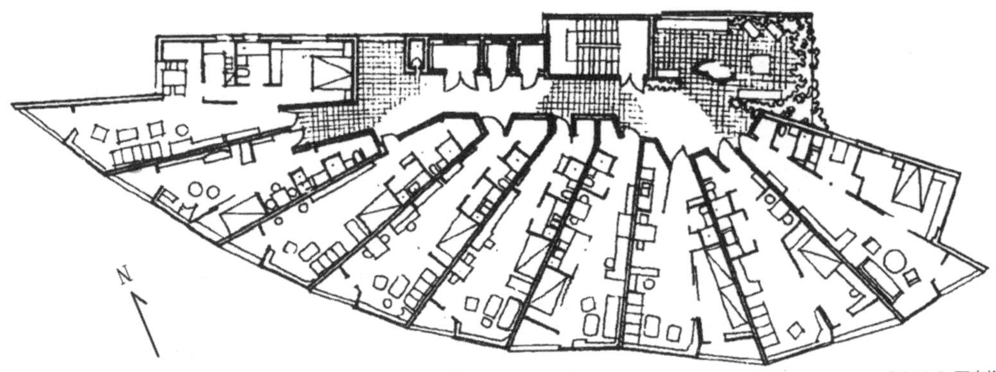

2.6.11-2 不来梅的高层公寓平面图

要的文化场所，包括公共图书部、多功能大厅、青年活动中心、会议室、讲堂、办公室和商店等功能设置。由于基地不大且周围环境开阔，阿尔托采用了满铺的方法，将高度只有两层的建筑形体化整为零。

建筑底层东边的入口门厅朝向市政厅广场，西边为多功能大厅和青年中心的门厅，公共图书部南向正对公园，北边设置商店呼应城市主干道。建筑二层中央为屋顶平台，作为一个室外活动的场地，其周边围绕着会议厅、讲堂、青年中心游艺室、办公室等。会议厅和一系列讲堂采用多边形平面，从外观上将一个个单体刻画出来，并形成富于韵律的渐变效果，也消除了本来可能庞大的体量感。由于底层三面外围采用柱廊，上下两层的虚实对比强烈，柱廊成为吸引人的室内外过渡空间。

主要墙面饰材为意大利卡拉拉（Carrara）大理石板，深色的竖条纹和浅色的横条纹有序地编织在一起。底层柱廊的柱子外表用铜皮饰面，门厅柱子则以特殊的白色面砖作为饰面，显得别具匠心。

该文化中心建筑尺度宜人，空间多样、流畅，其外部形式不仅直接反映着内部功能的变化，而且富于节奏感，体现出文化建筑的特殊内涵。

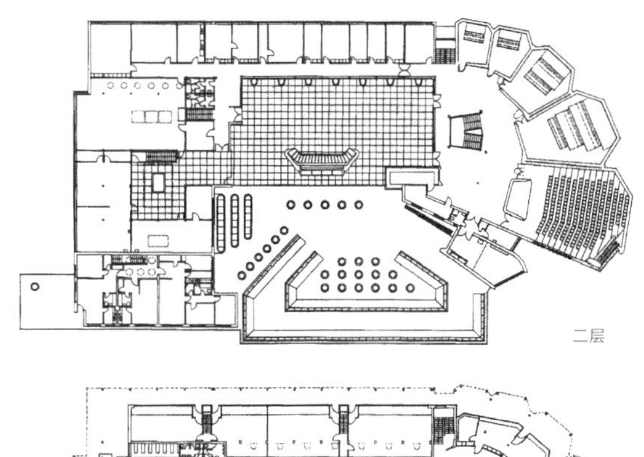

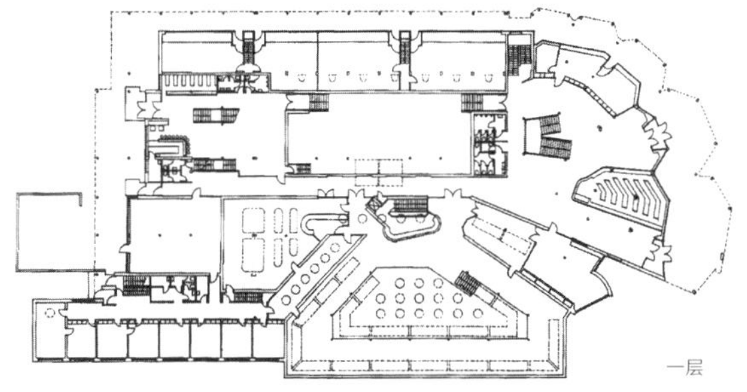

2.6.12-2 沃尔夫斯堡文化中心平面图

2.6.12-3 沃尔夫斯堡文化中心西面外观局部

2.6.13 芬兰音乐会堂（Concert and Convention Hall，Helsinki，1967 –1971）该音乐会堂是斯堪的纳维亚半岛上最大的音乐与会议中心，是阿尔托晚年最重要的作品之一。它朝向美丽的特勒湖，背后是海斯培利亚公园和国会。

主要的交响乐大厅容量为 1750 座，另有 350 座的室内乐厅，以及会议、办公、餐厅等。交响乐厅的结构从基础起就与其他部分完全脱离，以避免噪声干扰。建筑立面采用竖向线条进行划分，寓意着北方的松林和水中的波纹，也让人联想到密排的琴键。建筑外立面采用白色卡拉拉大理石，基座为黑色花岗岩，整座建筑像一座宏伟的冰山一般闪闪发亮，体现出它作为国家级艺术殿堂的重要身份。

2.6.13-1 芬兰音乐会堂外观

2.6.14 胶合板家具与其他 阿尔托在家具、灯具和其他建筑细部处理方面有许多创新设计。1935年，他与古利克森夫人合作开设了“阿尔特克家具公司”，生产白桦木胶合板家具与玻璃制品，在欧美产生广泛影响。尽管他设计的家具大多是弯曲形状的，却非常适合批量生产，他受芬兰湖泊形状启发而设计的系列玻璃器皿也深受人们喜爱。阿尔托设计的许多灯具，造型新颖，而且符合工业化生产的要求，对室内设计起到画龙点睛的作用。此外，他设计了很多使用方便、舒适的五金或木制小构件，这些事无巨细的设计甚至不乏对使用触感上的考虑，一如阿尔托所坚持的理念——人情化建筑设计。

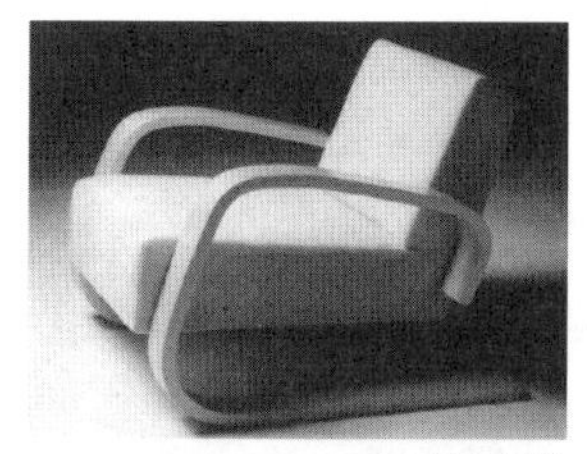

2.6.14-1 沙发

2.6.14-2 桌与凳

2.6.14-3 活动茶几

2.6.14-4 灯具

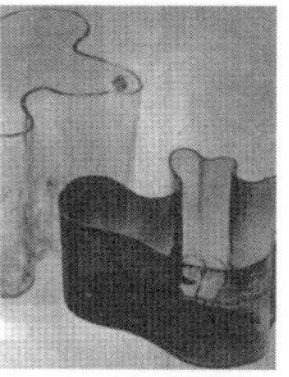

2.6.14-5 玻璃器皿

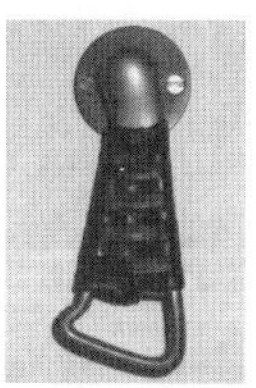

2.6.14-6 门把手

2.6.15 苏赫姆住宅区（Soholm Housing Estate, Klampenborg, 1946－1950, 1955年扩建，设计者：雅各布森 | Arne Jacobsen）该住宅区位于丹麦卡拉姆堡的一片滨海坡地上，为配合地形，住宅区内的链式住宅（chain house）用联排的方式进行布置，并使各家互不干扰。设计考虑了日后增建方面的灵活性，在每户最大建筑面积110平方米的基础上，配备花园，既可作为室内空间的延伸，为住户提供良好的环境，又便于以后加建，扩大居住面积。

丹麦是地势低洼而平坦的沿海国家，传统的建筑材料是砖，因其取材便利并能承受潮湿的气候。该住宅区建筑采用黄砖和单坡屋顶，既有现代化的感受，又富于浓厚地方传统的意味，风格鲜明，与环境融为一体——这正是最优秀的北欧建筑的特征。

2.6.13-2 芬兰音乐会堂办公楼外观

2.6.13-3 芬兰音乐会堂室内

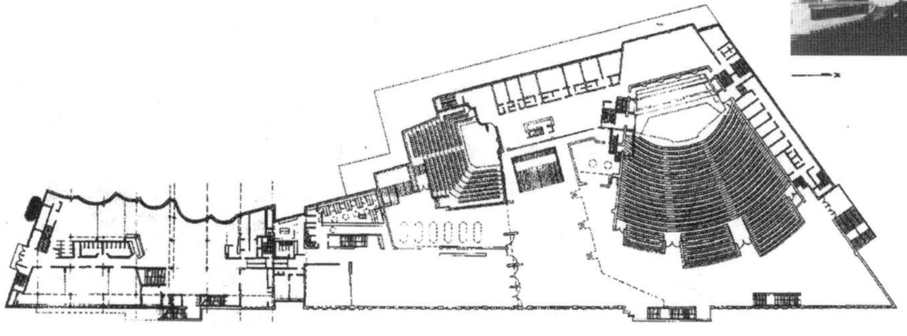

2.6.13-4 芬兰音乐会堂平面图

2.6.16 弗雷登斯堡联排住宅（Terrace House, Fredensborg，1962－1963，设计者：乌松｜Jørn Utzon）该住宅区位于丹麦哥本哈根市北郊的小城弗雷登斯堡，基地是一片向西南跌落的林间缓坡地。在总平面布局上采用了南北向尽端式道路系统，使居住与自然环境很好地融为一体，并使每个居住单元获得同样好的环境品质。居住单元与等高线成台阶状垂直布置，小区内的 3 条尽端式通道通过宽窄变化创造出动态的空间效果，并形成有机的总体空间模式，仿佛传统村镇的街道与广场一般，而由建筑三面围合而成的公共绿地也具有同样生动的空间效果。

全居住区分 3 部分，包括主体 48 套单层的“L”形院落式住宅，东北角 30 套单身住户的两层联排式住宅和 1 座包括餐厅、客房、俱乐部等功能的小区中心。单层院落式的居住单元采用链式组合，汽车交通与绿化地带明确分开，住户可以开车进户，又都有良好的公共绿地和远观视野。组合链之间留有缺口，以联系道路与绿地。

建筑的主要建材是黄砖，门窗过梁为钢筋混凝土，屋顶上铺釉面瓦，松木门窗，其框架涂以红色釉彩。整个小区的居住单元以统一的材料、统一的建筑造型，以及统一的平面形式与基地环境构成一个整体。

2.6.15-1 苏赫姆住宅区沿街外观一

2.6.15-2 苏赫姆住宅区沿街外观二

2.6.15-3 苏赫姆住宅区朝向花园立面

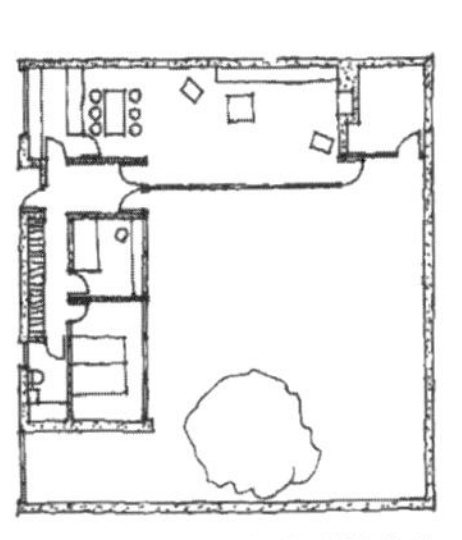

2.6.16-2 弗雷登斯堡联排住宅平面图

2.6.16-3 弗雷登斯堡联排住宅外观

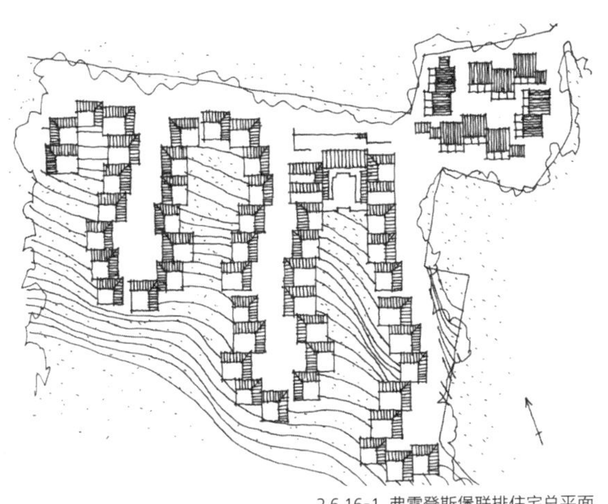

2.6.16-1 弗雷登斯堡联排住宅总平面

2.6.16-4 弗雷登斯堡联排住宅局部鸟瞰

2.7

走向主流：现代主义的普及

（1940 年代 — 1960 年代）

2.7.01 布朗库西（Constantin Brâncusi）的雕塑《空间中的鸟》

形成于两次世界大战之间的现代建筑派经过战争时期与战后恢复时期的考验，显示出强大的生命力，逐步取代原来在西方盛行了数百年的学院派，成为现代建筑思潮的主流。

第二次世界大战后，欧洲的现代建筑派在战后恢复时期的建设活动中发挥了重要作用，而移民到美国的欧洲先锋派培养出来的青年建筑师已经成长起来，并将理性主义原则深入普及到生活现实中去。美国的有机建筑因其浪漫主义情调与超凡出众的形式受到广泛关注。格罗皮乌斯、密斯、柯布西耶、赖特四位现代建筑大师的影响达到了高峰，所谓“国际式”的建筑信条也常被人们不加批判地到处奉行。

1950 年代以后，随着欧洲的经济复苏，各国建筑活动的范围迅速扩展，建筑的社会需求发生了根本性变化，新的要求摆在眼前。年轻一代在追随大师脚印的同时，开始认真研究现代主义的历史意义，努力寻找属于自己的创造性。在针对具体的设计项目时，他们将对人类生活环境的设计和对物质环境的设计密切联系起来，把同建筑相关的各种形式上、技术上、社会上和经济上的问题统一起来，并努力在实践中找到解决问题的方法，积累了不少工作经验。

2.7.02 林班街购物中心（The Lijnbaan Shopping Centre，Rotterdam，1951 –1953，设计者：范·登·布鲁克｜Johannes Hendrik van den Broek，巴克马｜Jacob Berend Bakema）鹿特丹的林班街购物中心是一组包括百货商店、公寓和办公楼在内的建设计划的组成部分。这是第二次世界大战后欧洲首批建成的高档步行商业区之一，车行道与商店后面的辅助服务通道相连，并与主要人行道

2.7.02-1 林班街购物中心鸟瞰

形成若干十字交叉；连续的雨篷沿商店橱窗上方延伸，并沿着主要人行道每隔一段距离横向跨越连接。商店均二至三层，街道上设置有小卖亭、草坪、树木、花坛、喷泉、雕像、座椅、灯具、标志牌等，建筑整体氛围亲切、舒适。

2.7.03 阿姆斯特丹儿童之家（Children's Home，Amsterdam，1956－1960，设计者：范艾克｜Aldo van Eyck）阿姆斯特丹儿童之家是一处可供125名战后无家可归的儿童生活与学习的地方，功能要求复杂，空间多样且大小不一。范艾克是荷兰极富创造性的建筑师之一，他在儿童之家的设计中，依照各独立部分与总体设计的关系，理出了一套清晰的结构逻辑，将一个个标准化的单元，按功能要求，以及结构、设备与施工的可能性组成一簇簇形式近似的小组之后，再进行空间形式与形态的组合，成功地设计出一个在业界影响极大的建筑作品。

靠近北面入口的是一幢长条形两层高的行政管理用房，儿童用房分为八个小组，每组以若干小房间和一个大的活动室围绕内院组成，分别供不同年龄的儿童学习与生活之用。各小组既可共享院内的公共设施，又可在自己的单元里过着互不干扰的室内外生活。当中是一个各组共用的大尺度内院，同时，各组也向各自旁边的室外绿地开放，儿童可以完全按自己的意愿自由选择合适的活动场地。整栋建筑采用统一模数，小房间为3.3米×3.3米，活动室为10米×10米，屋顶采用大小两种预应力轻质混凝土的方形簿壳穹隆。

2.7.04 巴黎联合国教科文组织总部（UNESCO，Paris，1953－1958，设计者：建筑师 布劳耶｜Marcel Breuer，工程师 奈尔维｜Pier Luigi Nervi）联合国教科文组织总部的特殊地位使得其设计必然要经过对多位著名专家顾问的意见征询，而最终的决定也必定是一个折中的方案。这座由匈牙利裔美籍建筑师布劳耶担任建筑设计的秘书

2.7.02-2 林班街购物中心街景

2.7.03-1 阿姆斯特丹儿童之家鸟瞰

2.7.03-2 阿姆斯特丹儿童之家大内院

2.7.04-1 巴黎联合国教科文组织总部

处的办公楼，“Y”形平面，八层，带有大窗户、遮阳板和混凝土锥形柱。入口翼状的壳体反映了结构工程师奈尔维的造型能力。奈尔维还在会议厅的屋盖结构设计中进一步显示了其卓越的专业才能，他根据结构应力的变化将折板的截面由两端向跨度中央逐渐加大，使大厅顶棚获得了令人意外的装饰性韵律，并增加了大厅的深度感。

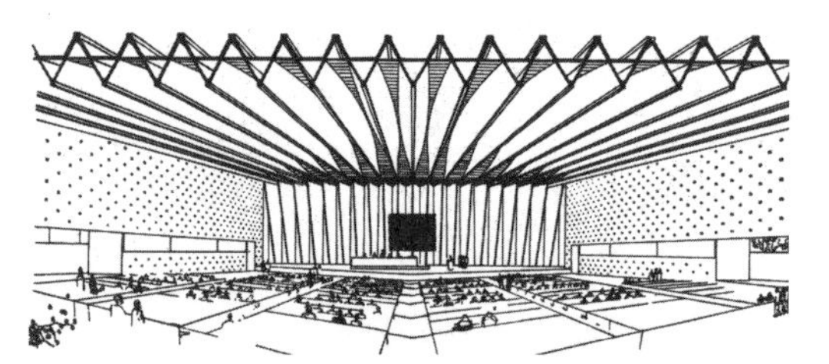
2.7.04-2 巴黎联合国教科文组织总部会议厅

2.7.05 柏林会堂（Congress Hall，Berlin，1957，设计者：建筑师斯塔宾斯｜Hugh A.Stubbins，Werner Düttmann，Franz Mocken，工程师 Fred Severud）1957 年，在西柏林世界博览会上，美国建筑师建造了一座牡蛎形的会堂，它是 1950 年代发展起来的悬索结构的一种形式，巨大跨度的全部荷载都落在固定钢索的边拱的两个支点上，显示出技术进步带给建筑的造型潜力。不过，这种结构在强风下容易失稳，技术要求较高。这座会堂曾于 1980 年的一次意外事故中倒塌，后修复。

2.7.05 柏林会堂

2.7.06 罗密欧公寓与朱丽叶公寓（Romeo Apartment，1957，Julia Apartment，1959，Stuttgart，设计者：夏隆，Wilhelm Frank）第二次世界大战结束后，夏隆重新以饱满的热情投入现代建筑的创作中。他设计的斯图加特的罗密欧公寓与朱丽叶公寓均采用自由形式，但两者造型恰成对比，而且带有某种象征意味。罗密欧公寓每层有 6 个居住单元，并且所有住户的入口都位于中央楼梯间，是一座笔直的 19 层的点式公寓，看上去沉稳有力；朱丽叶公寓是一座复杂的马蹄形大楼，其高度从 5 层到 12 层不等，每户的入口均设出挑外廊，使整体显得轻巧、活泼。

2.7.06-1 罗密欧公寓外观

2.7.06-2 罗密欧公寓平面

2.7.06-3 朱丽叶公寓外观

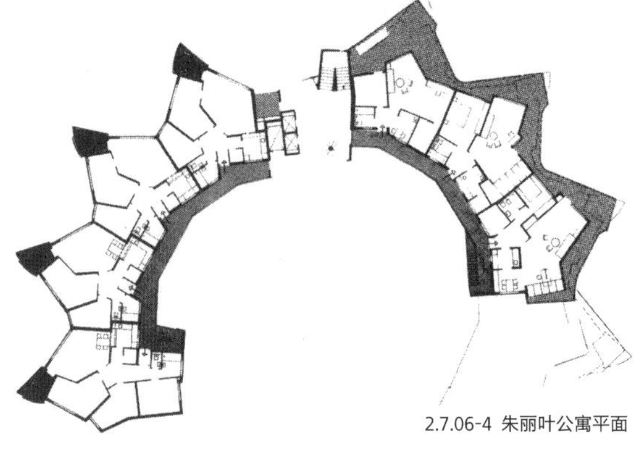
2.7.06-4 朱丽叶公寓平面

2.7.07 罗马火车总站（Station Termini，Rome，1947－1951，设计者：Eugenio Montuori et al.）第二次世界大战后，新建的罗马火车总站是当时给人印象较深的公共建筑之一，对后世火车站设计产生了巨大的影响。它的结构为一长列钢筋混凝土拱架，拱架在两个支点处又向外悬挑上翘，形成流畅优美的折线，其中后部较低的一个支点下方安排售票处，而较高的支点位于大玻璃面的外墙处。拱架向外一侧延伸开去，成为一个遮蔽汽车和旅客的大雨篷，连排拱架共同形成又长又宽的候车大厅，清晰地指示旅客走向每一个尽端式站台。

2.7.07-1 罗马火车总站大雨篷

2.7.07-2 罗马火车总站候车大厅

2.7.08 罗马小体育宫（Palazetto dello Sport，Rome，1957，设计者：奈尔维）作为著名的建筑结构大师，奈尔维以创造性地运用钢筋混凝土结构而闻名。这座小体育宫是为 1960 年罗马奥林匹克运动会而建。圆形薄壳屋顶直径 60 米，由 1620 块钢筋混凝土预制菱形构件组合而成，构件最薄的地方仅有 25 毫米厚，结构受力合理，施工方便。屋顶下方有一圈连续窗带，提供了均匀的天然光。室内，由中心放射状曲线密肋交织而成的穹隆顶好像悬浮在空中，屋顶的外观边缘呈扇贝状，下方环列的 36 根“Y”形斜撑“手牵着手”地托起穹顶，既合理传递了荷载，其形态又体现出友谊与奋进的体育运动精神。

2.7.08-1 罗马小体育宫外观

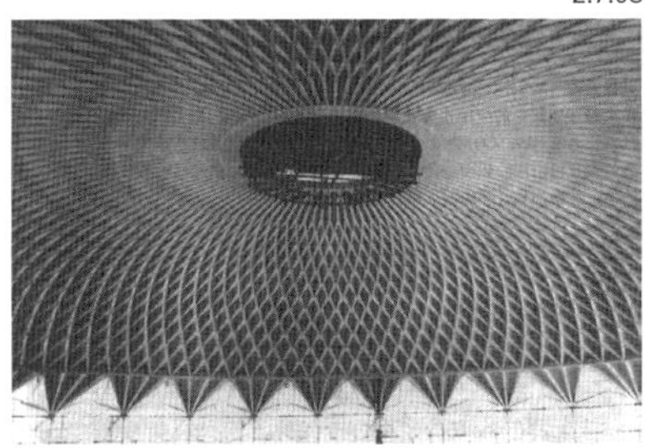
2.7.08-2 罗马小体育宫网格顶棚

2.7.09 维拉斯卡塔楼（Torre Velasca，Milan，1956－1958，设计者：罗杰斯 | Ernesto Rogers，Lodovico Barbiano di Belgiojoso，Enrico Peressutti）维拉斯卡塔楼坐落在米兰大教堂附近，造型奇异，高 26 层，第 18 层以上向外膨出，塔楼顶部的城堡外形使人联想起中世纪的要塞。建筑立面独特：柱子凸出建筑外墙表面，像绳索一样绷紧在上下两个“矩形盒子”上；窗户位置按照实际需要设定，因而窗间墙间隔显得很随意，没有高层办公楼中常见的那种网格状的简单重复。

2.7.09 维拉斯卡塔楼

2.7.10 皮瑞利大厦（Pirelli Building，Milan，1955－1959，设计者：建筑师 庞蒂 | Gio Ponti，Antonio Fornaroli，Alberto Rosselli，工程师 奈尔维，A. Danusso）这座建筑是建筑师与工程师密切合作的优异成果。该大厦坐落在米兰中央车站附近的一处突出位置，是一座 34 层的办公楼，但与当时那

些世界流行的矩形框架的高层建筑截然不同。平面为船形，两端为三角形抗剪力井筒，中部有两对剪力墙，其截面都是由下而上逐渐缩小，呈现出的“双脊柱式”的竖向结构，受力极为合理。建筑造型秀美，与结构设计紧密配合，具有形态上的独创性。

2.7.10-1 皮瑞利大厦外观

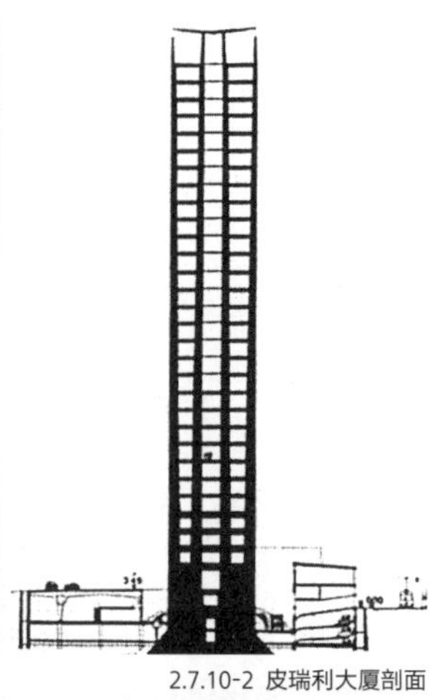

2.7.10-2 皮瑞利大厦剖面

2.7.11 棕榈泉考夫曼住宅（Kaufmann House，Palm Springs，California，1945－1947，设计者：诺伊特拉｜ Richard Neutra）这座豪宅位于棕榈泉的沙漠场地上，与赖特设计的流水别墅属同一位业主。虽然不同大小的主次房间很多，但独特的平面布置使得内外空间自由、流畅。使用的大面积玻璃有利于室内空间与室外院落在视觉上的相互连通和融合。诺伊特拉曾跟随赖特工作过一段时间，虽然不是赖特的忠实追随者，但也像后者一样重视建筑与环境的相互关系，同时把建筑看成是为人服务的对象。

2.7.11-1 棕榈泉考夫曼住宅外观

2.7.11-2 棕榈泉考夫曼住宅内院

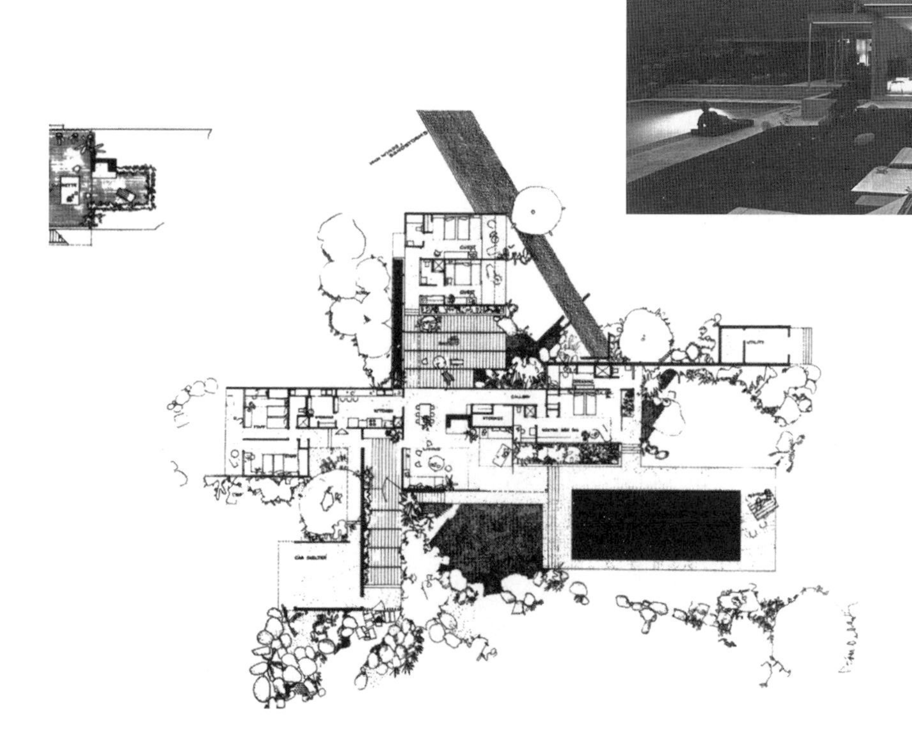

2.7.11-3 棕榈泉考夫曼住宅平面图

2.7.12 联合国总部秘书处大楼（Secretariat building at United Nations Headquarters，New York，1947 –1952，设计者：哈里森｜Wallace Kirkman Harrison，阿布拉莫维茨｜Max Abramovitz）该建筑方案起初由多位专家商定，其中柯布西耶的主张起了重要作用，而建筑方案的落实主要由两位美国建筑师——哈里森和阿布拉莫维茨负责。

联合国总部建筑群包括秘书处大楼、联合国大会堂和安理会会议楼等。秘书处大楼为 39 层的板式建筑，其东西两面为暗绿色玻璃幕墙，两个端面为白色实墙，从而在色彩与质感上形成强烈对比。联合国大会堂匍匐在一侧，其顶部和侧面呈凹曲线形。安理会会议楼在秘书处大楼与大会堂之间，临河。与历史上建造的政府建筑或议会建筑相比，联合国总部建筑群十分特殊，其功能的复杂性和造型的创新性是以往建筑都无法相比的。联合国总部建筑群的建立标志着 20 世纪中期现代建筑风格在世界范围内得到的广泛认同。

2.7.12-1 联合国总部秘书处大厦外观

2.7.12-2 联合国总部秘书处大厦室内

2.7.13 马利纳城大厦（Marina City，Chicago，1964 –1965，设计者：Bertrand Goldberg）高层建筑的数量和高度随着城市人口和地价的增长而不断增长。塔式高层相较板式高层在减少风荷载影响方面更胜一筹。双塔形的马利纳城大厦共计 60 层，高 177 米，为两座并置的高层公寓。塔楼平面基本为圆形，上段圆形竖筒为住宅部分，周圈出挑花瓣形外阳台，下段圆形竖筒为多层停车场。这种处理方式代表了一种对建筑的多种用途加以整合的设计思路。

2.7.13-2 马利纳城大厦阳台细部

2.7.13-1 马利纳城大厦外观

2.7.14 巴西教育与卫生部大楼（Ministry of Education and Health，Rio de Janeiro，1936 –1943，设计者：尼迈耶｜Oscar Niemeyer，科斯塔｜Lúcio Costa，Affonso Reidy）该大楼是巴西现代建筑的早期样板。大楼主体为 17 层的板式建筑，外部有整齐的遮阳板。底部 3 层敞开，引来穿堂风。下部的会议厅体形自由弯曲。尼迈耶

2.7.14-2 柯布西耶的相关草图

2.7.14-1 巴西教育与卫生部大楼外观

年轻时曾随同柯布西耶工作，因此这座建筑的设计手法受大师的影响至深，在许多地方都能看到“柯布西耶式”的设计特点。

2.7.15 巴西总统府（Official Residence of the President，Brasilia，1956－1958，设计：尼迈耶）这是巴西新首都巴西利亚三权广场（Plaza of the Three Powers）上的一座重要建筑，处在城市中轴线的尽端，坐落于高尔夫球场和湖面附近的突出地带，是一座带有地下室的两层矩形建筑，环绕着连续的遮阳外廊。总统府略高出地面，由坡道进入。外廊曲线轮廓的支柱造型夸张而别致，极具雕塑感，成为这座建筑最具特征性的部分。

2.7.16 巴西议会大厦（Congress Building，Brasilia，1956－1960，设计者同上）这座建筑位于巴西利亚的三权广场上，与总统府、高等法院形成三足鼎立之势，其几何形体和整体构图简洁、完整、统一，并具有强烈寓意：国会大厦是两座并立的 27 层大楼，中间有天桥相连，形成“H”形，象征着“维护人类尊严和保障人权”；众议院和参议院的会堂像一正一反两只巨碗，象征着“言论开放和决策坚定”。整个议会建筑以高低、横竖、方圆、正反的对比，给人以深刻的现代派印象。

尼迈耶注重建筑整体的统一，他加大了这些

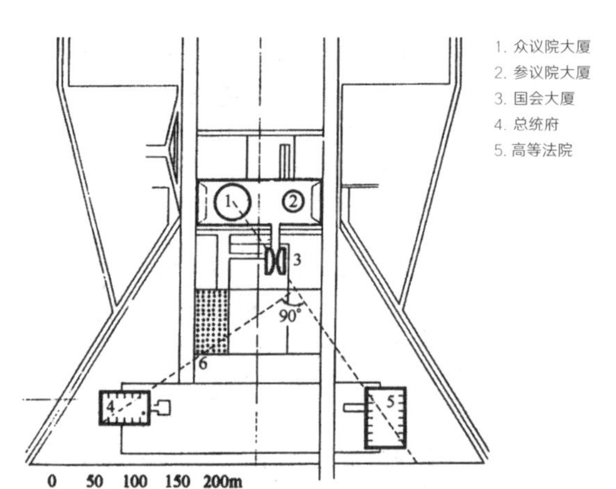

2.7.15-1 三权广场平面图

2.7.15-2 巴西总统府模型

2.7.15-3 巴西总统府外观

2.7.16-1 巴西议会大厦鸟瞰

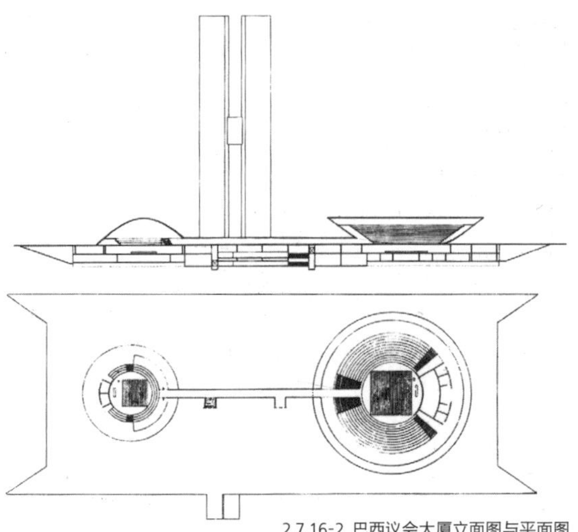

2.7.16-2 巴西议会大厦立面图与平面图

2.7.16-3 巴西议会大厦外观

处于开阔空间中的纪念碑式建筑的尺度，使它们十分醒目，制造出强烈的视觉效果。

2.7.17-1 水上餐厅外观

2.7.17-2 水上餐厅结构示意图

2.7.17 水上餐厅（Los Manantiales Restaurant，Mexico City，1958，设计者：建筑师 Joaquín Álvarez Ordóñez，工程师坎德拉 | Félix Candela）

这座名为“Los Manatiales”（意思是“泉”）的餐厅，位于一个环境优美的花园里，周边为水体所包围。它的八角形波浪状的薄壳结构形式独特，由四个双曲抛物面壳体组成，壳体拱肋的拱脚伸出室外，室内没有结构支点，空间畅通无阻。整座建筑通体洁白，与倒映在水中的影像一起，共同阐释着薄壳混凝土结构的工程美学。

2.7.18 墨西哥国家人类学博物馆（National Museum of Anthropology，Mexico City，1963－1964，设计者：Pedro Ramírez Vázquez）

位于墨西哥城的这座博物馆是世界上拥有最丰富藏品的展馆之一，它利用现代建筑手段，重现古代墨西哥建筑特有的纪念性品质。

建筑两层，采用光面混凝土，中央辟有一个600英尺（约183米）见方的大庭院，安排水池、绿化、座椅等。庭院中轴线上设置有一个带喷泉的巨大方形平台，由伞状的独柱顶起，流水从平台泻下，形成水景雕塑。

2.7.18-1 墨西哥国家人类学博物馆入口

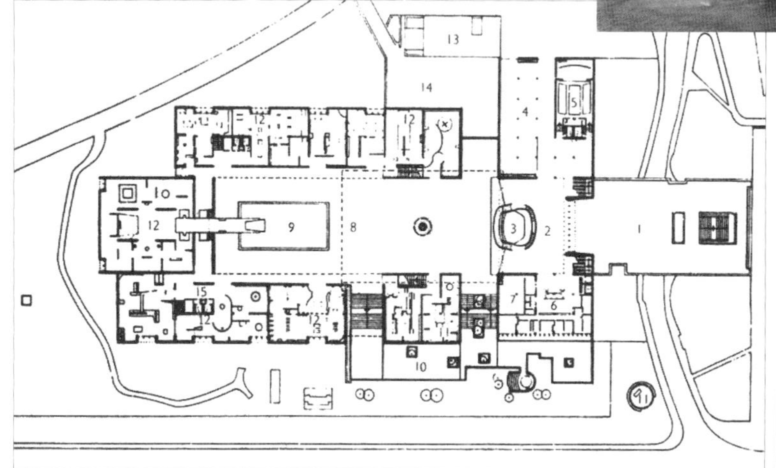

2.7.18-2 墨西哥国家人类学博物馆平面图

2.7.18-3 墨西哥国家人类学博物馆内院

2.7.19 圣克里斯托巴农场（“San Cristobal” Stud Farm in Los Clubes，Mexico City，1967 –1968，设计者：巴拉甘 | Luis Barragán，Andrés Casillas）这座农场位于墨西哥城附近的洛斯克拉波斯，业主艾格斯托姆（Egerstrom）夫妇在此培育纯种赛马。住宅以及附近的大片马厩都围绕着庭院布置，一股喷射的水流不停灌注着院中的浅水池，庭院被一堵带有宽阔开口的长长的围墙与旁边的训马赛道隔开。建筑由大块洗练的几何形体组成，粗糙的墙面被涂刷成粉红、紫色、褐色，倒映在平静的池水中，洋溢着淳朴、和谐的气氛，映衬着浓郁的绿树丛，传达出一种浓重的墨西哥风情。

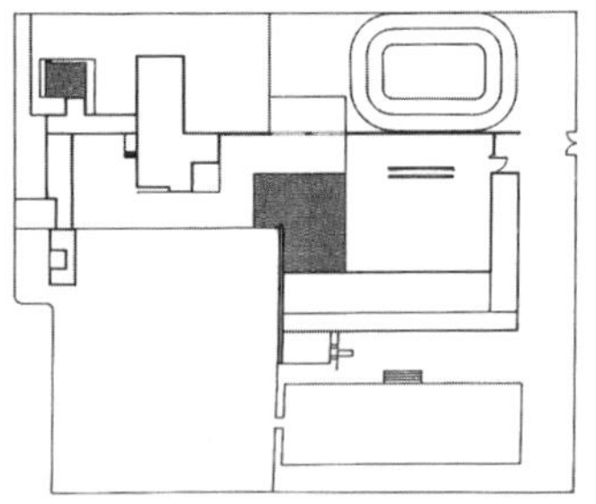

2.7.19-1 圣克里斯托巴农场平面图

2.7.19-2 圣克里斯托巴农场水池

2.7.20 多伦多市政厅大厦（Toronto City Hall，Toronto，1958 –1968，设计者：Viljo Revell，John Parkin）在 1958 年多伦多市政厅设计竞赛中，两位芬兰建筑师的方案胜出，并就此赢得了实施的机会。这是两幢相对而立的、平面呈新月形的高层建筑，包围着当中一座两层高的圆形会堂。两幢高楼分别为 31 层和 25 层，曲面的板式形体富于创造性，给人留下深刻印象，丰富了高层建筑的设计手法。

2.7.20-1 多伦多市政厅大厦鸟瞰

2.7.20-2 多伦多市政厅大厦外观

2.7.21 蒙特利尔世界博览会集合住宅（“Habitat” Apartment Block at Expo'67，Montreal，1966 –1967，设计者：萨夫迪 | Moshe Safdie）这是来自以色列的建筑师萨夫迪为 1967 年蒙特利尔世界博览会所作的实验性建筑，这个名为“栖息地”（Habitat）的住宅群建设项目主旨在于提供一个永久的定居点。最初设计想要提供 900 套住宅单元，但最终只建成了 158 套，包括 15 种不同平面类型，由 354 个预制装配式混凝土方盒子垒叠成金字塔般的整体形态。每户都有一个以其下层住户屋面形成的室外花园，为住户提供了良好私密性的同时，提供了有充足新鲜空气和阳光的类似城郊的美好环境。

2.7.21-1 蒙特利尔世界博览会集合住宅鸟瞰

2.7.22 卡萨布兰卡低造价公寓（Housing Estate，Casablanca，1953－1955，设计者：André Studer）第二次世界大战结束后不久，摩洛哥政府采取了低成本住宅计划，主张建造 8 米 ×8 米的平房住宅，通常包括两间房间、一间卫生间和一个院落。建筑师以传统平面为依据，开发了一种采用白色装修、具有交错平面和连续阳台的钢筋混凝土结构的现代住宅样式。这组低造价公寓造型独特，交错的形体有利于遮挡烈日，引导风向，很适合北非的经济条件和气候状况。

2.7.23 晴海公寓（Harumi Apartments，Tokyo，1958，设计者：前川国男 | Kunio Maekawa）第二次世界大战后，日本住宅建设数量日增，开始走上建筑工业化的道路，并为此成立了住宅公团（住宅公司），专门从事全国住宅建设工作。前川国男作为日本现代建筑的先行者，为日本住宅公团主办的东京港湾工业区住宅建设项目设计了著名的晴海公寓。这是一座 10 层的实验性住宅，着眼于房屋抗震结构的设计，建筑造型稍感沉重，但通过阳台的调节，使外观生动多变。

2.7.24 东京文化会馆（Cultural Center，Tokyo，1961 年建成，设计者同上）这座建筑包括音乐、歌剧、芭蕾舞观演，以及会议、图书馆、餐饮、展览等多种功能。入口层形成大尺度空间，建筑物的各个空间与体量都作了精心塑造。大讲堂室内采用粗糙的预制构件作为饰面，建筑结构主要采用钢筋混凝土现场浇筑。前川国男的这个作品明显受到了柯布西耶粗野主义的影响，他结合日本民族传统设计手法，使建筑形体沿水平向展开，上实下虚，塑造出雄浑有力的整体形象。

2.7.21-2 蒙特利尔世界博览会集合住宅外观

2.7.22 卡萨布兰卡低造价公寓

2.7.23 晴海公寓

2.7.24 东京文化会馆

2.8

皆非“小资”：粗野主义与典雅主义（1950 年代—1970 年代）

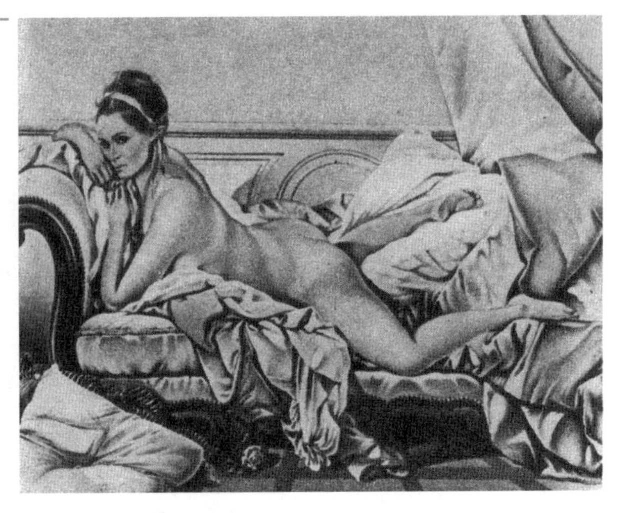

2.8.01 拉莫斯（Mel Ramos）的绘画《布歇笔意》

“粗野主义”是 1950 年代中期到 1960 年代喧噪一时的建筑设计倾向，其特征在于善于运用混凝土材料，并暴露它的粗糙材质，夸张构件的沉重感及其粗放的组合。

“粗野主义”这个名称最初是由英国建筑师史密森夫妇（A. & P. Smithson）于 1954 年提出的。他们不单是强调一个设计风格与方法的问题，而是希望借此反映社会的现实条件与要求，提出一种能同大量、廉价和快速的工业化施工相匹配的新的美学观，以适应英国第二次世界大战后恢复时期的建设活动状况。实际上，这是通过真实地表现结构与材料，暴露房屋的服务性设施，从不修边幅的混凝土等材料的毛糙、沉重与粗野感中寻求形式上的出路。粗野主义在第二次世界大战后的欧洲比较流行，在日本也相当活跃，到 1960 年代下半期以后逐渐沉寂。

与此同时，美国的“典雅主义”（又名“形式美主义”，formalism）正当行，它在审美取向上与粗野主义完全相反。典雅主义要求在一定程度上回溯历史渊源，努力运用传统的美学法则来组织现代的材料与结构，产生规整、端庄、精美、典雅的建筑形象，并以此塑造类似古典主义的庄严感。典雅主义的建筑形式常使人联想到业主的权力与财富，因而颇受官方和一些大型工商企业者的欢迎。

2.8.02 亨斯坦顿学校（Hunstanton School, Hunstanton, Norfolk, 1949－1954，设计者：史密森夫妇 | Alison and Peter Smithson）这是史密森夫妇为诺福克郡亨斯坦顿镇的中学所做的设计，其对结构的明晰表现显然是受到密斯的影响，但他们在平面上却有独到见解：主楼底层是行政服务部分，二层布置教室，那里充满了可调节的自然光。两层的主楼采用精确的钢结构和砖外墙，围合成两个宽敞的院落。位于主楼一侧的体育馆是一个独立的方盒子。建筑在设计上并不刻意追求技术精美，而是直截了当地表现钢、玻璃和砖，管线与设备也都暴露在外。建筑整体功

能合理，造价经济。由于采用简单的预制构件，而所有的钢结构都在现场焊接、安装，学校建筑呈现出一种机械般的美感。

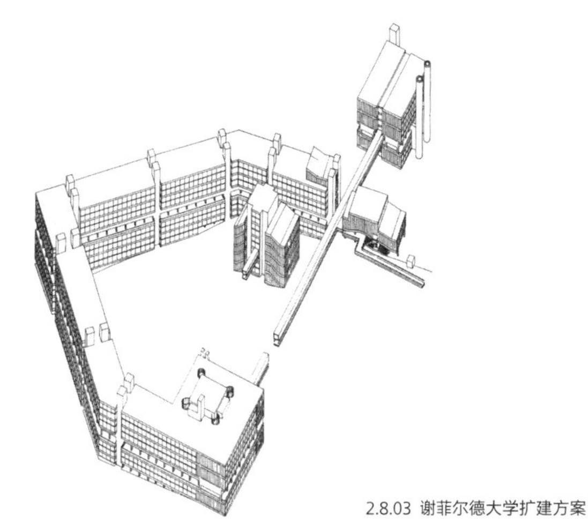
2.8.03 谢菲尔德大学扩建方案

2.8.03 谢菲尔德大学扩建方案（Scheme for Sheffield University，1954，设计者同上）史密森夫妇这个设计方案的要点在于疏导人流的交通系统。他们不仅设置了处在不同水平面上的汽车道、专供人行的天桥、联系上下层的电梯等一系列交通设施，而且直接将这些交通设施暴露在外，以此形成他们设计的独特性。

2.8.04-1 谢菲尔德公园山住宅区鸟瞰

2.8.04 谢菲尔德公园山住宅区（Park Hill Housing，Sheffield，South Yorkshire，1955 –1960，设计者：J. L. Womersley，Jack Lynn，Ivor Smith et al.）该住宅区是第二次世界大战后英国综合性强和规模壮观的住宅开发项目之一。对于战争中受到严重破坏市中心居住区，当地政府没有沿用其他城市的通常做法——在城外开发新区安置居民，而是在城市内环区域内继续建设，力图以此恢复市中心的活力。

一期开发的公园山公寓的设计受到柯布西耶马赛公寓大楼中室内街道和紧凑居住单元的影响，同时兼具英国本土建筑特色。建筑设计的基本构思与马赛公寓一样，每三层设一条交通走道。这条外廊式的的走道被拓宽成为又宽又长的“街道平台”（street deck，此概念最先由史密森夫妇提出），像一条龙骨贯通整座公寓，增进楼层居民间相互交往的同时，将居家生活延伸到户外，在满足设计任务书所要求的高密度指标的条件下，

2.8.02-1 亨斯坦顿学校内院

2.8.02-2 亨斯坦顿学校外观

重塑了繁忙、喧闹、粗放的英格兰北方居住区的生活氛围。

面对有限的投资，建筑师在设计中做出了许多切实的努力，例如，通过龙形蜿蜒的总体布局形成若干开敞空间，以控制楼层高度对日照的影响；建筑外形简朴而粗犷，直率地反映其内部功能；建筑材料是廉价易得的混凝土，毛糙的混凝土墙板与钢筋混凝土骨架等不做修饰，并如实地暴露无遗。

2.8.04-2 谢菲尔德公园山住宅区外观

2.8.04-3 谢菲尔德公园山住宅区街道平台

2.8.05 莱斯特大学工程系馆（Engineering Faculty Building，University of Leicester，Leicester City，1959 –1963，设计者：斯特林 | James Stirling，戈文 | James Gowan）这是一座包括教学车间、研究实验室、讲堂和管理办公室等功能的教学楼。教学车间占据了基地的很大部分，屋顶采光，采用工业厂房通用的桁架结构，调转45°，使覆盖整个平面的对角线天窗可以获得均匀的北向采光。车间烟囱直接从屋面高起。实验室和办公用房各布置在高低两座塔楼内。办公塔楼顶部是为实验加压用的高位水箱，交通厅尺度随楼层上升后人流量减少而逐层变小，楼梯井、电梯井的形状都清楚地显露在外。在这座建筑中，不仅功能、结构、材料、设备与交通系统都直率地外露，而且建筑形体与细部的比例、虚实都和谐统一，建筑形式自由大胆，可谓“野而不粗”。

2.8.05-1 莱斯特大学工程系馆外观

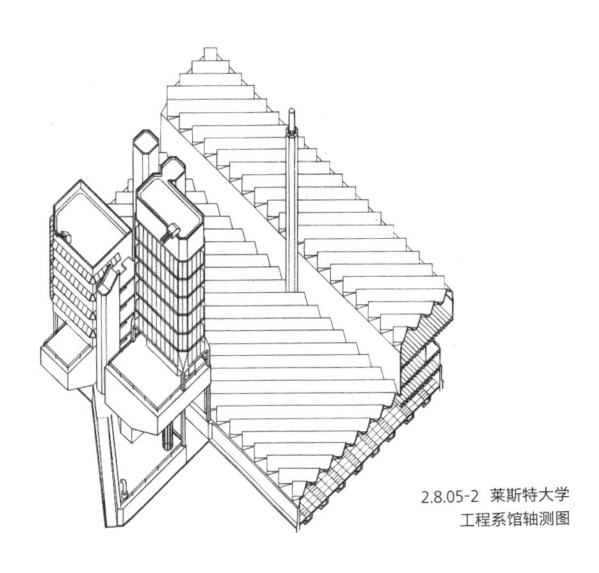
2.8.05-2 莱斯特大学工程系馆轴测图

2.8.05-4 莱斯特大学工程系馆细部

2.8.05-3 莱斯特大学工程系馆实验楼

2.8.06 剑桥大学历史系图书馆（Cambridge University History Faculty Library，1964－1967，设计者：斯特林，Michael Wilford，Brian Frost，David Bartlett）这是斯特林参加相关设计邀请赛的中标项目。图书馆有 4 个出入口，与穿越校园的多条道路相通。建筑内部包括占总建筑面积近一半的 300 座的阅览室，以及讲堂、会议室、管理办公用房等。7 层的"L"形大楼包含有管理和研究室等功能，在"L"形的夹角范围内，底层安排阅览室，巨大的扇形钢桁架玻璃屋顶从二层的天棚处升起，一直到达"L"形直角的顶端。屋顶由两层玻璃顶组成，之间的屋架空间安排设备和检修保养通道，兼起拔风道作用，上层玻璃顶设置可调百叶窗，以便为屋架空间通风，下层玻璃顶是半透明的，可以为阅览室带来漫射的自然光。

根据斯特林设计草图绘成的轴测图清晰、客观地反映了建筑整体的设计效果。轴测图成为现代建筑最有代表性的表现方式，这张图已经被英国皇家建筑师协会收藏。

2.8.06-1 剑桥大学历史系图书馆外观

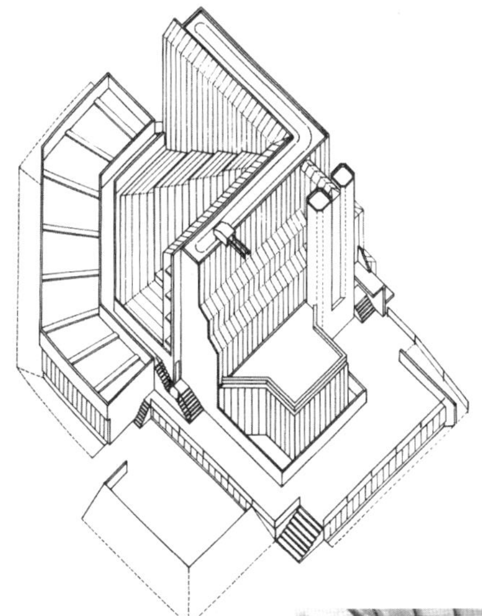
2.8.06-2 剑桥大学历史系图书馆轴测图

2.8.06-3 剑桥大学历史系图书馆室内

2.8.07 南岸艺术中心（South Bank Art Center，London，1961－1967，设计者：贝内特｜Hubert Bennett，E. J. Blyth，N. Englebeck）这是一组由会堂、画廊、展厅等功能组成的建筑群。空间关系灵活多样，建筑部件尺寸夸张、组合粗放。粗糙的建筑内表面让人恍惚感觉置身室外。交通组织上贯彻了柯布西耶人车分流的主张，内部留出空间供车辆通行。

2.8.07-1 南岸艺术中心人行平台

2.8.07-2 南岸艺术中心会堂局部

2.8.08 耶鲁大学艺术与建筑系大楼（Art and Architecture Department Building，Yale University，New Haven，Connecticut，1959－1963，设计者：鲁道夫 | Paul Rudolph）这是美国早期著名的粗野主义建筑作品之一。多种形式的体量强有力地组合在一起，创造出一种庄严的纪念性。混凝土表面肌理的处理粗而不野，具有一种通常在小型建筑设计中才会让人感受到的丰富性和亲切感，令人印象深刻。

2.8.08-1 耶鲁大学艺术与建筑系大楼外观

2.8.09 芝加哥汉考克大厦（John Hancock Center，Chicago，1965－1970 年，设计者：格雷厄姆 | Bruce Graham，来自 SOM 事务所）这座 100 层的整体式摩天楼高度为 1000 英尺（约 305 米），体型呈现明显收分，巨大的结构桁架在外观上直接暴露在外，屋顶巨大的天线成为它最突出的造型标志。这座建筑在城市中心土地利用和建设投资方面取得了良好的经济效益。

2.8.08-2 耶鲁大学艺术与建筑系大楼细部

2.8.10 谢尔登艺术纪念馆（Sheldon Memorial Art Gallery，Liocoln，1958－1966，设计者：约翰逊）该馆是为内布拉斯加州立大学设计的。建筑外表由柱列环绕，具有古典建筑端庄典雅的气质。精心塑造的柱子横截面为曲线十字形，而在立面上，柱顶端伸出两翼，两两互相连接呈券状，与室内顶棚上的圆形图案相呼应。

2.8.11 仓敷市厅舍（City Hall，Kurashiki，1958－1960，设计者：丹下健三 | Kenzo Tange）建筑物内外均采用清水混凝土。近 20 米的大跨结构以

2.8.09 芝加哥汉考克大厦

2.8.10-1 谢尔登艺术纪念馆正面外观

2.8.10-2 谢尔登艺术纪念馆细部

超常的尺度表现得粗壮而具有雕塑感。在立面处理上，丹下健三将三层的建筑划分为五层，使之更接近普通建筑的尺度，并吸收和发展了日本传统建筑的处理手法。

2.8.12 美国驻印度大使馆（U.S. Embassy in India，New Delhi，1955，设计者：斯通）这座建筑的设计吸取了印度当地的建筑传统及美学趣味，利用先进的技术手段合理解决炎热气候环境下的使用舒适问题。主楼建在一个大平台上，环绕着内院呈长方形布局。院中有水池、树木，水池上方悬挂着铝制的网片用以遮阳。建筑外墙为两道幕墙：预制陶块拼制的带金色圆钉装饰的白色漏窗式幕墙和其后的玻璃幕墙，幕墙外环绕一圈带有两层高镀金钢柱的柱廊。中空双层屋面有利于高效解决建筑隔热问题。这座建筑不仅技术先进，建筑本身也十分端庄典雅、金碧辉煌，富于纪念性。

2.8.13 布鲁塞尔世界博览会美国馆（American Pavilion，Exposition Universelle et Internationale de Bruxelles，1958，设计者同上）该建筑采用了当时世界上最先进的结构体系——悬索结构。斯通在此又一次采用了镀金柱廊、白色漏窗、幕墙等设计手法。建筑端庄、华丽，但也略显中庸、保守。

2.8.14 林肯文化中心（Lincoln Cultural Center，New York，1957－1966）纽约的林肯文化中心包括舞蹈与轻歌剧剧院（约翰逊设计）、大都会歌剧院（哈里森设计）、爱乐音乐厅（阿布拉莫维兹｜Max Abramovitz 设计）、实验剧院（小沙里宁设计），以及表演艺术图书馆等功能。这一组建筑环绕着中央广场呈古典布局样式，各个建筑师都在立面柱廊的设计上大费心思，使建筑大多具有纪念性新古典主义特点，这正是当时美国官方建筑所推崇的。

2.8.11 仓敷市厅舍

2.8.12-1 美国驻印度大使馆正面外观

2.8.12-2 美国驻印度大使馆入口

2.8.12-3 美国驻印度大使馆柱廊

2.8.13 布鲁塞尔世界博览会美国馆

2.8.14-1 林肯文化中心鸟瞰

2.8.15 麦格拉格纪念会议中心（McGregor Memorial Conference Center，Wayne State University，Detroit，1955 –1958，设计者：雅马萨奇｜Minoru Yamasaki）这是为美国韦恩州立大学设计的校园内的一个聚会点，也是城市与大学师生之间的一个联系场所。这座带有玻璃顶盖中庭的建筑，屋面是混凝土折板结构，外廊采用与折板结构形态一致的尖券，使建筑内外形成同一种韵律。建筑形式优雅，尺度亲切宜人。

2.8.16 纽约世界贸易中心（World Trade Center，New York，1966–1976，设计者：雅马萨奇，Emery Roth et al.）纽约世界贸易中心由 6 座高低不同的建筑组成，包括办公、海关、旅馆和商店等功能，每天要接纳近 10 万的人流量，建筑总面积达 120 万平方米。主体建筑是两座 110 层，高 411 米的办公楼，两者平面和造型完全相同，都是边长 63.5 米的四棱柱体，从下到上不做任何收分，笔直挺拔。结构采用钢套筒体系，筒壁由密集的钢柱组成。柱间窗狭长且后凹，从外部看去，窗玻璃的印象并不突出，显著的是一条条向上升腾的银色钢柱。在建筑底部，每三根钢柱收束为一体，形成尺度较宽大的入口，看上去类似尖券效果，具有复古的意味。

1972 年，纽约世界贸易中心的双塔封顶，夺取帝国大厦维持 30 多年“世界最高建筑”的桂冠。两年后，此桂冠被芝加哥西尔斯大厦（Sears Tower）摘走。2001 年 9 月 11 日，世界贸易中心因遭到恐怖分子袭击而轰然倒塌。

2.8.16-1 纽约世界贸易中心外观

2.8.14-2 林肯文化中心大都会歌剧院

2.8.14-3 林肯文化中心爱乐音乐厅

2.8.15-1 麦格拉格纪念会议中心外观

2.8.16-2 纽约世界贸易中心细部

2.8.15-2 麦格拉格纪念会议中心室内

2.9

各显其能：由国际风格到地方性多样化

（1950 年代 —1970 年代）

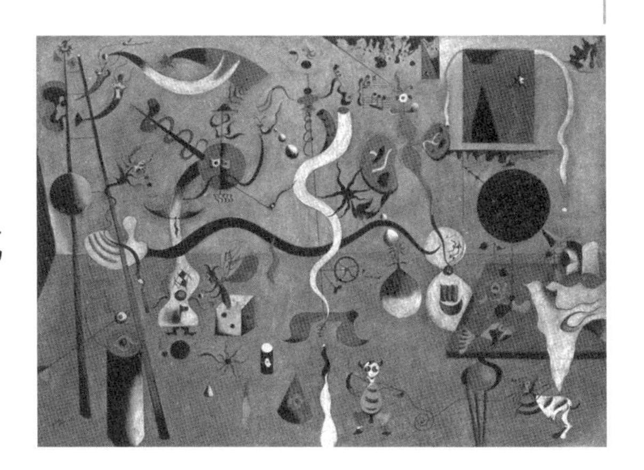

2.9.01 米罗（Joan Miró）的绘画《哈里昆的狂欢》

从 1920 年代末到 1950 年代后期，现代建筑的发展始终处于相对稳定状态，然而，到了 1960 年代，变化悄然出现，被认为普遍适应性的国际式建筑准则逐渐发散为更多元的设计倾向。随着“现代建筑四位大师”的先后谢世，以现代建筑派占绝对主导地位的时代也走向尾声。

建筑师追求个性与设计中的象征性反映了新时代多元化变革的倾向。使自己的设计具有鲜明的特征，让人一见难忘，成为年轻一代建筑师鲜明的设计动机。例如，康（Louis Kahn）积极主张建筑要有强烈个性和明确象征，追求形式上的与众不同；小沙里宁专注于运用新的结构形式创造新颖的建筑造型，以产生引人遐想的象征意味。

在欧美以外的地区，多元化的思考主要表现为把地方的自然与文化特点同当代技术有选择地结合起来，在建筑创作中努力适应、运用与表现当地的自然条件（如气候、材料）和文化传统（如工艺、生活方式与习惯、审美等），其中，日本建筑讲求地域性的倾向比较突出。1960 年代，在日本经济快速发展，建筑活动十分频繁的历史条件下，以丹下健三为代表的一批年轻建筑师对于创造具有日本特色的现代建筑十分热心，他们认为，地域性包括传统性，而传统性是既有传承又有发展的，为此，他们在建筑实践中进行了大量尝试。另外，不少第三世界国家建筑师为了以建筑重建民族精神的理想，也自觉回溯自身传统文化，从中寻找创作灵感和设计理念。

2.9.02 理查德医学研究楼（Richards Medical Research Building，Philadelphia，1957–1964，设计者：康 | Louis Kahn）理查德医学研究试验楼位于费城宾州大学校园内，布局采用可发展模式——由一座座塔楼单元组合而成，便于在日后需要时的扩建。每个单元为内部不加分隔的正方形平面，边上带有一到三个封闭的附属空间，内部设置楼梯、电梯、设备管线等服务设施，

与主体的办公室、试验室截然分开，并由此形成有高有低、有虚有实、互相关联的塔楼群。塔楼每边中间有两根柱子，用以支承井字楼盖的大梁。楼盖角部的变截面悬臂梁造型非常别致。

建筑外观的明暗光影和层次变化丰富，突破了当时一般现代建筑常见的简单呆板、缺少变化的形象，整体设计令人印象深刻。建筑立面上除了混凝土梁的材质以外，大面积采用清水砖墙，与宾州大学的原有建筑相呼应。

2.9.02-1 理查德医学研究楼外观

2.9.02-2 理查德医学研究楼效果草图

2.9.03 萨尔克生物研究所（Salk Institute for Biological Research，La Jolla，1959－1965，设计者同上）在成功地设计了理查德医学研究楼后不久，康接受小儿麻痹症疫苗发明人萨尔克医生的委托，在加利福尼亚设计了萨尔克生物研究所。

基地上，两座相同并相对的实验楼，围合着

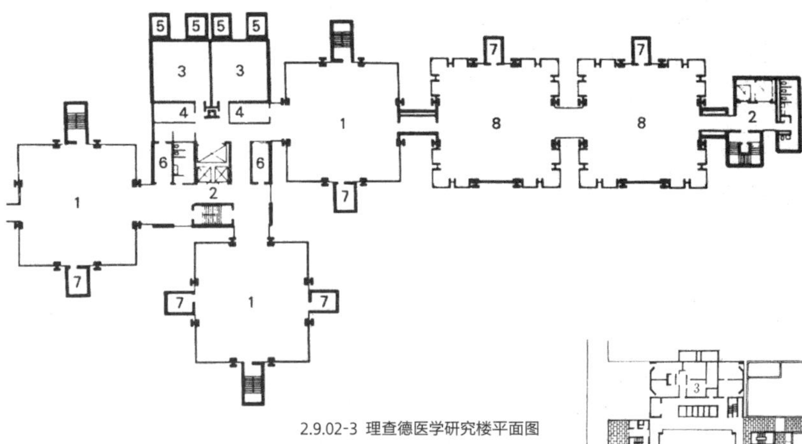

2.9.02-3 理查德医学研究楼平面图

2.9.03-1 萨尔克生物研究所中庭

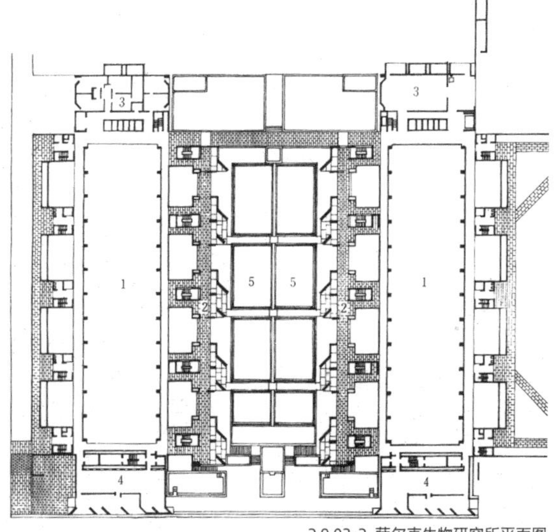

2.9.03-2 萨尔克生物研究所平面图

楼间开敞的花园。实验楼设置有3层实验室，各层之间采用单跨钢筋混凝土空腹梁。康巧妙地利用高达11英尺（约3.4米）的空腹梁内部空间布置各种管线。以实验室为中心，其外侧为服务性单元，其内侧（面临花园的一侧）为研究室单元，单元的层高和结构与实验室迥异。内部功能空间分区在建筑外观上获得了相对应的形式表现。

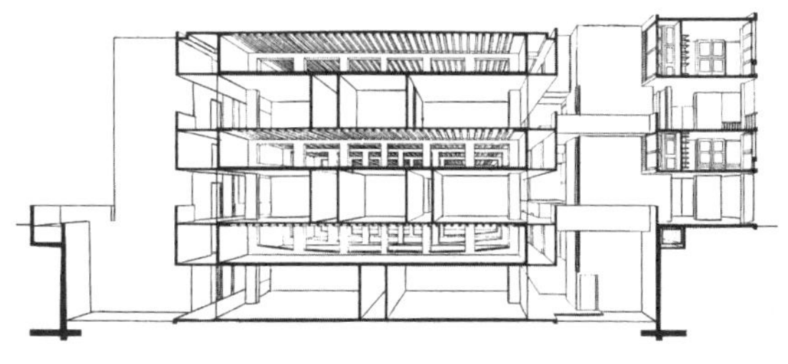
2.9.03-3 萨尔克生物研究所研究单元剖切透视图

2.9.04 金贝尔美术馆（Kimbell Art Museum，Fort Worth，1966－1972，设计者同上）康在这座建筑的设计中采用单元组合方式，以6个标准的窄长形壳体结构单元来组成美术观的各个空间。结构单元采用摆线形的拱壳屋顶，壳中央顺长向留出一条狭长的采光缝，阳光从狭缝射入，通过拱顶下人字形断面的穿孔铝板，形成漫反射光，使室内获得均匀的自然光照。墙壁上不设窗，从而避免了眩光的产生。各单元之间在拱脚位置以平顶过渡，凸显单元外形的同时，平顶空间使建筑内的各种管线得以合理安置。

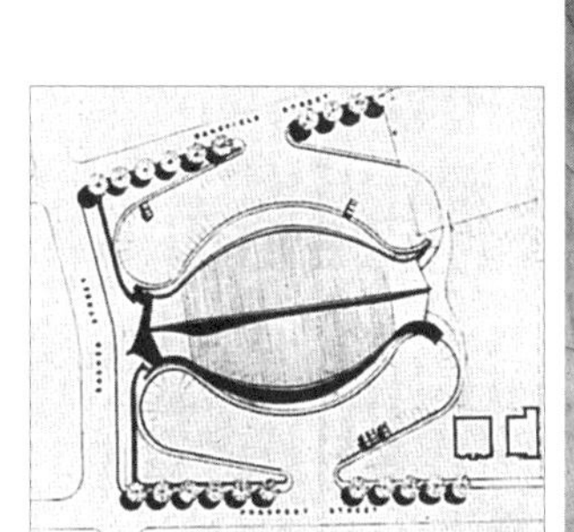
2.9.05-1 耶鲁大学冰球馆总平面图

2.9.03-4 萨尔克生物研究所楼梯

2.9.05 耶鲁大学冰球馆（Yale University Ice Hockey Hall.，New Haven，1953－1959，设计者：小沙里宁）小沙里宁受作为建筑师的父亲老沙里宁（Eliel Saarinen，1923年移民美国）和作为雕塑家的母亲的双重影响，对形式塑造十分敏感。

这是可容纳2800名观众的标准冰球馆，也可用于其他活动，最多可容纳5000人。建筑平面近似长圆形，入口开在两端，沿两侧长边为外倾15°的现浇混凝土实墙，最具特色的是建筑的屋顶，仿佛鱼背般地拱起——采用钢筋混凝土拱

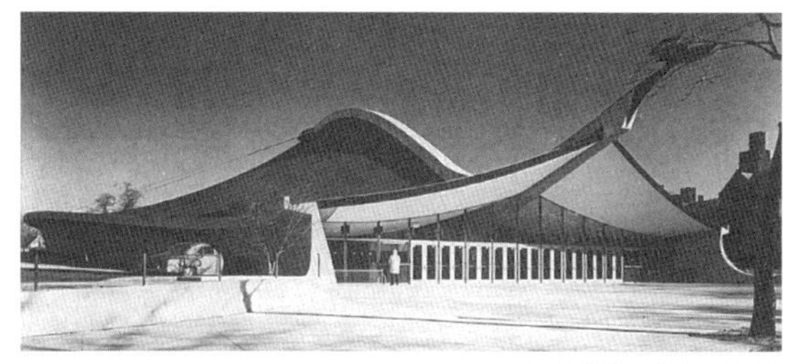
2.9.05-2 耶鲁大学冰球馆外观

2.9.04-1 金贝尔美术馆室内

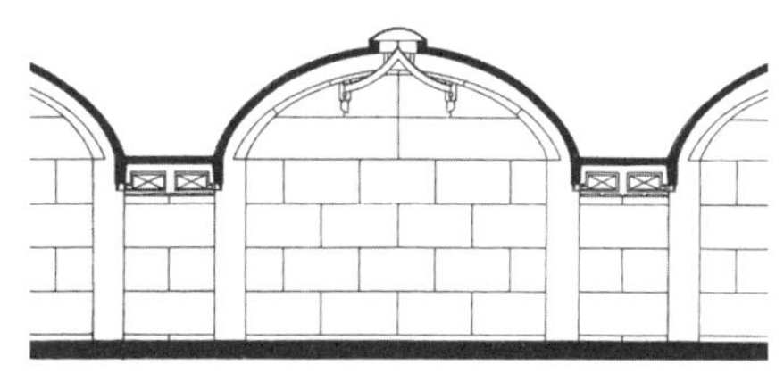
2.9.04-2 金贝尔美术馆单元结构剖面图

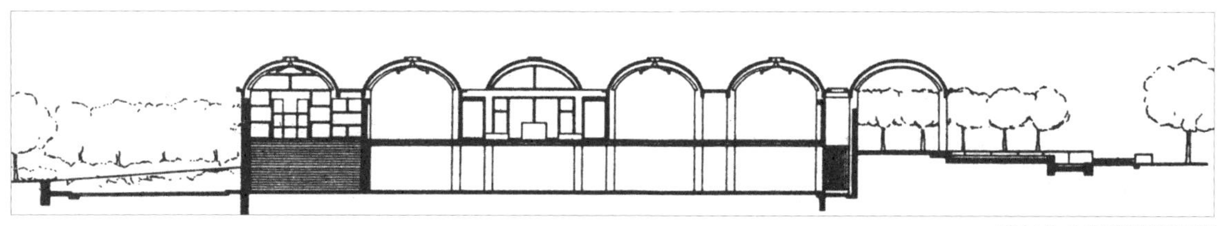
2.9.04-3 金贝尔美术馆剖面图

作为中轴“脊柱”，钢索悬挂在拱与侧墙之间，而中轴拱的两端向上反翘，形成入口雨篷。这种起伏流畅的曲线具有一种视觉张力，犹如冰球在冰面上滑过，形成了强烈的动态效果，很好地表现出体育建筑的个性。

2.9.06 环球航空公司候机楼（Trans World Airlines Terminal，Kennedy Airport，New York，1956 –1962, 设计者同上）该候机楼屋顶采用新颖的薄壳结构，由四片交叉薄壳组成，支承在 Y 形的柱墩上。建筑外观犹如展翅欲飞的巨鸟，象征性地表达出建筑的内涵与用途。建筑细部的设计服从于外观的自由形状，例如呈弓形的楼梯等。值机台及电子航班信息指示牌的形状像科幻生物，管状的混凝土登机桥从候机楼延伸至停机坪。

这座候机楼令人联想起表现主义建筑的设计宗旨，以及建筑师在寻求表达飞行的设计灵感时的亢奋情绪。由于屋顶四片薄壳结构的形式并不一致，相互略有不同，故而施工中需要大量的手工劳动，技术在此主要是为形式服务的。小沙里宁追求建筑的艺术表现，冲破了纯净主义的国际式在空间和形式方面的束缚，使环球航空公司候机楼成为一件振奋人心的名作。

2.9.07 杜勒斯国际机场候机楼（Terminal Building，Dulles International Airport，Washington D.C.，1958 –1962，设计者同上）在这座候机楼的设计中，小沙里宁借助悬索结构的造型特点，在一片平坦开阔的基地上创造出令人印象深刻的建筑形象。建筑布局紧凑，平面为矩形，宽 150 英尺（约 45.7 米），长 600 英尺（约 182.9 米），支撑钢索的 16 对塔形柱向外倾斜，并在顶部穿出屋面，配合前面高、中间较低、后面略高的屋顶曲面，形成流畅而强烈的上升动势。屋顶采用单向悬索结构，便于建筑向侧面扩建。

该候机楼建筑设计达到了有机形态与理性空

2.9.06-1 环球航空公司候机楼外观

2.9.06-2 环球航空公司候机楼室内

2.9.06-3 环球航空公司候机楼细部

2.9.07-1 杜勒斯国际机场候机楼外观

2.9.07-2 杜勒斯国际机场候机楼细部

间的协调统一。整体形象轻盈明快，表现出航空建筑独特性的同时，也不乏强烈的作为国家首都“大门”的象征性。

2.9.08 独脚桌（Pedestal Table，1950 年代，设计者同上）小沙里宁不仅是一位出色的建筑师，同时也擅长工业设计。他设计的现代家具简洁明了，线条流畅，适合大量化生产的技术要求。例如这张铸模塑料独脚桌就曾风行一时，并被广泛效仿。

2.9.09 柏林爱乐音乐厅（Philharmonie Concert Hall，Berlin，1956 –1961，设计者：夏隆）这座音乐厅的设计极具独特性。夏隆认为，应该让演奏者在听众中间演出，以增加彼此间的相互交流。他仿效昔日乡村音乐家在山地演奏音乐，农民在周围坡地上聆听的情景，将听众席化整为零，分成多个小区块，高低错落，环绕中央演奏区，并可按演出时音质的要求与观众数量的多少分区开放。夏隆希望把音乐厅设计成为一个“音乐的容器”，将音乐与空间凝结于三维的形体之中。建筑那帐篷般的造型仿佛巨型乐器的共鸣箱，使它的外观与内景都呈现出变化丰富、难以捉摸的特异景象。观众厅在技术处理上很成功，音响效果极好。

夏隆是 1920 年代欧洲现代建筑派的主要成员，但在形式设计上，他也推崇表现主义手法。在经历了第二次世界大战期间的沉思和酝酿后，夏隆逐渐形成了自己的有机建筑风格，设计出具有德国民族特色的现代建筑。

2.9.10 巴伐利亚发动机厂办公楼（Verwaltung der Bayerischen Motorenwerke，München，1972，设计者：K. Schumntzer）这座办公楼位于慕尼黑奥林匹克公园附近，四瓣式平面的塔楼一改当时流行的板式高层建筑的样貌，饱满浑圆的建筑造型新颖、别致，结构逻辑明确、有序，同时又不乏现代建筑重理性的设计特点。

2.9.08 独脚桌

2.9.09-1 柏林爱乐音乐厅外观

2.9.09-2 柏林爱乐音乐厅入口

2.9.09-3 柏林爱乐音乐厅室内

2.9.10 巴伐利亚发动机厂办公楼

2.9.11 中央贝赫保险公司总部大楼（Central Beheer Headquarters，Apeldoorn，1970－1972，设计者：赫茨伯格｜Herman Hertzberger）中央贝赫保险公司以阿姆斯特丹为基地，其总部大楼是一个搬迁项目，也是阿珀尔多伦新城中心建设项目的一部分。

赫茨伯格认为这座大型保险公司的总部大楼应该是一个易于抵达和通过的地方，因而除了沿铁路线的一侧，建筑其他各面均有出入口和宽敞的广场、绿地和停车场。整个建筑像一座小城镇。该大楼由无数个三至五层的、正方形平面的单元组合而成，单元之间有小型的街道、广场或庭院。结构构件是标准化的，采用钢筋混凝土框架填以混凝土砌块。结构的支撑点不是放在单元的四个角上，而是放在四个边的正中，因此各个单元的转角处可以自由地向外开敞，形成了一种与众不同的极具开放意识的办公空间。赫茨伯格设想通过这种空间组织，提供和表现富于人性的多样化环境，让人们在一座由混凝土砌块和玻璃围合的建筑中，感受到“家”一样的惬意。他预留装修余地，让使用者可以根据自己的喜好随意布置，以使空间富于个性。当自然光从各单元之间的天窗射入时，室内空间充满了人情味。

2.9.11-1 中央贝赫保险公司总部大楼鸟瞰

2.9.11-2 中央贝赫保险公司总部大楼外观

2.9.11-3 中央贝赫保险公司总部大楼室内

2.9.12 米罗基金会美术馆（Joan Miró Foundation，Barcelona，1972－1975，设计者：塞特｜Josep Lluís Sert，Jackson）该美术馆主要收藏西班牙艺术家米罗捐赠的绘画和雕塑作品，并致力于研究和推广当代艺术，因此建筑主要包括两部分功能：一部分是各个美术展览厅，一部分是会议厅和图书档案馆。建筑平面为分散式布局，为将来扩建提供了可能性。美术展览厅主要陈列米罗的绘画作品，各展览厅通过院子相连，展览厅的侧窗部位向内收成一个个带顶的凹廊，这些室外空间陈列着米罗的雕塑，每件作品都有一处适合摆放它的空间。建筑外观为纯白色，略显柯布西耶早年纯粹主义机器美学的影响，但坚

2.9.12-1 米罗基金会美术馆外观

实的墙体与巨大的门窗开口形成一种简朴且富于纪念性的形象。入口雨篷的连续小券颇具西班牙的地方特色。最有象征性的是展览厅屋顶通长的天窗，不仅解决了室内采光问题，给予建筑恰当的尺度感，而且给人造成一种碧海蓝天之下“地中海小白房”的明媚感觉。

2.9.12-2 米罗基金会美术馆内院

2.9.13 东京代代木国立室内综合体育馆

（National Gymnasiums for Tokyo Olympics，Tokyo，1961－1964，设计者：丹下健三）为在东京召开的第 18 届奥运会，丹下健三设计了一组包括游泳馆（大体育馆）、球类馆（小体育馆），以及相关附属设施在内的大型综合性体育建筑。大体育馆平面类似沿长轴错动的两个螺旋形，尺度为 126 米 ×120 米，可容纳 15 000 人；小体育馆平面为单个螺旋形，可容纳 4000 人。以高张力缆索为主体的悬索屋面与粗犷的清水混凝土共同围合出充满活力与力量感的大型内部空间。建筑外部形式具有日本古代神社和竖穴居的造型特点。该作品显示出丹下健三整合功能、结构、形式、材料、文化历史等方面的超强能力，以及独到的设计创造力。该馆建成后，得到国际建筑界的广泛赞扬。

2.9.12-3 米罗基金会美术馆室内

2.9.12-4 米罗基金会美术馆屋顶平台

2.9.13-1 东京代代木国立室内综合体育馆游泳馆外观

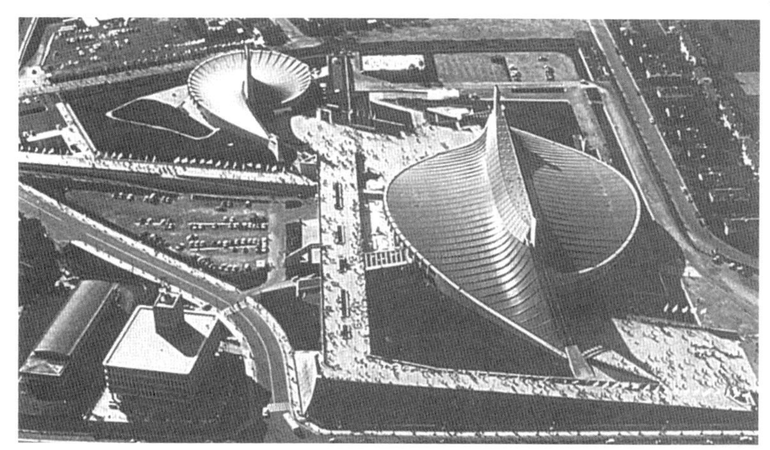

2.9.13-2 东京代代木国立室内综合体育馆鸟瞰

2.9.13-3 东京代代木国立室内综合体育球类馆室内

2.9.14 香 川 县 厅 舍（Kagawa Prefectural Government Office，Takamatsu，1955－1958，设计者同上）建于高松市的香川县厅舍包括办公室、大会议室和议会大厅等功能。建筑分为沿街的 3 层裙房和其后的 8 层办公楼。裙房底层架空，形成县厅的主要入口，二、三层为县议会厅和大会议室。办公楼的标准层平面为每边 3 跨的正方形，楼梯及辅助设施都集中在平面中央，周围环绕办公室；底层为大厅，向市民开放；楼顶设茶室和机房。香川县厅舍采用露明的钢筋混凝土结构，与当时流行的粗野主义的材料表现手法有相似之处。丹下健三将建筑的外立面处理得极富民族特色，尤其是办公楼阳台栏板形成的舒展的水平线条与密集的成对悬臂梁，令人想到日本传统的五重塔。

2.9.15 甘 地 纪 念 馆（Gandi Smarak Sangrahalaya，Ahmedabad，1958－1963， 设计者：柯里亚｜ Charles Correa）柯里亚是印度较早在现代公共建筑设计中体现地域性的建筑师，他的设计充分反映出建筑的地域性与当地的历史文化特色。该纪念馆位于艾哈迈达巴德，邻近甘地故居，收藏了甘地大量历史信件、照片和其他

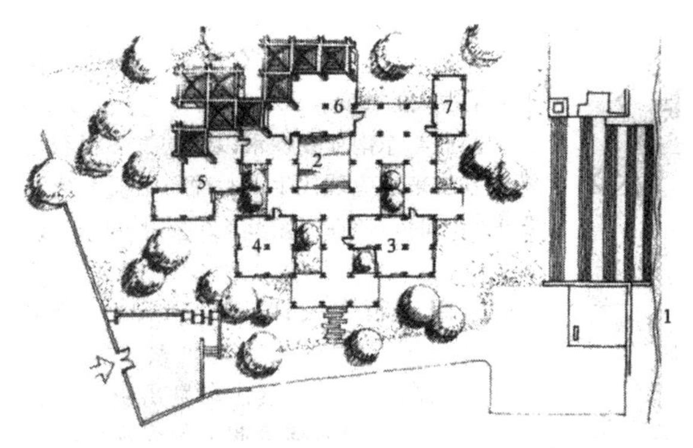

2.9.15-1 甘地纪念馆平面图

2.9.15-2 甘地纪念馆水院

2.9.14-2 香川县厅舍平面图

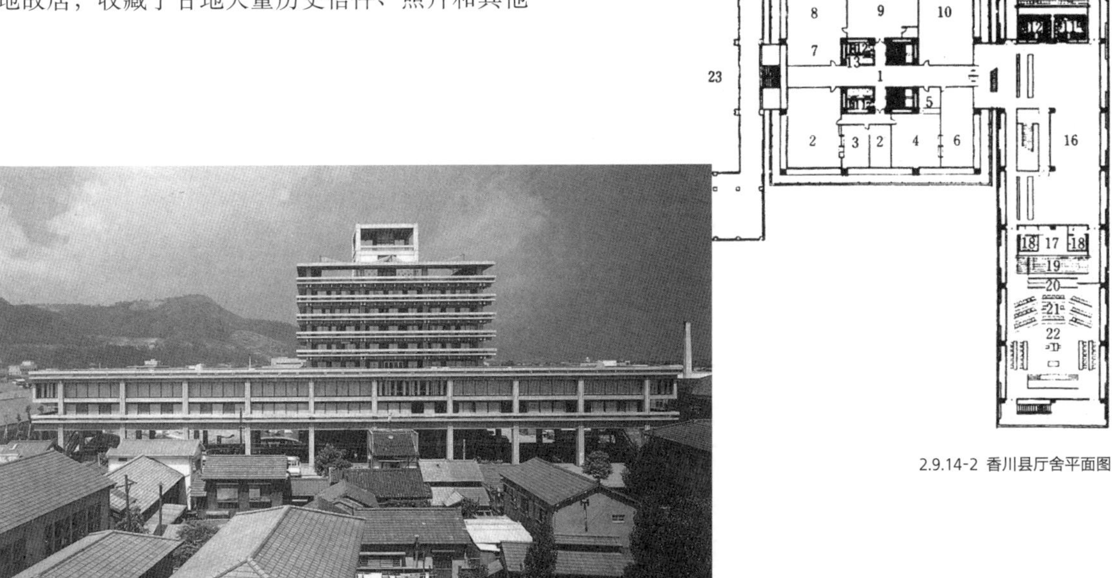
2.9.14-1 香川县厅舍外观

文献资料。柯里亚在设计中把西方现代的理性主义同甘地故居中原有的简单与朴实氛围结合起来。檐部的混凝土排水槽兼作房梁，赋予建筑鲜明的特征性。屋顶是传统民居中常见的方锥形瓦屋面，砖墙、门窗和石材地面等做法均与甘地故居保持一致，整组建筑没有使用玻璃和其他现代材料，通过木制百叶调节室内的采光、通风。各展厅按标准化的模数自由组合，形成不同开放与围合程度的院子，极大改善通风条件，并通过中央水院在印度炎热的气候下为环境带来丝丝清凉。这种网格式的单元布局具有灵活性，容易形成室内外空间的穿插渗透，有利于调节小气候，也有利于纪念馆日后的扩建。建筑空间序列的逻辑性与合理性体现出清明、开放的气质，与甘地故居传达的自由、独立、民主精神相呼应。

2.9.16 悉尼歌剧院（Sydney Opera House，1956－1973，设计者：建筑师乌松，霍尔｜Peter Hall，工程师阿勒普｜Ove Arup）1956年，丹麦建筑师乌松在悉尼歌剧院国际设计竞赛中一举夺魁，但由于澳大利亚政客们的不当干预，使该歌剧院在建造过程中问题不断，乌松被迫于1966年退出这项工程，之后，由霍尔担纲，直到1973年项目竣工。

悉尼歌剧院包括一个2700座的音乐厅、一个1550座的歌剧院、一个550座的剧场和一个420座的排练厅，此外，还有多功能接待大厅、展览馆、商店和餐厅等，是一组集文化娱乐于一身的多功能综合体。在一个巨大基座式的大平台上，托着三组尖拱形屋顶，分别覆盖着音乐厅、歌剧院和一间餐厅，其他功能都组织在大平台下面。

悉尼歌剧院采用钢筋混凝土结构，它的尖拱形屋顶不是简单的壳体，而是由多条钢筋混凝土的扇形券肋组成的复杂结构，在当时的技术条件下，这个项目的结构计算成了相当费时费力的艰巨工作，施工上也困难重重，造价高达10亿零200万美元，超出实际预算10多倍。

2.9.16-1 悉尼歌剧院远眺

2.9.16-2 悉尼歌剧院外观

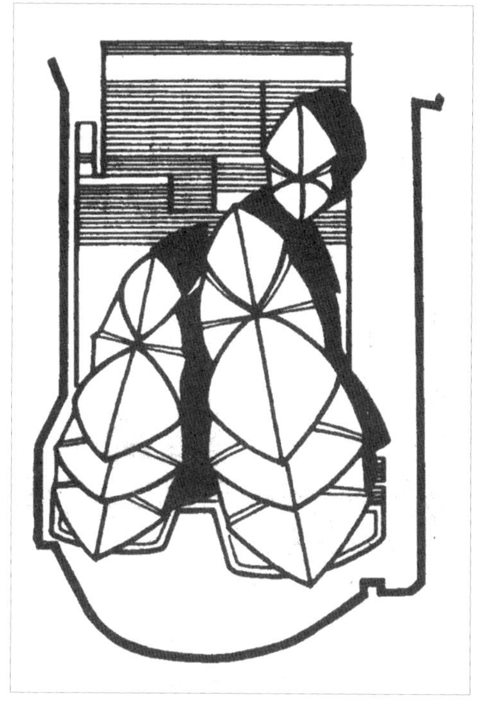

2.9.16-3 悉尼歌剧院屋顶平面图

悉尼歌剧院位于悉尼海港，360° 全方位地向世人展露出它动人的身姿，从海港大桥可俯瞰建筑的全景。屋面的釉面砖在太阳下荧光闪烁，整座歌剧院像一艘像张满风帆的巨轮，又如海滩上遗落的洁白的贝壳……形象与海港环境天衣无缝地协调一致，使得该歌剧院魅力无限，作为悉尼的地标性建筑，每年都会吸引大批慕名而来的观光客，产生了巨大的经济效益和社会效益。

2.9.17-1 美国国家美术馆东馆外观

2.9.17 美国国家美术馆东馆（The East Building of the National Gallery of Art，Washington D. C.，1978，设计者：贝聿铭 | Leoh Ming Pei）这是1941 年落成的原美国国家美术馆的扩建项目，位于老馆东侧，基地呈直角梯形。建筑包括展览厅和视觉艺术高级研究中心两部分，建筑师用一个等腰三角形平面和一个直角三角形平面的形体分别容纳这两部分，同时，两个三角形的组合恰好与基地的形状相应。展览厅所在的等腰三角形形体进行了切挖，在西立面上形成主入口和两侧的塔楼，玻璃天棚的中厅光线明亮，其间平台与天桥纵横穿插，带来空间变化和新颖的展览气氛；三角形中厅及其天棚构架强调了设计中的基本构图母题，并使展览厅与研究中心部分联系起来。

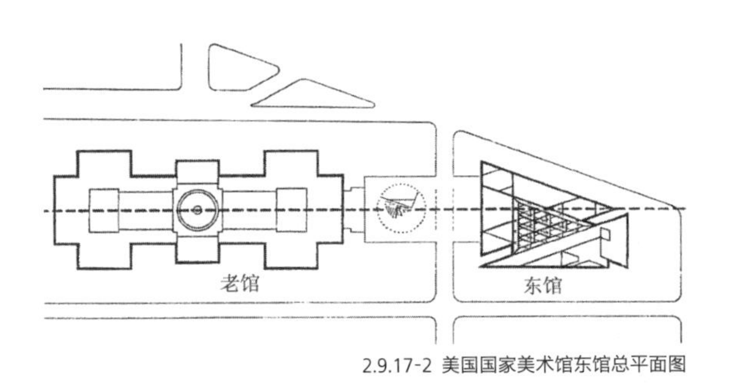

2.9.17-2 美国国家美术馆东馆总平面图

贝聿铭十分擅长运用简单而视觉强烈的几何形体来表现建筑空间。在此，他不是随心所欲地组合两个三角形，而是精心思考建筑与周围城市环境、邻近建筑，特别是原有老馆的关系，使国家美术馆东馆的平面恰好与基地形状相应的同时，以展览厅等腰三角形的中心线延续了老馆的东西向轴线。馆内的饰面材料采用与老馆相同的大理石，甚至混凝土构件也采用同种大理石碎料作骨料，脱模后不加粉刷掩饰。扩建的新馆与老馆之间的广场布置了喷泉和为地下服务空间采光的三棱锥体的玻璃天窗，不仅强调了新老两馆的共同轴线，而且活跃了广场上的气氛。

2.9.17-3 美国国家美术馆东馆室内

第三章 现代主义之后的建筑

第二次世界大战以后，现代主义的思想与实践在西方建筑界得到了广泛响应，并逐渐渗透到世界上越来越多的国家和地区，“国际式”风格成为建筑界的主流，甚至成为建筑实践中被盲目效法的模板。

然而，从 1960 年代后期开始，欧美地区出现了与现代主义明显相悖的建筑思潮，一个多元化的时代由此发端，到 1980 年代，形形色色的思潮、流派与新的探索实践不断涌现，现代主义建筑的主流地位从根本上遭到了动摇。

现代主义之后纷繁复杂的建筑现象反映了人类对西方工业文明与现代化模式的多方面反思。后现代主义、新理性主义和新地域主义（New Regionalism）关注历史和文化传统，以不同角度、层面的实践与思考寻求建筑的意义和社会文化价值；新现代（New Modern）和高技派（High Tech）在秉承现代主义客观与理性原则的基础上，大力拓展新建筑语言和其在形态、美学方面的潜力；解构主义（Deconstructionism）以彻底的批判精神担当起时代先锋的角色，为建立建筑新观念开拓道路。

3.1

急火攻心：后现代主义

（1960 年代 – 1980 年代）

3.1.01 招贴画《美国土豆》

后现代主义（Post-Modernism）建筑是指 1960 年代后期开始，伴随着西方世界开始出现的对现代主义的广泛质疑，由部分建筑师和理论家以一系列批判现代建筑派的理论与实践而推动形成的建筑思潮。1980 年代，当后现代主义建筑引起广泛关注时，它更多地被用来描述一种乐于吸收各种历史建筑元素，并运用讽喻手法的折中风格。因此，后现代主义也被称作“后现代古典主义”（Postmodern-Classicism），或“后现代形式主义”（Postmodern-Formalism）。

美国建筑师与建筑理论家文丘里（Robert Venturi）是后现代主义思潮的核心人物，他于 1966 年发表的《建筑的复杂性与矛盾性》（*Complexity and Contradiction in Architecture*）一书，是最早对现代建筑公开宣战的建筑理论著作。他在书中抨击现代建筑所提倡的理性主义片面强调功能与技术的作用而忽视了建筑在真实世界中所包含的矛盾性与复杂性，针对密斯否定复杂性的“少就是多”的论点提出“少是厌烦”（Less is a Bore）。他指出建筑的不定性是普遍存在的，赞成包含多个矛盾层次的设计，提出“兼容并蓄”（both-and）、对立统一的设计策略和模棱两可的设计方法。文丘里在书中明确了对传统的关注，预示了后现代的建筑师们对待历史与传统的态度发生了根本的转变。文丘里的思想还受到像波普艺术（Pop Art）这样带有反叛意味的艺术观念的影响，反映出高消费社会对通俗性和可普及艺术的需求，以及与之相应的诸如拼贴（collage）等艺术手法的必然出现。

1970 年代后期，更多的背离现代主义原则的理论著作和建筑作品涌现出来，特别是建筑理论家詹克斯（Charles Jencks）在 1977 年发表的《后现代建筑语言》（*The Language of Post-Modern Architecture*）。他是最早正式在书中给“后现代主义建筑”下定义的人，他使这一富于哲理而又带书本气的术语在建筑界广泛流传。他指出，“后现代”包含了多重价值观：相对于现代主义信奉的普适性真理，后现代更关注历史与地方文脉；相对于现代主义注重技术与功能，后现代更关心乡土的和隐喻的方面，赞赏模糊不定。詹克斯对于后现代建筑语言的阐述吸纳了符号学的理论与方法，强调建筑应传达意义，指出建筑的形式应是可以联想的，后现代建筑的要点在于其“两重性”，他称之为“双重译码”（double coding）。

建筑师斯特林曾将后现代建筑的特征总结为“文脉主义”（Contextualism）、“引喻主义”

（Allusionalism）和“装饰主义”（Ornamentalism），而在后现代建筑师作品中，常常表现为：普遍却无目的地模仿古典建筑元素；拼贴各种符号和装饰手段，以隐喻手法强调建筑形式的含义与象征；采用商业环境中的现成品、卡通化的形象和色彩等以贴近大众与通俗文化，甚至把现代建筑也作历史性的看待和引用。

后现代主义最早出现在美国商业社会，然而，在欧洲批判现代建筑的浪潮中，也有许多思潮与之相近，它们强调历史意识，关注城市文脉对建筑设计的影响。由意大利建筑师波尔托盖西（Paolo Portoghesi）主持的 1980 年威尼斯双年展（Venice Biennale）推出了一个特别的主题——“过去的呈现”（The Presence of the Past）。参展建筑师的作品大都具有共同特征——讽喻式地引入历史建筑的形式语言，使这届展会成为一次后现代建筑师在欧洲的公开大亮相。

后现代主义重新确立了历史传统的价值，承认建筑形式独有的联想与象征的含义，使之摆脱了技术与功能逻辑的束缚，并恢复了装饰在建筑中的合理地位，最重要的是，它树立起了兼容并蓄的多元文化价值观，从根本上弥补了现代建筑的一些不足。然而，后现代主义现象本质上是一场如詹克斯所谓“激进的折中主义运动”，它在建筑实践中基本停留在形式的、风格化的层面上，在批判性之外并没有更为深刻的建设性内容，1980 年代后期，这股思潮的热度开始降温。

3.1.02 老年人公寓（Guild House，Philadelphia，1960 –1963，设计者：文丘里｜ Robert Venturi）在“国际式”大行其道的时候，文丘里引入了传统建筑要素，并以诙谐的方式用到自己的设计中。这座公寓的构图轴线对称，用阴影强调出呈斜角的入口，屋顶上装备着一架装饰性的天线，用以暗喻看电视成为居住其中的老年人每天重要的生活内容。

3.1.02 老年人公寓

3.1.03 文丘里母亲住宅（Vanna Venturi House，Chestnut Hill，Philadelphia，1962 –1964， 设计者同上）这是文丘里早期最有代表性的作品，以此表达他所宣称的建筑的复杂性和矛盾性。它的构图介乎对称与不对称之间，坡屋顶、断檐的山墙、入口上方的券线等，似乎都在暗示传统建筑语汇。楼梯在斜角入口与壁炉的“挤压”下，忽宽忽窄、时正时偏，房间形状也不规则。虽然住宅的规模不大，却将大门、窗等通常作为尺度判断依据的构件夸大化。这些混杂、矛盾的手法

3.1.03-1 文丘里母亲住宅正面外观

使建筑呈现出一种“既复杂又简单，既开敞又封闭，既大又小”的对立统一的总体平衡。

3.1.04 新奥尔良意大利广场（Piazza d'Italia，New Orleans，1975－1978，设计者：摩尔 | Charles Moore）这个广场是意大利后裔和移民的社区中心，其设计古怪而带有丰富的隐喻：广场地面是一圈圈黑白相间的铺地，包围着意大利地图形状的喷泉；仿古典柱廊戏谑般地排列其间；材料、色彩、灯光、声音闹哄哄地拼凑在一起，充满欢快气氛。

3.1.05 美国电话电报公司大楼（AT&T Building，New York，1978－1983，设计者：约翰逊）AT&T大楼完全颠覆了人们对摩天楼即是“玻璃与钢的方盒子”的印象。它的外观整体上有沉重的砌筑感，墙面覆盖大面积花岗岩，类似 20 世纪初带有传统形式的石头建筑。该大楼立面构图对称，按古典方式分成三段，顶部堂皇地冠以带圆形缺口的巴洛克式断山花，底部入口中央设一高大拱门，令人想起文艺复兴风格的巴齐小礼拜堂。

3.1.03-2 文丘里母亲住宅背面外观

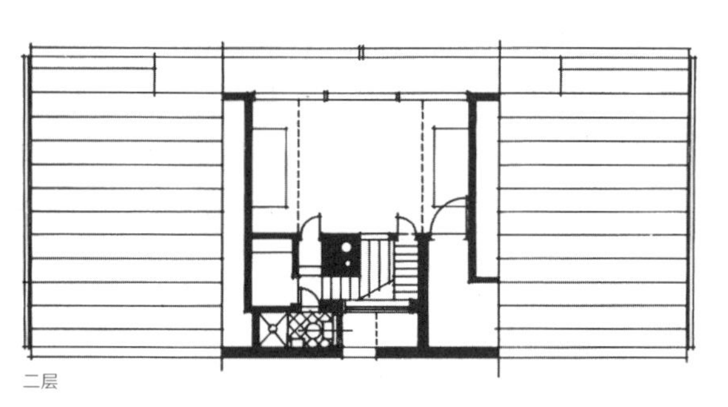

二层

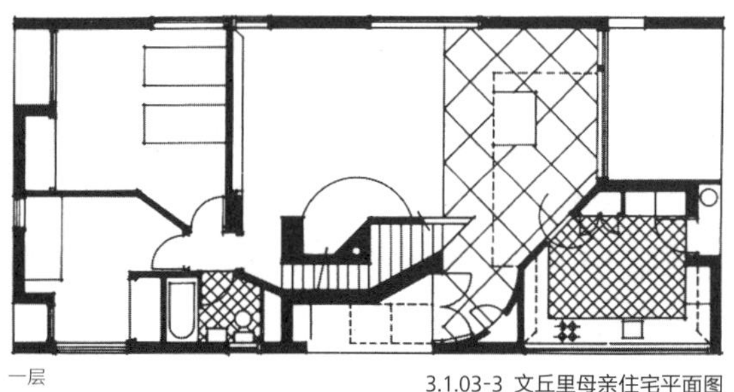

一层

3.1.03-3 文丘里母亲住宅平面图

3.1.04-1 新奥尔良意大利广场平面图

3.1.04-2 新奥尔良意大利广场外观

3.1.06 阿登购物中心特优产品展示厅（Notch Showroom in the Arden Fair Shopping Center，Sacramento，California，1977，设计者：SITE Projects Inc.，Simpson/Stratta Associates） 这座建筑的设计要旨是建筑师把商业推销提到了艺术体验的高度。萨克拉门托的这间展示厅本是普通的 70 米 ×70 米的库房式样，却将仿佛坍塌后的遗迹一般的缺口当作主入口，将人们所有注意力吸引到由破碎砖砌体边缘所形成的巨大悬挑的"事故地点"。建筑"遗迹"的一角装在轨道上，每日被推进拉出，以履行"开业"与"打烊"的职责，于是，该展示厅的开门闭户成为了行为艺术的表演。由 SITE 设计、建造的许多特优产品展销厅都有如此游戏般的姿态。

3.1.05 美国电话电报公司大楼

3.1.07 波特兰市政大楼（Public Service Building，Portland，1980–1982 年，设计者：格雷夫斯｜Michael Graves）在俄勒冈州波特兰市政大楼的设计竞赛中，格雷夫斯的方案因节能、经济而获胜，他放弃了大面积玻璃幕墙的通常做法，以开小窗洞的实墙面为建筑形象的构成要素。这座方盒子建筑的形体笨重却不单调，色彩丰富，并带有装饰艺术风格的细部，立面上最突出的是类似古典建筑的拱心石与古典柱式的构图。格雷夫斯在这样一座重要的公共建筑中，以简明易懂的典型后现代手法取悦非专业大众的口味，颇受市民喜爱，也使自己成为后现代热潮中的明星人物。

3.1.06 阿登购物中心特优产品展示厅

3.1.08 格雷夫斯设计的顽皮可爱的后现代风格水壶（1983）

3.1.08 后现代风格水壶

3.1.07 波特兰市政大楼

3.1.09 帕帕尼切住宅（Casa Papanice，Rome，1970，设计者：波尔托盖西｜Paolo Portoghesi）作为建筑历史学家的波尔托盖西擅长在自己的设计作品中融合历史上的各种建筑风格。他设计的帕帕尼切住宅极富浪漫情调，绵延弯曲的墙面和重重堆叠的顶棚，仿佛是将巴洛克幻影纳入了风格派构图原则之下。

3.1.10 维也纳奥地利旅行社

3.1.10 维也纳奥地利旅行社（Office of Austrian Tourist Bureau，Vienna，1976－1980，设计者：霍莱因｜Hans Hollein）这个在分离派拱顶覆盖下的旅行社营业大厅就像一个演示旅行的剧场，充满了舞台布景式的金属制作的象征物：残败的希腊柱子，莫卧儿风味的印度亭子，摩洛哥的棕榈树……这些风景片段意在唤起旅行者对异域风情的丰富联想：如果在帷幕遮掩的剧院售票亭买了“戏票”，就可以乘着莱特兄弟的双翼飞机，像鸟儿一样奔赴远方。霍莱因在这里明白无误地表达了他的后现代主义设计倾向。

3.1.11 维也纳舒林珠宝店

3.1.11 维也纳舒林珠宝店（Schullin Shop，Vienna，1981－1982，设计者同上）在维也纳市中心繁忙的旅游和购物区，霍莱因悉心打造了这个紧凑精致的珠宝商店。光亮的石材、玻璃、金属像加工过的珠宝一样被精雕细嵌，建筑仿佛是珠宝店的“物化商业海报”，极具戏剧性效果。

3.1.09-2 帕帕尼切住宅室内

3.1.09-1 帕帕尼切住宅外观

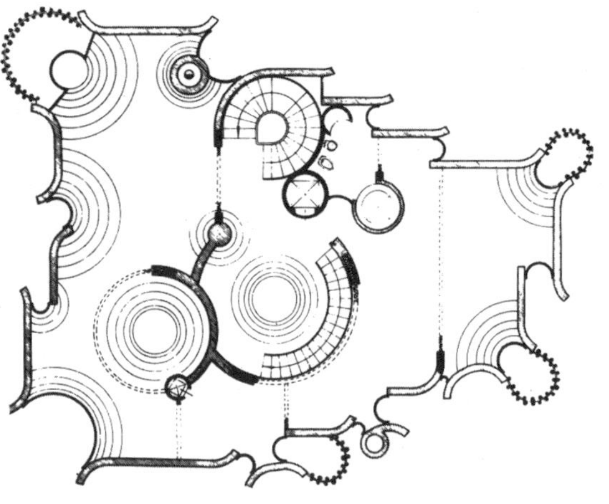

3.1.09-3 帕帕尼切住宅平面图

3.1.12 门兴格拉德巴赫市立博物馆（Municipal Museum，Mönchengladbach，1972－1982，设计者同上）霍莱因把建于德国小城门兴格拉德巴赫的这座博物馆设计成了"城中之城"，以分散的布局以及多个不同的体量组合成富于变化的群体。红砖房紧贴着山坡起伏，迪士尼乐园的仿制品轻松活泼。整组建筑群在布局上采用了两套定向系统：一是与城市空间相应，一是与修道院花园相应。丰富的建筑造型和空间环境与城市肌理有机结合，像一本富于艺术感染力的小说，到处洋溢着曲折的情节和有表现力的辞藻。它不仅是一座博物馆，还是一个为人们提供丰富体验的城市空间，体现出建筑师对该馆所处的特定地形与城市文脉的悉心呵护。

3.1.12-1 门兴格拉德巴赫市立博物馆入口台阶

3.1.13 斯图加特美术馆扩建（Extension to the Staatsgalerie，Stuttgat，1977－1984，设计者：斯特林｜Michael Wilford）整座建筑以厚重的实墙为主，外墙以金色砂岩贴面，类似古典建筑的石墙。平面布局有明显的轴线关系，中心开放的圆形庭院很突出，对称而规整，具有一种古典建

3.1.12-2 门兴格拉德巴赫市立博物馆细部

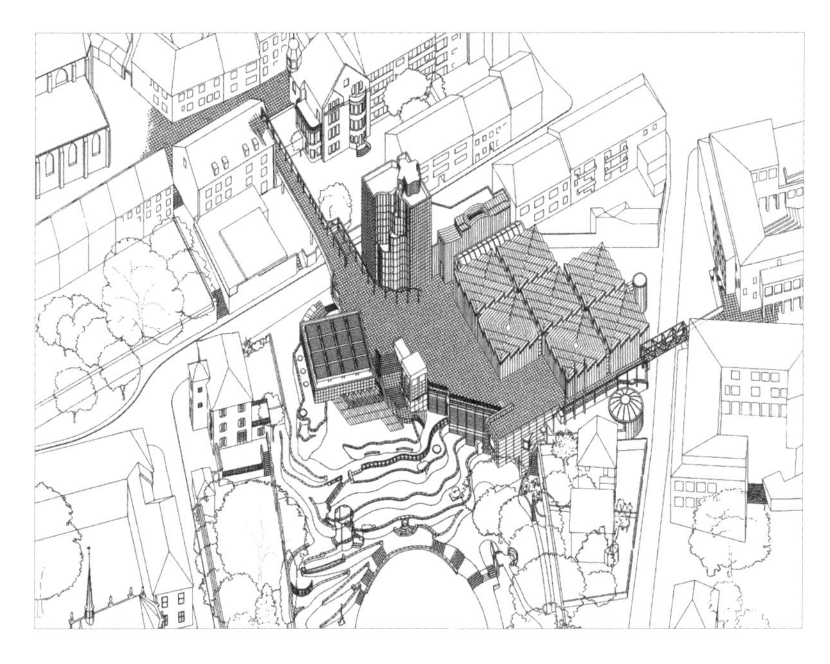

3.1.12-3 门兴格拉德巴赫市立博物馆轴测图

筑的纪念性和仪式感。对称的总体布局中兼容了许多自由空间。建筑形式看上去古典，但这种古典性经常会被诸如鲜亮的色彩或夸张的形式等“非常规”要素所削弱。涂成红、蓝两色的钢制雨篷使主入口格外引人注目，超大尺度的红色扶手强调了往复的坡道。卡通化的胖大排风口为蓝、绿两色，接待区域采用鲜明的绿色橡胶地面……这件作品标志着斯特林建筑创作道路上的巨大转变。他吸收了众多古典元素，采用不同建筑艺术手法加以处理，从而避免了古典建筑的沉闷感，也避免了后现代主义的轻佻姿态。该美术馆开放后，广受大众的喜爱和好评。

3.1.13-1 斯图加特美术馆扩建鸟瞰

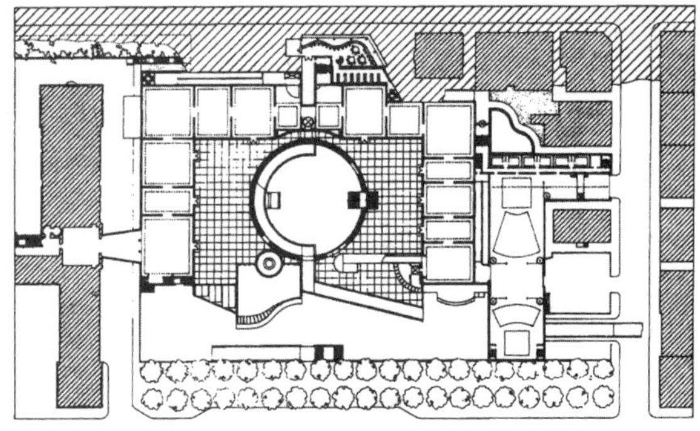
3.1.13-2 斯图加特美术馆扩建平面图

3.1.14 巴黎“巴洛克村”住宅小区（Les Echelles du Baroque，Paris，1984－1987，设计者：波菲尔｜Ricardo Bofill）这是一处有 270 套公寓房的住宅小区，采用巴洛克式的圆形总平面。宏大纪念碑般的柱列制造出宫殿布景样的壮观效果，不过，这些虚实颠倒的玻璃“柱式”并不承重，它们其实是各户起居室通高的凸窗，以替代因不符合所谓古典法则而被取消的阳台。

3.1.13-3 斯图加特美术馆扩建庭院

3.1.14 巴黎“巴洛克村”住宅小区

3.1.13-4 斯图加特美术馆扩建排风口

3.1.15 筑波中心大厦（Tsukuba Center Building，1979－1982，设计者：矶崎新｜Arata Isozaki）关注历史元素、使用隐喻方式的设计探索在日本建筑师中也有回应，矶崎新就是重要代表之一。他曾是丹下健三的学生，也曾是1960年代日本新陈代谢派的成员。1970年代后期，矶崎新渐渐转变方向，关注“引用和隐喻的建筑”（an architecture of quotation and metaphor），在其设计中表现出了强烈的手法主义倾向，筑波中心大厦就是他此期的代表作品。

这组建筑的中心是一个下沉式广场，倒置地引用了米开朗琪罗设计的罗马卡比多山上的椭圆形广场，但广场中央没设实体，代替古罗马皇帝骑马铜像的是两股水流——一股是泻在平滑石面上的水幕，另一股来自象征仙女达芙妮的青铜月桂树下，它们交汇在广场中心，消失于地面之下。此外，矶崎新还将其他建筑师的手法片段经过转换并置在虚空中心的周围，以激发观者对这种新设定的文脉关系中的历史元素做出各自的解说和释义。

3.1.15-1 筑波中心大厦外观

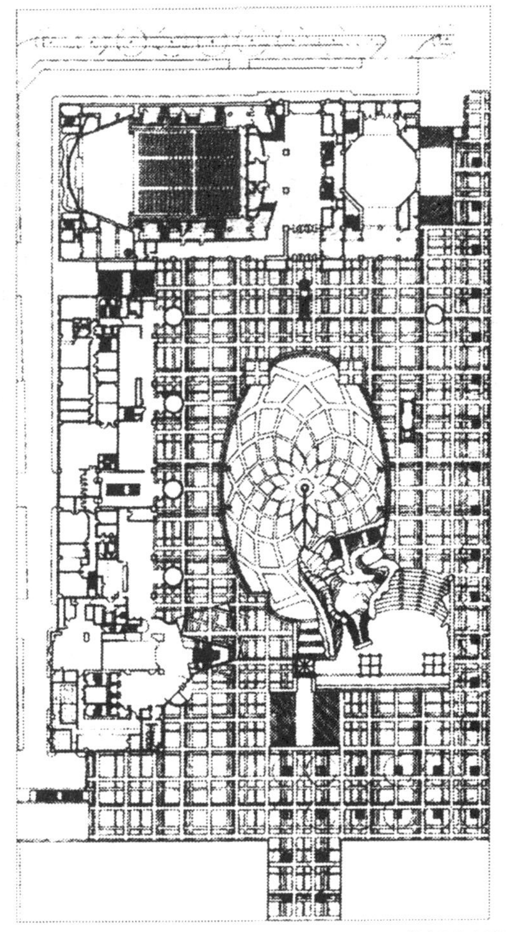

3.1.15-2 筑波中心大厦平面图

3.2

抽取原型：新理性主义

（1970 年代 — 1990 年代）

3.2.01 马格利特（René Magritte）的绘画《欧几里得的散步》

在西方批判现代建筑的思潮中，美国后现代主义并没有在欧洲引起太多的响应，而对欧洲有影响力的是意大利的新理性主义（Neo-Rational），也称“坦丹札学派”（La Tendenza），其代表人物是意大利建筑师、建筑理论家罗西（Aldo Rossi）。

新理性主义的发端是以两部重要理论著作的出版为标志的：一部是 1966 年罗西的《城市建筑》（*The Architecture of the City*），另一部是格拉西（Giorgio Grassi）的《建筑的逻辑性结构》（*La Costruzione Logica dell'Architettura*）。前者强调已经确定的建筑类型在其自身发展中对城市形态结构所起的作用，后者则试图为建筑学寻找到某种必要的组合法则。两者都坚持建筑必须满足人们的日常需要，但拒绝“形式追随功能”的法则。

罗西与格拉西都提出“回归理性”，即在一定程度上回到 1920 年代意大利理性主义所关注的那些建筑问题。一方面，当时的意大利理性主义者希望把古典建筑的民族传统价值与机器时代的结构逻辑进行新的更具理性的综合，这种思想为后来新理性主义的形成提供了启示。另一方面，第二次世界大战后的意大利在社会政治领域始终难以建立一种稳定性，围绕大城市发展的城郊社区呈现出无序状态，现实呼唤建筑师们重拾他们的传统职业价值，进行“回归理性”的建筑探索。

罗西对新理性主义的发展起到了至关重要的作用。他试图通过对类型的探索找出建筑的本质，他把建筑现象归源于人类普遍的建筑经验的心理累积，认为建筑的生成联系着这种由集体记忆所形成的文化原型（prototype），具有一种先入为主的深层结构，即“类型”。他指出，从由历史形成的传统城市建筑中可以抽取出基本的类型和典型的形式元素，它们反映了人们心目中的“城市形象”。罗西的类型学不是仅把类型作为单纯客体进行研究，而是强调了人的心理因素，他所谓“类似性城市”（Analogical City）的思想反映了主体对客体的主观感受，体现了人类共同的心理结构与创造建筑艺术永恒性之间的关系。

不同于美国的后现代主义对历史元素进行符号化拼贴的做法，罗西建立的类型学理论具有更深层的理性，不仅揭示了现代建筑无视城市与建筑历史关联的弊端，同时还给出一种基于文化与历史的发展逻辑与合乎理性的建筑生成原则。罗西理论在欧美的广泛流传唤回了众多建筑师们的职业信心，引领了更多新理性主义思想的追随者和贡献者。

新理性主义所提出的类型学理论是一种抽象的概念，是现代主义之后很有价值的理论探索。然而，在实践中如果不把这种抽象的理论场所化、环境化，而是直接应用在建筑实体的创作中，往往会因为过度抽象而显得苍白无力，难免沦为一种带有怀旧特征的、易于模仿的风格，最终违背其尊重历史、尊重环境的初衷。

3.2.02 米兰加拉拉泰西居住区2期公寓（Gallaratese 2 Residential Complex，Milan，1969－1973，设计者：罗西｜Aldo Rossi，Carlo Aymonino）这是罗西重要的代表作之一，表达了他试图实现建筑构成场所的愿望。住宅的形式来自米兰传统公寓的意象，长182米，进深仅12米，由于地形高差而分成两部分，连接处是几根粗大的圆柱体立柱。住户大都在二楼以上，沿长走道两边布置，底层由扁平柱列支撑的长廊形成了大片阴影，仿佛无始无终地延续着，“意味着一种浸透了日常琐事、家居的亲切感和变化多样的私人关系的生活方式”。但同时，建筑的形式又被抽象到了最纯净的层面：素面的外墙、正方形的窗洞、长方形的柱廊，以及圆柱体支柱，造成一种简约、超脱的效果。

罗西在此所注重的形式反映的是建筑中的秩序，而非内部功能，因为形式是“集合的表征”，是真正属于这一场所的。

3.2.03 威尼斯双年展水上剧场（Teatro del Mondo for Venice Biennale，1979－1980，设计者：罗西，Gianni Braghieri）罗西为1980年威尼斯双年展设计了水上剧场，这是他将类型学理论运用到公共建筑设计实践的又一重要代表作。

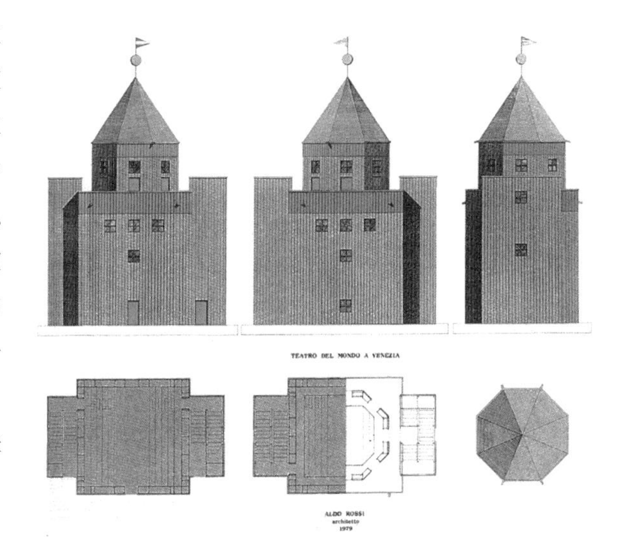

3.2.03-1 威尼斯双年展水上剧场设计图

3.2.02 米兰加拉拉泰西居住区 2 期公寓

在水城威尼斯纪念黑死病终结的节日庆典中，有在圣玛丽亚教堂附近的运河上用木筏搭建浮桥的传统活动。罗西以一座集楼与船于一身的剧场延续这种城市文脉，将纯粹几何体的静穆与水城节日的欢快意象结合起来，严谨的八角形屋顶与崇高的教堂大穹隆交相辉映，突出了纪念性主题。水上剧场的精彩之处在于其“漂浮性”，即在建筑中表现一种生命流转的意识。它从建造地沿水路拖到威尼斯，与沿途经过的意大利城市景观融合为一体，这一漂流过程体现了罗西“类似性城市”的思想。

3.2.03-2 威尼斯双年展水上剧场外观

3.2.04 摩德纳圣卡塔尔多公墓（San Cataldo Cemetery，Modena，1971－1976，1980－1985，设计者同上）圣卡塔尔多公墓是罗西类型学理论的一次典型的建筑实践，是为始于 19 世纪的一个原有公墓所做的扩建。整个墓地呈对称布局，由长廊围成正方形，再嵌套一个正方形场院。长廊覆盖着坡屋顶，上层带有安置骨灰盒的壁龛。中轴线上依次是公共墓冢、墓室和灵堂。位于内正方形中央的灵堂是一个巨大的立方体，其形式被抽象为普遍适宜的住宅概念，墙上规律地排布着空窗洞，却没有屋顶与楼层，只有一个空壳。这个未完成的房子就像是一个被毁弃的废墟，一个“死亡的住屋”。与立方体灵堂相对一端的大烟囱般的圆锥体是公共墓冢，两者之间的墓室以类似现代主义城市住宅区规划的行列式，被排列成三角形布局，就像人体躯干上的条条肋骨。

3.2.04-1 摩德纳圣卡塔尔多公墓细部

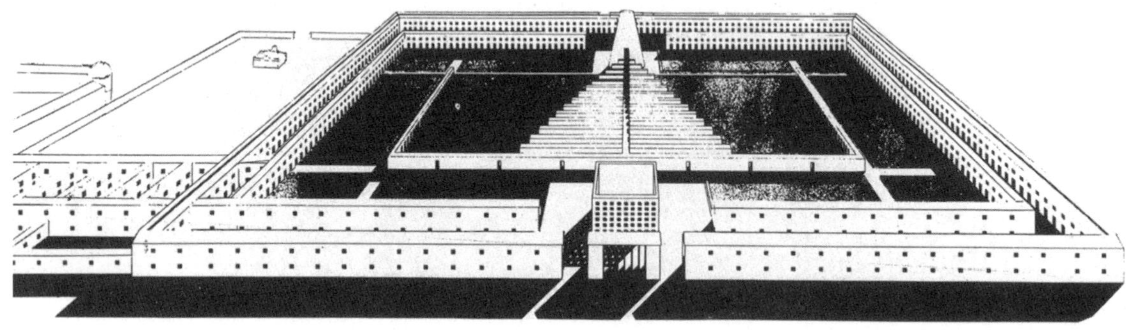

3.2.04-2 摩德纳圣卡塔尔多公墓鸟瞰图

圣卡塔尔多公墓的所有组成部分都还原为最基本的形式，采用同样的韵律、材料，既有古典的庄重气氛，又有包豪斯的纯粹风格，是罗西设计的最富哲理和宗教意味的建筑，表达了他对生与死的本质性认识。

3.2.05 博尼方丹博物馆（Bonnefanten Museum，Maastricht，1990－1994，设计者：罗西）这座博物馆坐落在流经荷兰马斯特里赫特市中心的马斯（Maas）河畔，E 形的平面形成两个朝向河面的开放院落，以穹顶塔楼为中心作对称布局。罗西将来自当地的公共建筑、宗教建筑和工业建筑的意象融为一体，重新诠释了城市的纪念性主题。建筑的体量、平面的秩序感与对称性如同公共机构一般严整；有扶壁和穹顶的塔楼暗示了与洗礼堂或钟楼相关的意象；室内的主楼梯两侧高耸的砖墙让人联想起荷兰传统的厂房或城市街道，而最有力的是那些工业元素：包锌板的穹顶、烟囱般的交通体、方格玻璃墙、钢丝网拱……建筑师仿佛在用建筑引导人们去追忆这片土地上的制陶史。

3.2.05-1 博尼方丹博物馆穹顶塔楼

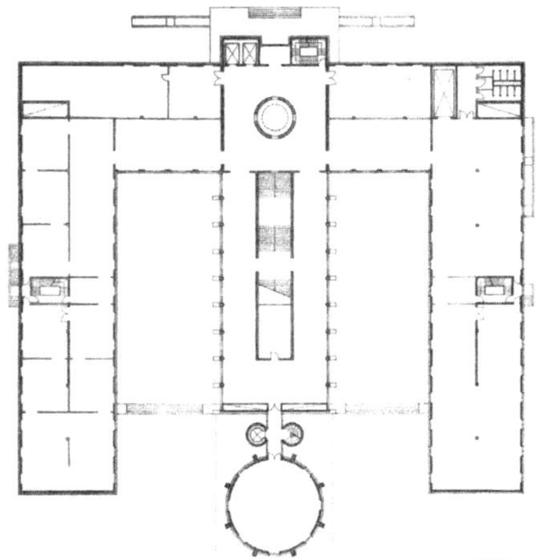
3.2.05-2 博尼方丹博物馆平面图

3.2.05-3 博尼方丹博物馆外观

3.2.05-4 博尼方丹博物馆主楼梯

3.2.06 圣维塔莱河畔比安奇住宅（Bianchi House at Riva San Vitale，Ticino，1971 –1973， 设 计 者：博塔｜ Mario Botta）瑞士南部的提契诺地区与毗邻的意大利北部米兰一带有着共同的地域文化传统。这里活跃的“提契诺学派”（Ticinese School）致力于将历史传统与现代建筑结合，博塔是该学派中最有影响力的代表人物。他以类型学方法从历史中寻找建筑形式的逻辑表达，善于在实践中运用纯几何形体，通过减法处理内部空间，形成建筑自身的完整世界，其作品体现着一种强烈的秩序感和古典精神。

圣维塔莱河畔住宅坐落在卢加诺湖（Lake Lugano）之滨，处于阿尔卑斯山麓景观平缓地区，是博塔形成自己建筑风格的第一个重要作品。住宅外观大致呈一个长方体，由轻质混凝土砌块砌筑，坚实地矗立在山地上，以一道凌空的钢桥作为入口通道与山体连接。严谨的几何体表现得封闭而内省，长长的钢桥显示出对场地的一种疏离感。然而，藏在切去的表面和缝隙之后的平台传达出建筑与周围景观密不可分的交融感。此外，这种建筑与环境之间的辩证关系还表现在形体的力度、材料的和谐，以及构造与细部的精到等环节所体现的地方传统价值。柏拉图式的几何形与笔直、轻盈的红色钢桥所强化的人工意味重塑了场地，衬托出周围景观的自然状态，这座建筑为适应当地景观条件确立了一种地方样式。

3.2.06-1 圣维塔莱河畔比安奇住宅外观

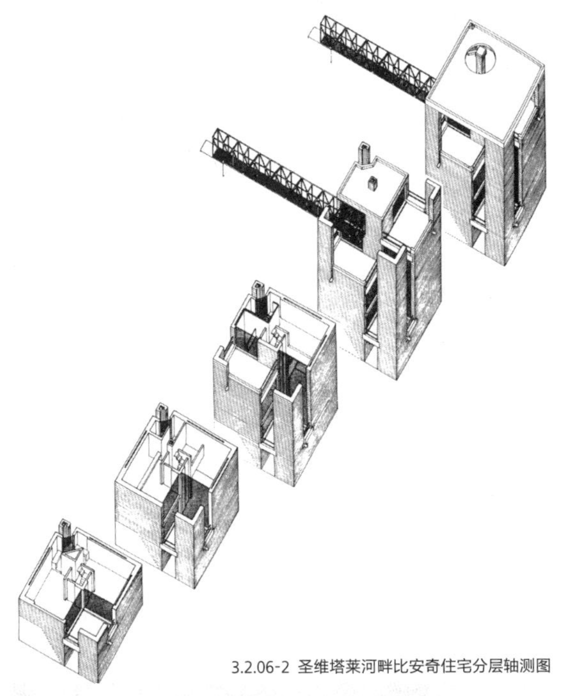
3.2.06-2 圣维塔莱河畔比安奇住宅分层轴测图

3.2.07 美第奇住宅（Medici House，Stabio，1980 –1982，设计者同上）这座小型独户住宅又称“圆厅别墅”（Casa Rotonda），博塔称它是“由天堂之光沿南北轴线一分为二的圆柱体”。住宅沿南北向布局，交通设置在中轴线上，有一条贯通的竖向开槽直通顶部的天窗。各个居住空间围

3.2.07-1 美第奇住宅正面外观

绕中间的竖向空间布置。楼梯间呈柱状，柱头是用数匹砖砌筑而成。博塔在这个设计中为保留几何形体的完整性，只对外墙面加以切割，把其他建筑师常感到为难的圆形平面处理得美观而又简单，体现了建筑与自然之间更抽象、纯粹的关系。

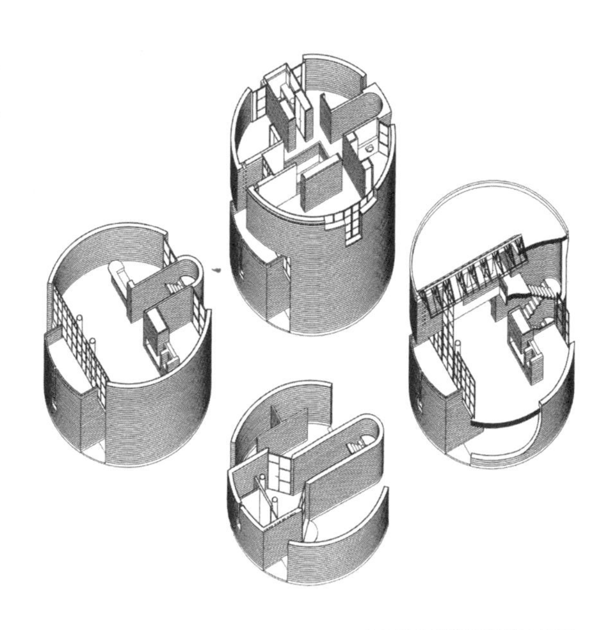

3.2.07-2 美第奇住宅分层轴测

3.2.08 戈塔尔多银行（Bank of Gottardo, Lugano，1982－1988，设计者同上）博塔认为银行承担着公共场所的角色，应该在设计中与城市结构相融，以凸显它在城市生活中的作用。

卢加诺的戈塔尔多银行处于一个狭长地段，沿街立面突出四个独立的单元体，其间形成半围合的室外庭院，成为新的城市空间的一部分，并与侧面的公园遥相呼应。单元体的立面本身很完整，像一个个石制的"面具"，呼应着庄严的古老宫殿，并为城市建立克制但不乏个性化的面貌。半围合式庭院为市民提供了舒适的休闲场所。

3.2.08-1 戈塔尔多银行外观

3.2.09 旧金山现代艺术博物馆（Museum of Modern Art, San Francisco，1989－1995，设计者同上）这座博物馆位于一个三面被高层建筑包围的地段上，博塔在设计时始终坚持三个目标：尽管用地紧张，仍要有自然采光；室内形象整体化处理；建筑的外皮尽量处理得平淡，以促使参

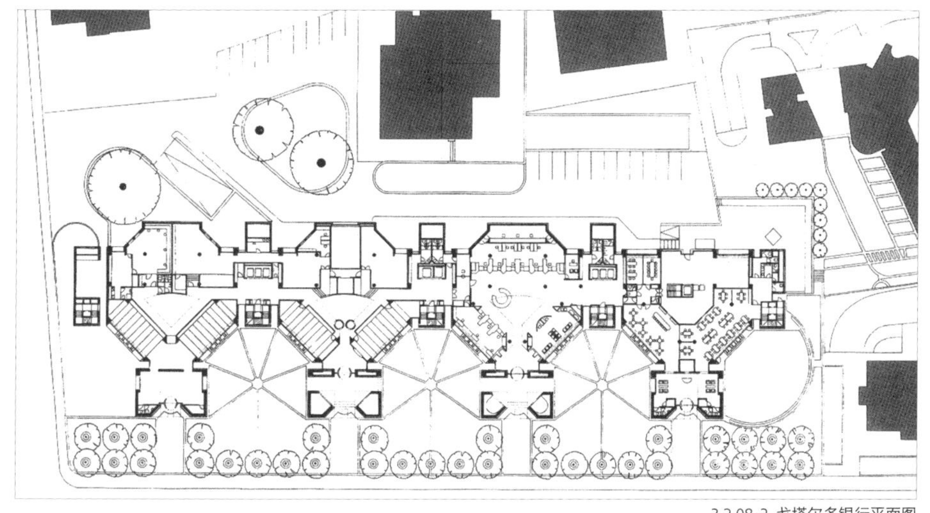

3.2.08-2 戈塔尔多银行平面图

观者进入博物馆内部。该博物馆外观呈退台状，内部一系列的展览空间全部从顶部采光。建筑形体的中部断开，露出中心由深浅两种颜色大理石饰面的圆柱形体量。圆柱形体量的顶部被削切成斜面，其中心玻璃覆顶的中庭空间引入自然光线，贯通整个博物馆。

博塔以逐步升高的纪念碑样的基座簇拥着图腾般高举的斜顶面圆柱体的建筑形态，为整个社区打造了一个新的精神中心。

3.2.10 奥尔赛美术馆（Musée d'Orsay，Paris，1980－1987，设计者：奥伦蒂 | Gae Aulenti）奥尔赛美术馆是对1900年投入使用的巴黎奥尔赛老火车站（Gare d'Orsay）的更新，用于展示19世纪后半叶到第一次世界大战前的艺术品，由来自米兰的奥伦蒂担任美术馆的室内设计。奥伦蒂利用原有的玻璃拱顶进行天然采光，并在火车站大厅增加了两道长长的“界墙”，形成一条人为的“街道”，用以引导参观路线。两侧分段界墙的造型具有古代神庙一般的厚重感，与火车站原先华丽而略显颓败的拱形墙面形成巧妙的搭配，使原有元素和新加元素交相辉映。

3.2.11 法兰克福建筑博物馆（Museum of Architecture，Frankfurt，1981－1984，设计者：翁格尔斯 | Oswald Mathias Ungers）翁格尔斯作为新理性主义在德国的积极响应者，长期潜心于建筑原则的本源和建筑类型学的思考。他将建筑生成的结构原理归结为一种“建筑的新抽象”，以此“还原空间的基本概念”，并形成“普遍适宜的、表达一种永恒质量的抽象秩序”。

这座博物馆本是一座没有太大建筑历史价值的老宅。翁格尔斯出于“怀旧价值”的考虑把老宅保留了下来，将不适用于博物馆功能的部分进行了改建。建筑博物馆新加的围墙把原来地段上的花园和老宅都纳入整个大建筑。花园上覆玻璃顶，作为半室外陈列空间；老宅的外壳保留下来，

3.2.09-1 旧金山现代艺术博物馆鸟瞰

3.2.09-2 旧金山现代艺术博物馆室内

3.2.10 奥尔赛美术馆

增建一圈内墙，既可加固墙体，又可利用夹缝作辅助空间；屋顶上加大型玻璃天窗，将内部结构尽数拆除后，在内新建一座小屋，形成“屋中之屋”。这样，老屋和新屋都成为了博物馆的“展品”，而参观者进入馆内必经的各种相关空间，也都具有着像城市范例一样的特殊意义。

3.2.11-1 法兰克福建筑博物馆沿街外观

3.2.12 柏林申克尔广场住宅坊（Schinkelplatz, Berlin，1977－1987，设计者：克里尔｜Rob Krier）

卢森堡建筑师克里尔兄弟（Rob & Leon Krier）是新理性主义运动中两名颇受关注的人物。他们回归历史的概念走得最远，把工业革命前的欧洲城市看作最理想的城市模式，要“用恢复城市空间精确形式的方法来反对城市分区所造成的一片废墟”，重建 19 世纪早期新古典主义城市中凝结的秩序性。

克里尔潜心研究了历史上各种城市形态和城市发展理论，从历史原型中引出都市空间的类型，再把原型重新植入现存的都市环境中。

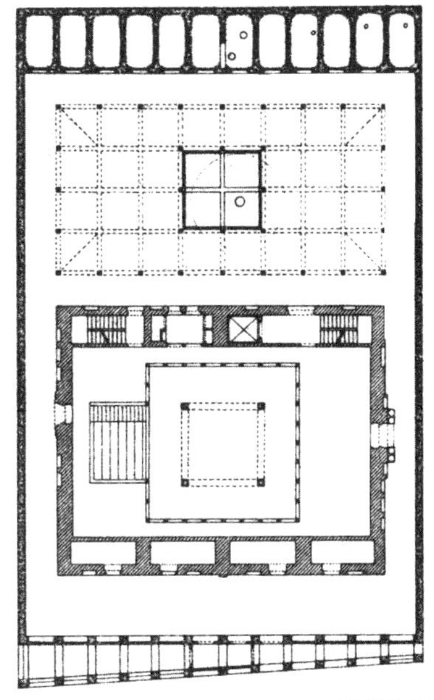

3.2.11-2 法兰克福建筑博物馆平面图

3.2.12-1 柏林申克尔广场住宅坊平面草图

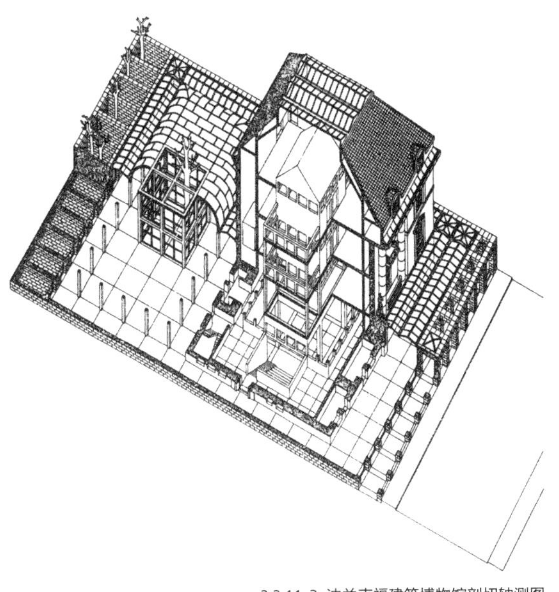

3.2.11-3 法兰克福建筑博物馆剖切轴测图

柏林申克尔广场住宅综合体采用对称布局，基于类型学原则的设计显得极为理性和简洁，同时给广场带来明确的逻辑性。两层通高连续拱的立面靠前排列在内院周围，令人回想起申克尔设计的与此相似的柏林建筑学院。色彩的应用矫正了现代主义城市单调沉闷的灰色，给院落空间带来勃勃生机与亲切感。

3.2.12-2 柏林申克尔广场住宅街坊内院广场

3.2.13 积木住宅（The Toy Block House，1978–1979，设计者：相田武文 | Takefumi Aida）该住宅建于日本山口县防府市，由底层的牙科诊疗室和二层的公寓组成，住宅外观简单、洁净，采用喷涂面砖。

建筑师相田武文认为，积木住宅涉及记忆中的住宅形象，他以一种表象的方式记录了这些形象，并按照建筑体块单纯而又无个性的状态简化了这些形象。既然儿童可以用自己的方式搭建玩具积木，那么，建筑师也可以用与众不同的方式搭建“钢筋混凝土的积木”。

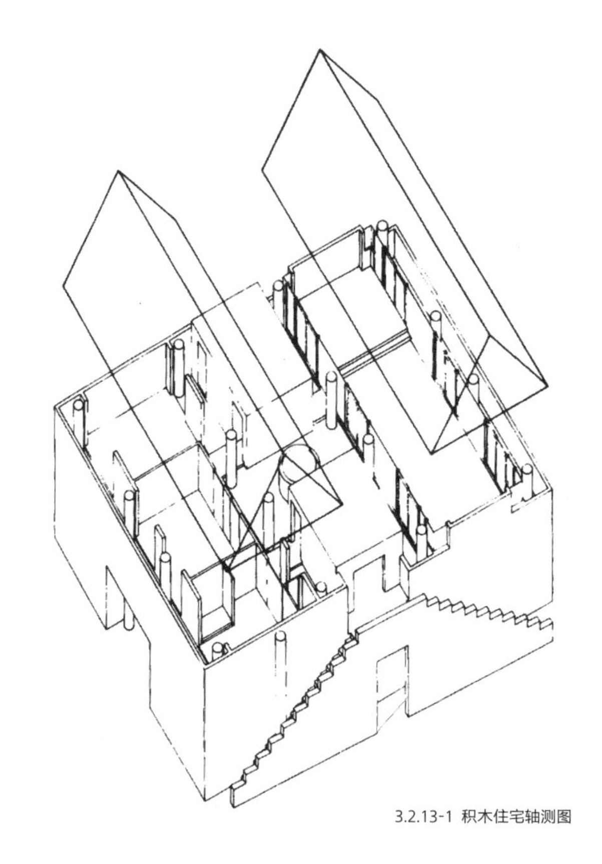

3.2.13-1 积木住宅轴测图

3.2.13-2 积木住宅背立面

3.3

守望者：新现代

（1960 年代 — 1990 年代）

3.3.01 阿尔贝斯（Josef Albers）的绘画《向正方形致敬》

“新现代”一般是指那些相信现代建筑依然有生命力，并力图继承和发展现代派语言与方法的建筑创作倾向，它并不纠缠于理论，也非一种全新的建筑思潮，在设计实践中与 1970 年代以后带有历史主义倾向的各种后现代思潮泾渭分明。

在愈加开放和多元的时代里，现代建筑传统受到广泛挑战，不再占据绝对主流地位。建筑师们的创作既讲求个性、又善于吸取其他各种经验与思想，一部分人在建立批判意识的同时，也坚持认为现代建筑依然有可持续发展的生命潜力，并在实践中坚持这样的探索。

1969 年，纽约现代艺术博物馆为 5 名纽约建筑师举办了作品展，他们是：艾森曼（Peter Eisenman），格雷夫斯（Michael Graves），迈耶（Richard Meier），格瓦斯梅（Charles Gwathmey）和海杜克（John Hejduk），展出的都是他们的独立式住宅设计。这些作品在形式上有一些明显的共同特征，都采用类似 1920 年代柯布西耶早期风格的简洁几何形体，也似乎吸收了荷兰风格派和意大利理性主义的设计手法。这次展览被看作新现代的开始，而这 5 名建筑师也被合称为“纽约五”（New York Five）。“纽约五”后来的建筑创作发生了各自不同倾向上的转变，其中迈耶一直坚持具有现代建筑传统的设计方式，成为新现代的中坚力量，而因他的设计通常采用几何形体、洁白墙面又成为“白色派”（The Whites）的代表人物。

1980 年代初，在遭受后现代主义急火攻心般的发展之后，现代建筑的有益原则又得到重新认识，建筑评论家们用“新现代”这个名称表明一种新的建筑正从现代建筑的传统中复活，逐渐恢复对后现代主义的“招架之功”，并形成一种与后现代古典主义或通俗主义相抗衡的创作倾向。

法国建筑界受柯布西耶的影响深远，许多建筑师坚持现代建筑的传统语言，抵抗美国的后现代古典主义和通俗主义，自觉维护现代主义的价值观和艺术方法论，是新现代建筑的身体力行者。

新现代并非对现代主义的简单复兴，它表达了在经历 1960—1970 年代的反叛浪潮之后，人们开始回归理性，推崇和谐美学观，重新认识和思考现代主义价值的愿望。建筑师们不再把现代主义奉为教条，而是通过反思和批判来更深刻地理解现代建筑，充实其内涵，扩展其表现形式，使现代派建筑语言更丰富，更有人情味，更优雅、精致，在建筑实践中使作品更自觉地去适应各种文脉、环境与美学的需要。

3.3.02 汉泽尔曼住宅（Hanselmann House，Fort Wayne，Indiana，1967，设计者：格雷夫斯）后现代主义的代表人物格雷夫斯最初是“纽约五”的成员，他早年的实践受到现代建筑传统的深刻影响。在他设计的汉泽尔曼住宅中，建筑形式与空间格局明显具有柯布西耶的特点。

住宅原设计为一大一小两个立方体，入口在二层，由一道室外楼梯形成的“高架桥”与外界联系，由室外进入建筑的仪式感通过“桥”的意象被强化，隐喻人在自然中建立秩序的过程。如果主体前用作大门的小立方体最终实现了的话，通过两道大门，将会使入户时庄严神圣的感觉更加突出。

3.3.02-1 汉泽尔曼住宅外观

3.3.03 住宅III（米勒住宅）（House Ⅲ｜Miller House，Lakeville，Connecticut，1970，设计者：埃森曼｜Peter Eisenman）解构主义的代表埃森曼最初也受到柯布西耶纯净主义风格的影响，但他更侧重关注的是如何强化建筑形式的独立性，并通过一系列住宅设计展示了其思想的发展过程。

作为住宅设计系列之三的米勒住宅，由两个互成角度的长方体组成，彼此穿插，各个立面的处理不分主次，形成一种“建筑正面性与旋转性的对峙”（frontality vs. rotation）。

3.3.04 住宅VI（弗兰克住宅）（House Ⅵ｜Frank House，Cornwall，Connecticut，1972–1973，设计者同上）埃森曼认为建筑形式不是功能与技术要求下的结果，它本身具有更抽象、更本质的结构逻辑，找到这样的形式结构，就能使建筑成为“自主的建筑”（Autonomous Architecture）。

这种对现代主义价值核心——“形式是内容的表达”的质疑态度，发展到他设计住宅VI的弗兰克住宅时变得更加明显。住宅中一些形式元素以非常规的方式出现，不为满足某种功能或承担一定荷载，它们属于埃森曼所谓“抽象的自主系

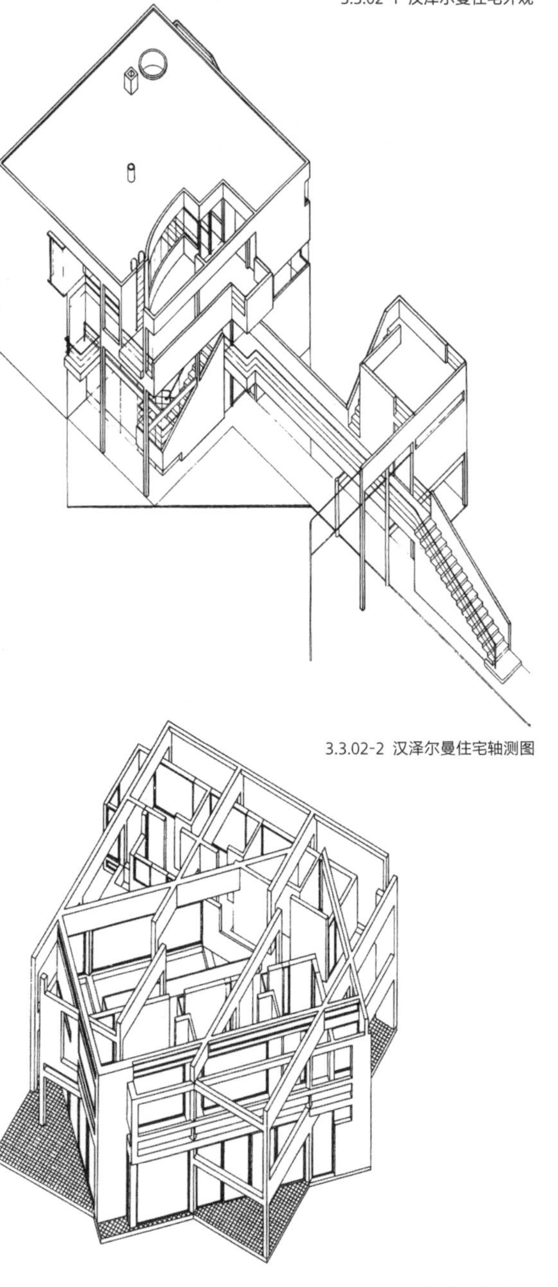

3.3.02-2 汉泽尔曼住宅轴测图

3.3.03 住宅Ⅲ轴测图

统”：深色楼梯由入口通向一个不存在的二层，而浅色的台阶引向起居区域；主卧室大床所靠的墙中间有一条断裂的空隙；每个建筑构件，甚或每一个侧面被涂饰不同颜色，以表明它们分属于不同的系统。

3.3.04-1 住宅VI外观

3.3.05 史密斯住宅（Smith House，Darien，Connecticut，1965－1967，设计者：迈耶｜Richard Meier）迈耶是新现代的中坚力量，自始至终坚持现代建筑传统。史密斯住宅反映出典型的“迈耶风格”。它位于树林之间的草地上，面朝大海，外观是白色的几何形体。迈耶根据功能关系划分虚实，相应地组织空间和结构。家庭成员各自的私密生活空间被纳入三层的实体部分，家庭的公共空间则放在竖向贯通的开敞部分。室外有一条长坡道通向住宅入口，内部三层水平走廊联系着两个对角布局的楼梯，并将抽象的空间分层系统和交通流线明确地表达出来，使私密与公共两部分有机地结合在一起，而使用者在交通空间中的频繁穿行又强化了虚实两部分之间的层次感与通畅感。

迈耶在形体、空间、坡道、色彩等方面仍延续着现代建筑的语言，同时又为建筑形式自主性与秩序感找到了诸如场地、功能、流线与入口、结构与围合等切实的落脚点。

3.3.04-2 住宅VI室内

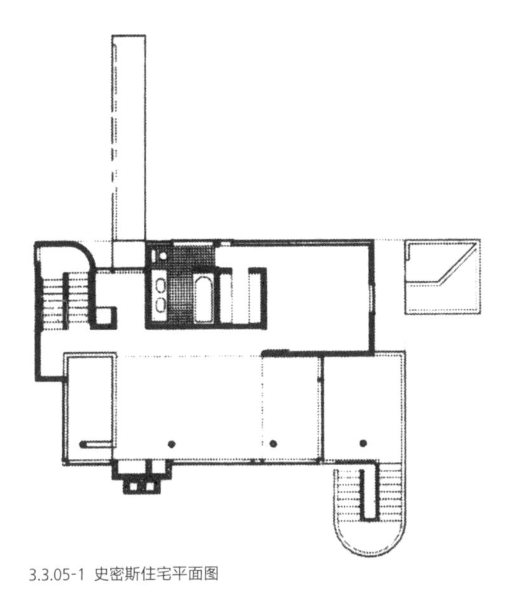
3.3.05-1 史密斯住宅平面图

3.3.05-2 史密斯住宅外观

3.3.06 道格拉斯住宅（Douglas House，Harbor Springs，Michigan，1971－1973，设计者同上）道格拉斯住宅是迈耶用简洁几何体形设计的最成功的作品之一。这座五层住宅坐落在一片面向密歇根湖的陡峭又孤立的坡地上，入口设在顶层，通过一座小桥进入。

住宅凭借高度人工化的抽象几何形体、工艺精湛的金属栏杆、纯白的色彩，在周围浓密的针叶林簇拥下显得格外纯净典雅、明朗动人，体现出建筑师对形式以及环境关系的高超把控能力。

3.3.06 道格拉斯住宅

3.3.07 阿瑟纽姆（意译为“雅典娜之家”，The Atheneum，New Harmony，Indiana，1975－1979，设计者同上）印第安纳州历史小镇纽哈默林的创建反映了空想社会主义者欧文的“新协和村”（Village of New Harmony）的理想，而迈耶设计的阿瑟纽姆就是该镇的旅游信息中心。

建筑位于城镇和镇外停车场之间的河岸草坪上，体形虚实结合，轮廓清新明朗。它的基本结构网格与城镇规划平行，通体被一条逆时针旋转5°的长长的坡道斜切而过，该坡道通向小镇中的历史建筑群。坡道轴线在室内与建筑的基本网格形成部分交叠。从西立面上看，主入口处的大片墙体被扭转了45°，正对着从停车场方向过来的

3.3.07-1 阿瑟纽姆南面外观

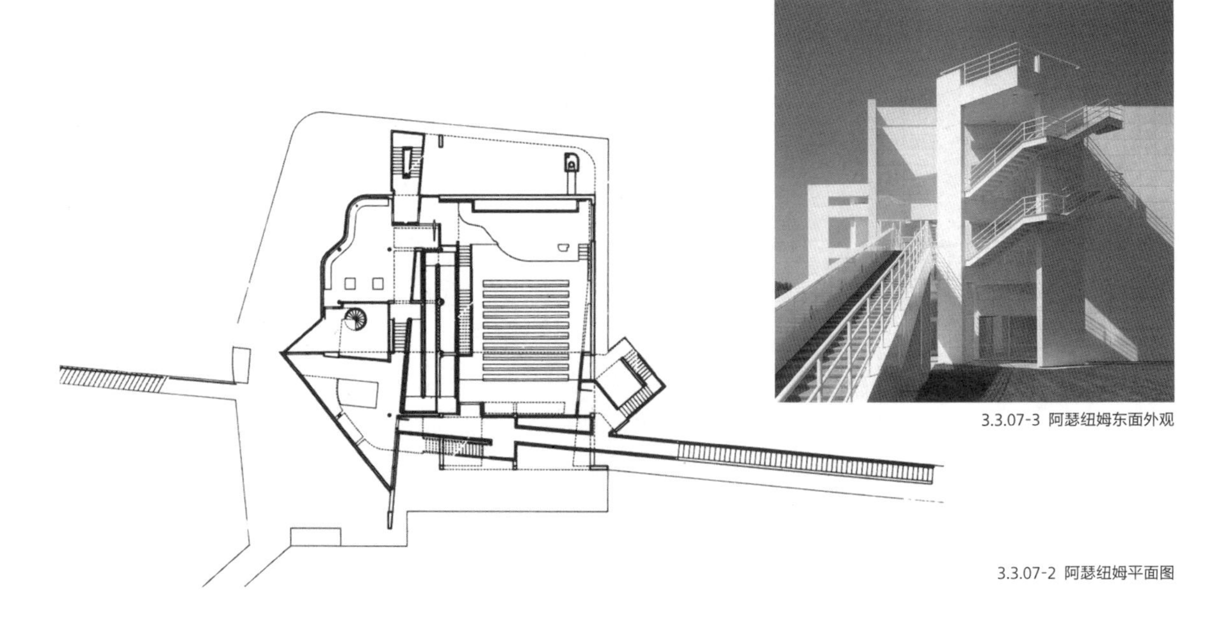

3.3.07-3 阿瑟纽姆东面外观

3.3.07-2 阿瑟纽姆平面图

步行小道，而与之衔接的曲面则呼应了河水的奔流之态。突出的平台、冗长的坡道、折叠的楼梯强调出建筑“通过式”的使用方式，并给予人们更多的观赏角度。栏杆配合立面上以白色釉面瓷砖覆盖的钢骨架结构使人仿佛置身海上游轮。

也许是由于设计思路的来源过多，该建筑室内外的关系不够清晰。这座建筑成为迈耶设计风格的转折之作。

3.3.08 法兰克福装饰艺术博物馆（Museum for the Decorative Arts，Frankfurt，1979 –1985，设计者同上）这是迈耶在设计竞赛中的获胜方案。建筑坐落在法兰克福市美因河南岸的一座景色宜人的公园里，以“L”形的方式完成总体布局，而场地上原有的一座18世纪的别墅就被保护在“L”形的空缺处。各种城市要素制约着建筑的尺度，迈耶仍使用网格与偏转轴线来建立建筑的形式逻辑。该博物馆形体基本为直线几何体的虚实组合，穿插少量曲面，将展馆、餐厅、图书馆、办公室等功能组织其中，并与所处的公园环境形成一种相互渗透、相互包容的关系。建筑的窗户以110厘米为模数，组合成大小不同规格的矩形窗格，色彩照例是迈耶标志性的纯白。抽象的形式显示出一种超越时间、地点的净化力量。

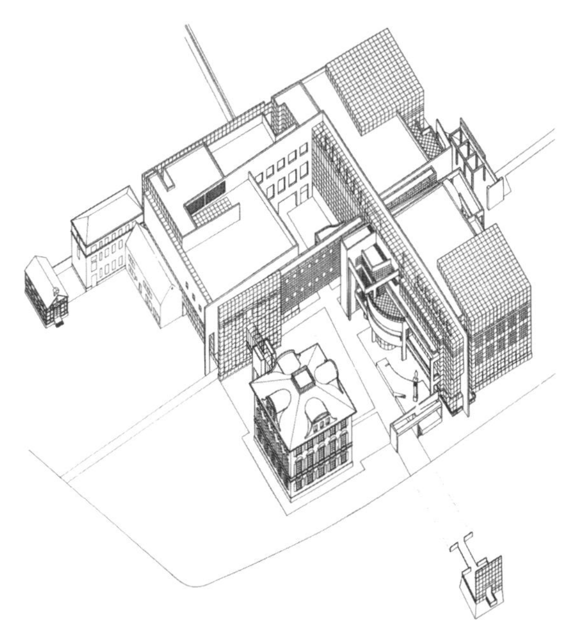

3.3.08-1 法兰克福装饰艺术博物馆轴测图

3.3.08-2 法兰克福装饰艺术博物馆入口

3.3.08-3 法兰克福装饰艺术博物馆侧面外观

3.3.08-4 法兰克福装饰艺术博物馆室内坡道

3.3.09 巴黎有线电视公司大楼（Canal+ Television Headquarters，Paris，1991，设计者同上）这是一家专门播放电影的有线电视公司，它的办公大楼位于塞纳河左岸，围绕着一块公共绿地。迈耶把建筑平面处理成“L”形，与塞纳河平行的一翼为办公区，与塞纳河垂直的一翼为工作室以及用作辅助办公的小塔楼。

建筑外观比较规整，以白色实墙面居多，但在“L”形两翼的转角处，迈耶设计了一个略高出两翼的流线形曲面的连接体，其立面是大片玻璃幕墙，细部非常有特点。在由幕墙围护的办公室里，人们可将塞纳河的风光尽收眼底。建筑中的另一个曲面形体是高出工作室一翼屋顶平台的圆台形放映厅。迈耶对“光”的关注在该大楼设计中并没有通过透空架子的光影变化来表达，而是通过虚实表面在自然光照下反射与透射的不同观感来加以呈现，特别是夕阳西下，临塞纳河的立面被染上一片金黄光彩的时候，建筑华丽高贵的格调立现。

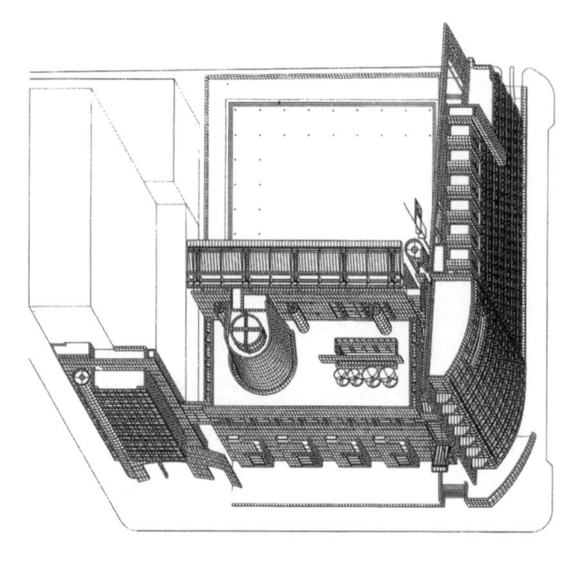

3.3.09-1 巴黎有线电视公司大楼轴测图

3.3.09-2 巴黎有线电视公司大楼临河外观

3.3.10 格蒂中心（Getty Center，Los Angeles，1985－1997，设计者同上）超级博物馆格蒂中心占地 44.5 公顷，总建筑面积 88 000 平方米，耗费了迈耶十多年的心血才告竣。这里实际上是一处集展览、研究、交流、行政、服务于一体的文化园地，位于洛杉矶附近的一座小山丘上，俯瞰太平洋。作为大型建筑综合体，迈耶拟将该中心设计为复杂、严格的几何体形，与现代主义观念保持一致，并在其中充分表达自身对场所和城市文化特性的强烈感受。

格蒂中心采用两套交叉组合的轴网，在模数基础上组合虚实不同的长方体，适当穿插划属迈耶“专利”的钢琴曲线造型，空间处理均以方、圆为母题，顶部利用天窗采光。这座建筑是集迈耶所有个性化设计手法之大成者，堪称其设计生涯的里程碑之作。迈耶对建筑流线做了精心安排，在展馆之间穿插布置休息区、花园和平台，方便人们休息放松，避免因过长的参观过程而产生“博物馆疲劳症”。

3.3.09-3 巴黎有线电视公司大楼临绿地外观

格蒂中心设计的最成功之处在于建筑群落的组织及其与环境的完美结合。通过减小建筑尺度产生亲切感，减少对原有自然环境的干扰和破坏；宽阔的内院便于人们眺望洛杉矶和太平洋的无限风光，同时形成像社区中心一样的户外交往空间；规整、具有现代感的建筑群与四周 3000 余棵加州橡树形成鲜明的映衬关系。一方面，环境制约建筑，另一方面，建筑又主宰环境，环境与建筑在平等对话中共存，在相互交融中合二为一。这种人力与自然的关系体现在建筑的空间序列以及建筑与场地互为依存的方式中。迈耶力图创造“一种在崎岖山坡上体现平静与理想，高雅和永恒的古典结构”—— 一座当代的雅典卫城。为了强化建筑的永恒性，迈耶甚至在颜色上作了妥协，用淡褐色石料取代了他招牌式的纯白。

然而，与雅典卫城相比，格蒂中心的建筑因布局受到轴网扭转角度的严格控制而显得过于拘谨，虽然每组的建筑设计手法因相似而十分和谐，但也因此缺乏个体风格的独特性，加之缺乏一个

3.3.10-1 格蒂中心博物馆入口

3.3.10-2 格蒂中心博物馆内院

3.3.10-3 格蒂中心博物馆门厅

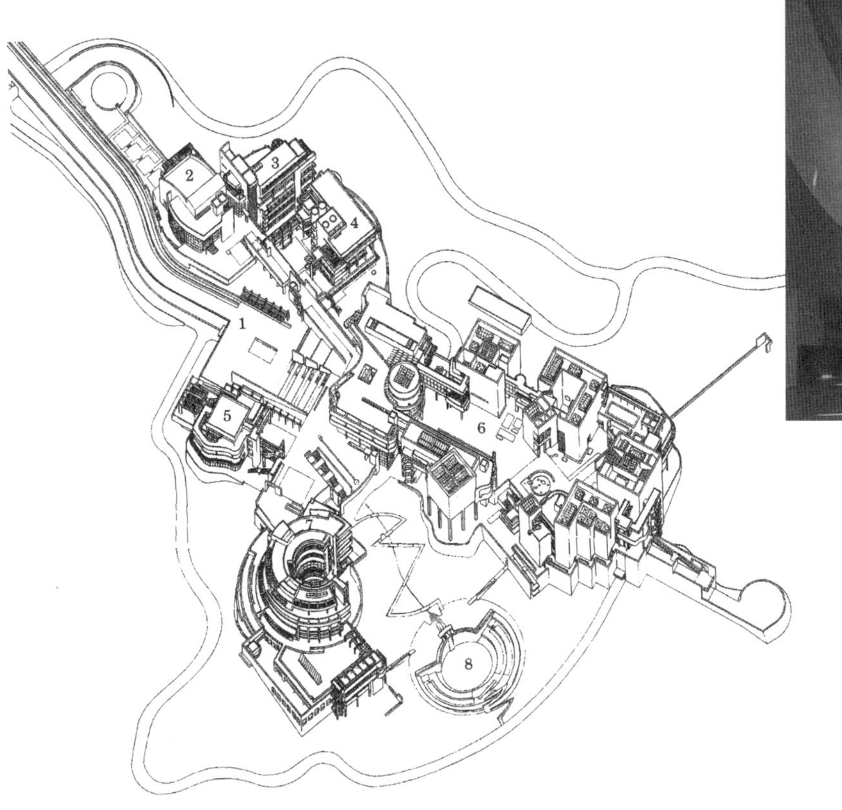

1. 电车站
2. 报告厅
3. 信息中心
4. 艺术教育
5. 餐饮中心
6. 博物馆
7. 艺术史与人文研究所
8. 中心花园

3.3.10-4 格蒂中心轴测图

统帅性的视觉中心，建筑的整体设计也显得平淡。毕竟，在这类超大规模的建筑中采用小尺度的处理手法，不太容易打造出强烈的纪念性效果。

3.3.11 巴黎卢浮宫扩建（（Grand Louvre，Paris，1981 –1989，设计者：贝聿铭）卢浮宫扩建是为 1989 年纪念法国大革命 200 周年而实施的重大建设工程之一，因而比贝聿铭的其他设计项目引起了更大的轰动。

这次扩建项目主要是为卢浮宫博物馆补充必需的服务空间，并改善其交通组织，以便与城市交通顺畅地联系起来。贝聿铭提出了一个四两拨千斤的方案：将所有扩展的空间都放入广场的地下，增设宽阔的中庭、各种学术与艺术交流场所、文化购物街等设施，彻底改善博物馆的参观条件；在工程建设过程中挖掘出来的城堡遗址也被组织到参观路线中，为博物馆增添了一道独特的风景；从卢浮宫广场的地面上看，只增加一座钢结构的玻璃金字塔（四棱锥）作为主要画廊的入口，另设两座较小的玻璃金字塔为地下空间提供更多的采光和通风。

金字塔的形象在当时社会上引起轩然大波，有人指责建筑师在巴黎最重要的地标性建筑中借用古埃及的形象象征，而贝聿铭坚持认为这种纯粹的几何形体是建筑的基本形式语言，它属于任何时代、任何地域，既传承古典精神，又面向未来世界。

事实上，恐怕没有其他形状比金字塔更为静态、稳定，或者更具有纪念意义的了。在卢浮宫有限的内院空间中加入任何复杂、巨大的实体形象都无法比简单的形体、纯粹的玻璃材质更能体现对历史建筑的尊重了。贝聿铭这种以虚代实、以少胜多的新奇设计思路最终还是得到了世人的认同和赞赏。

3.3.12 巴黎德方斯巨门（La Grande Arche，La Défense，Paris，1982 –1989，设计者：冯·施普雷克尔森｜ Johan Otto von Spreckelsen）丹麦建筑师

3.3.11-1 巴黎卢浮宫扩建外观

3.3.11-2 巴黎卢浮宫扩建内景一

3.3.11-3 巴黎卢浮宫扩建内景二

3.3.11-4 巴黎卢浮宫扩建内景三

冯·施普雷克尔森设计的德方斯巨门与巴黎的凯旋门遥相呼应，旨在将戴高乐总统拟就的德方斯新区与奥斯曼规划的始于卢浮宫的宏伟轴线更好地联系起来。

这座纯净而壮丽的立方体100米见方，包含35层办公用房，用白色卡拉拉大理石、灰色花岗岩和反射玻璃饰面，内侧面处理成具有迎纳感的斜面。巨门下方轻柔优美的网状“浮云”用作雨棚，是由可伸展的织物构成，与笔挺的立方体形成鲜明对比，作为近人尺度的可感知元素，也可避免巨门空间过于空洞。

这个在设计竞赛中的获胜方案的落成代表着这样一种动人意象：巨门是巴黎伟大历史主轴的视觉终点，也是人们展望未来的大门。

3.3.12-1 巴黎德方斯巨门外观

3.3.12-2 从德方斯巨门远眺凯旋门

3.3.13 达尔·阿瓦住宅（Villa dall'Ava，Saint-Claud，Paris，1985–1991，设计者：库哈斯｜Rem Koolhaas）这座住宅位于巴黎西部一片景色优美坡地上的19世纪别墅群之间。建筑师库哈斯——被业界认为的解构主义代表——在这个作品中却表现出明显的现代建筑设计倾向。住宅底层开敞，三面都装有大玻璃，显露出柯布西耶式的独立混凝土支柱；内部以成型聚酯隔断分隔起居、厨房等不同使用空间；被架空的上层是业主夫妇的卧室及其女儿居住的“悬浮空间”（hovers），在外观上形成两个以铝板贴面，且大小、色彩互异的悬挑体量；屋顶设置游泳池，并在设计上尽可能去掉了环绕游泳池的侧墙，以使周围景色能尽收眼底。

3.3.13-1 达尔·阿瓦住宅外观

3.3.14 第一次世界大战历史博物馆（Historial de la Grande Guerre, Péronne, Somme, 1987–1992，设计者：奇里亚尼｜Henri Ciriani）奇里亚尼深入研究柯布西耶的设计语言，分析现代空间的组织原则以及对形态和美学的影响，努力挖掘现代空间的丰富潜力。

这座博物馆以现代建筑中特有的纯白作为基本表现手段，用白色作为隐喻来表达“和平”与“永

3.3.13-2 达尔·阿瓦住宅室内

恒”，同时也通过白色求得设计上的统一。博物馆利用了一座原有的中世纪城堡，新楼好像从老建筑上萌发的“新枝”。展厅顶部采光，以大理石圆柱组成结构柱网，用来象征性地表达那些陷入战争的国家。柱网形成的光影让人感受到时光的流逝，和平与永恒的主题也更加鲜明。

3.3.14 第一次世界大战历史博物馆

3.3.15 巴黎大学生公寓（Résidence Universitaire Croisset，Paris，1995，设计者：建筑师工作室｜Architecture Studio）大学生公寓北面离环绕巴黎城区的大道仅 5.5 米，面对环路上充斥的噪声、速度和污染，设计者采用一直一曲双重墙，形成一道高 33 米、长 105 米的巨大防护屏障，两道墙体之间又窄又高的空间是公寓的主要交通通道，兼作公共聚会场所。最外侧曲面墙上开有一个 15 米 ×30 米的巨窗，朝向巴黎北郊圣德尼教堂的景观；夜晚，巨窗将室内的光线投射到室外，同时，窗玻璃反射的大道上缭乱的广告霓虹灯光和汽车灯光也给这道黑色的混凝土墙体带来了生机。三个铝质表面的建筑体块背靠着这道巨大的防护屏障，面向一片充盈着宁静与阳光的绿化带，其熨斗形的平面和逐间外突的窗户使得每套公寓都能获得充足的阳光，并拥有眺望近旁的庭院、远处的蒙马特高地及圣心教堂的良好视野。

对于紧邻巴黎环线的大学生公寓，建筑师没有回避它所面临的都市文脉问题，将场地负面的限制转化为正面的依托，使它成为一座具有双重肌理、双重意义的建筑。

3.3.15-1 巴黎大学生公寓外观

3.3.15-2 巴黎大学生公寓防护墙内部

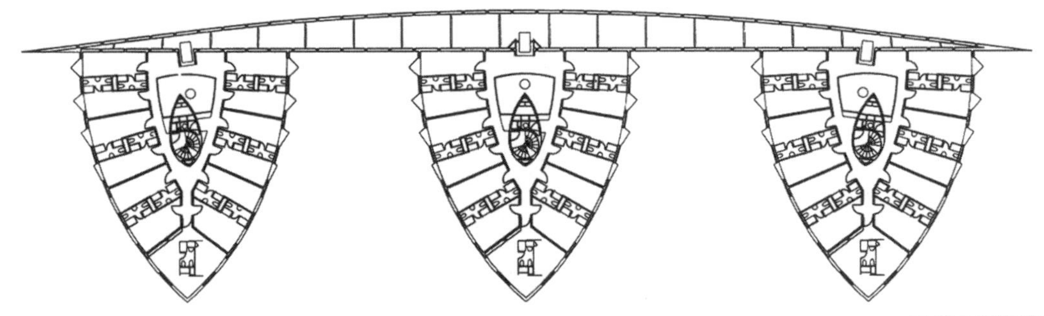
3.3.15-3 巴黎大学生公寓平面图

3.3.16 巴黎音乐城（Cité de la Musique，Paris，1984 –1995，设计者：鲍赞巴克 | Christian de Portzamparc）该音乐城位于巴黎拉维莱特公园的南入口附近，由东、西两组建筑组成，主要功能包括一座音乐厅、100 间琴房、15 间音乐教室、一座乐器博物馆和可供 100 名学生住宿的宿舍，以及其他办公研究的空间等。音乐城分两期建设，西侧的国立音乐学院形体相对规整；东侧主要包括音乐厅、音乐研究所和乐器博物馆，造型具有流动感，表达出音乐的瞬变性和流畅感。建筑布置及形式充分考虑声学上的需求，片段状的体量形成了不完整的剩余空间（leftover space），有益于增强隔声效果。该音乐城的设计简洁与复杂并置，各部分有独立的几何形态，但同时也是总体几何形态的组成部分，仿佛是为城市生活谱写的一首激昂的交响乐。

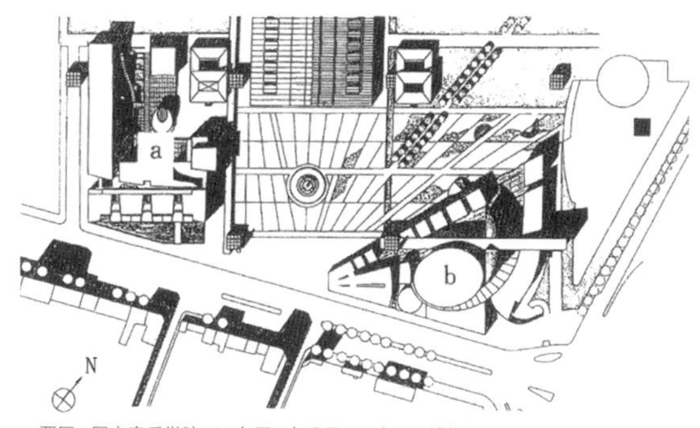

a. 西区：国立音乐学院 b. 东区：音乐厅、研究所、博物馆

3.3.16-1 巴黎音乐城总平面图

3.3.16-2 巴黎音乐城音乐学院外观

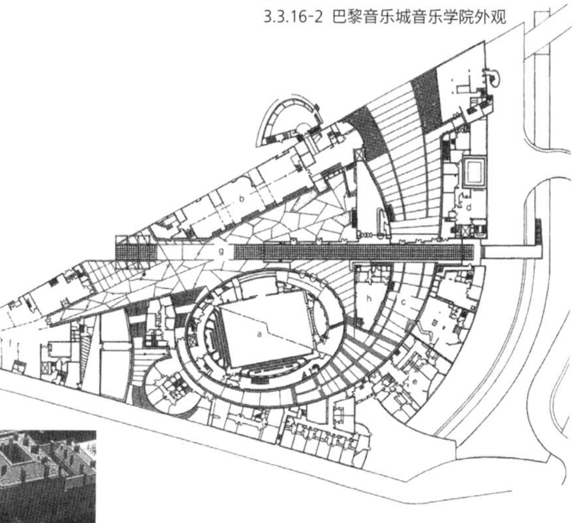
3.3.16-4 巴黎音乐城平面图

3.3.16-3 巴黎音乐城音乐厅回廊

3.3.16-5 巴黎音乐城鸟瞰

3.3.17 东京螺旋大厦（Spiral，Minato，Tokyo，1984 –1985，设计者：桢文彦 | Fumihiko Maki）著名日本建筑师桢文彦对西方现代建筑有着浓厚兴趣，随着其设计思想渐趋成熟，他的作品越发显得清新、雅致，表现出对先进技术和建筑形式的精准把控。

在这座大厦的设计中，桢文彦对建筑形式进行了富于创造力的探索。他从一个很“古典”的立面开始，将一些基本的几何形体包容在整个构图中。“Spiral”这个名称既来自建筑内部的螺旋状坡道，也暗示了桢文彦利用螺旋形的交通流线将立面从“安定”转变为“活跃”的设计理念，展馆、餐厅、商店和音乐厅等各种功能被巧妙地组织在其中，并通过建筑沿街立面的拼贴方式呈现出来。

3.3.17-1 东京螺旋大厦正面外观

3.3.18 住吉长屋（Azuma House，Osaka，1975 –1976，设计者：安藤忠雄 | Tadao Ando）“长屋”原意指大阪地区又窄又长的传统城市住宅。安藤忠雄设计的这座两层住宅用狭长的混凝土盒子替代了原三幢联排传统长屋当中的一幢。整个建筑对外是封闭的，材料的质感与几何形体使它与周围的传统住宅既相似又有很强的现代建筑特征。住宅平面被分成三等份，中间是一个庭院，内有楼梯与天桥将两边空间相连。在极度受限制的空间中，这个内院成了住宅生活的中心，它提供了人与大自然亲近的

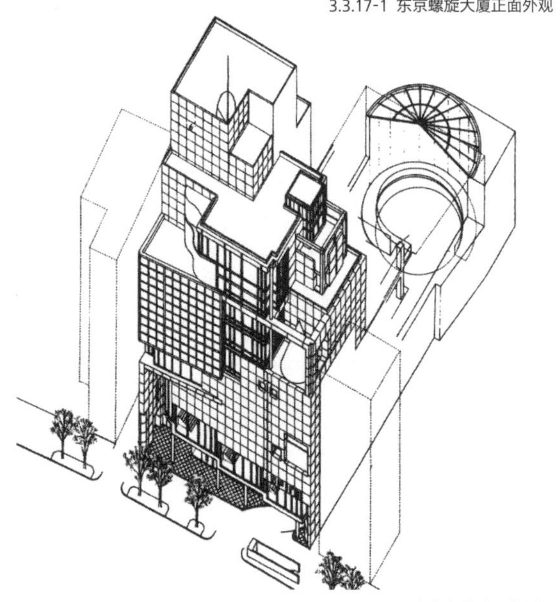

3.3.17-2 东京螺旋大厦轴测图

3.3.17-4 东京螺旋大厦室内

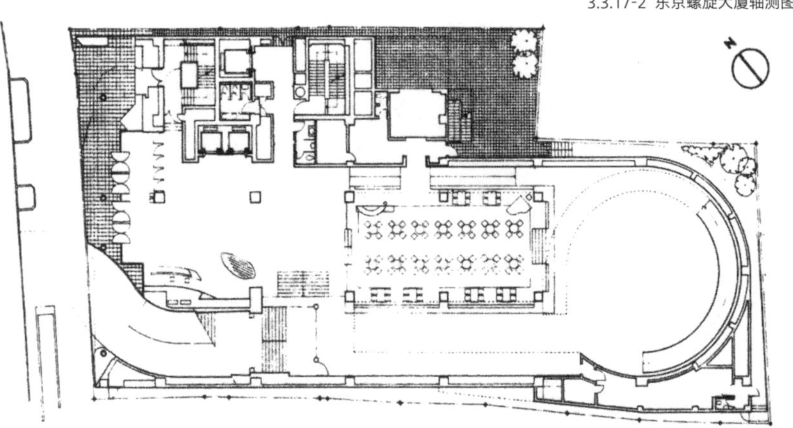

3.3.17-3 东京螺旋大厦平面图

机会，四时风雨、早晚云光都会在庭院中显现，它揭示了在极端苛刻的条件下存在的丰富性，以及与日常生活相关的一种限制性尺度。这种几何秩序和与自然的交融既有西方建筑的意味，又有日本传统文化的神韵，预示了安藤忠雄之后设计的独特风格。

3.3.19 光的教堂（Church of Light，Ibaraki，1987–1989，设计者同上）光的教堂位于一片幽静的住宅区，主体是一个长方体的素混凝土“盒子”，被一片完全独立的墙体以 150° 切成大小两部分，分别作为礼拜大厅和主入口。人们通过宽 1.6 米、高 5 米的主入口进入教堂后部，沿台阶状地面前行，目光会立刻聚焦到祭坛背后墙面上一道“十”字形的开口：阳光从那里透射进来，照亮教堂昏暗、幽深的内部，又在斜墙形成的漫反射面上晕染开来。

安藤忠雄在此着力表现和强调的是抽象的自

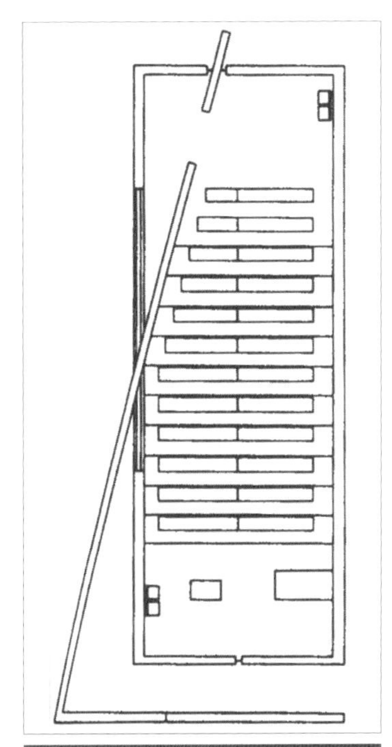

3.3.19-1 光的教堂平面图

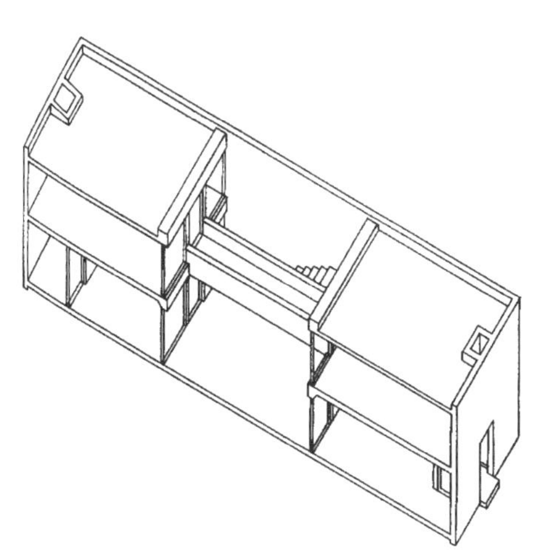

3.3.18-1 住吉长屋轴测图

3.3.19-2 光的教堂室内

3.3.18-2 住吉长屋内院

3.3.19-3 光的教堂草图

然、空间的纯粹性及其洗练、诚实的品质，让人心中油然而生一种庄严感。

3.3.20 东京国际论坛（Tokyo International Forum，1989 –1997，设计者：维诺利 | Rafael Viñoly）东京国际论坛基地位于东京的中央交通中心，其功能是容纳多种文化活动和提供信息咨询服务。建筑的各种功能，包括会场、音乐厅、餐厅、办公等被安排在四个大小不同、排成雁行的正方形单元中。隔着不规则的广场，基地另一边是壮观的船形玻璃中庭，弧形的玻璃幕墙顺着基地边界和附近铁路的走向延伸。为了避免周边繁忙交通造成的干扰，建筑外部的下段是封闭的，建筑内部的上段是开放的。人们在广场上或穿行或驻足，建筑内的各种活动一目了然，同时，广场也成为来自建筑各部分的视觉交汇处。

这个从竞赛中获胜的建筑设计方案具有明确的秩序感和整体性，维诺利通过对设计目的的清醒认识为这座人潮涌动的大都市提供了一个令公众喜爱的、舒适开敞的漫游新场地。

3.3.20-1 东京国际论坛中庭

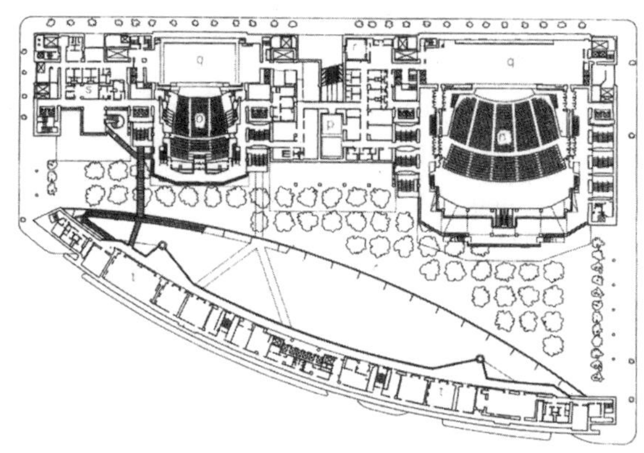
3.3.20-2 东京国际论坛平面图

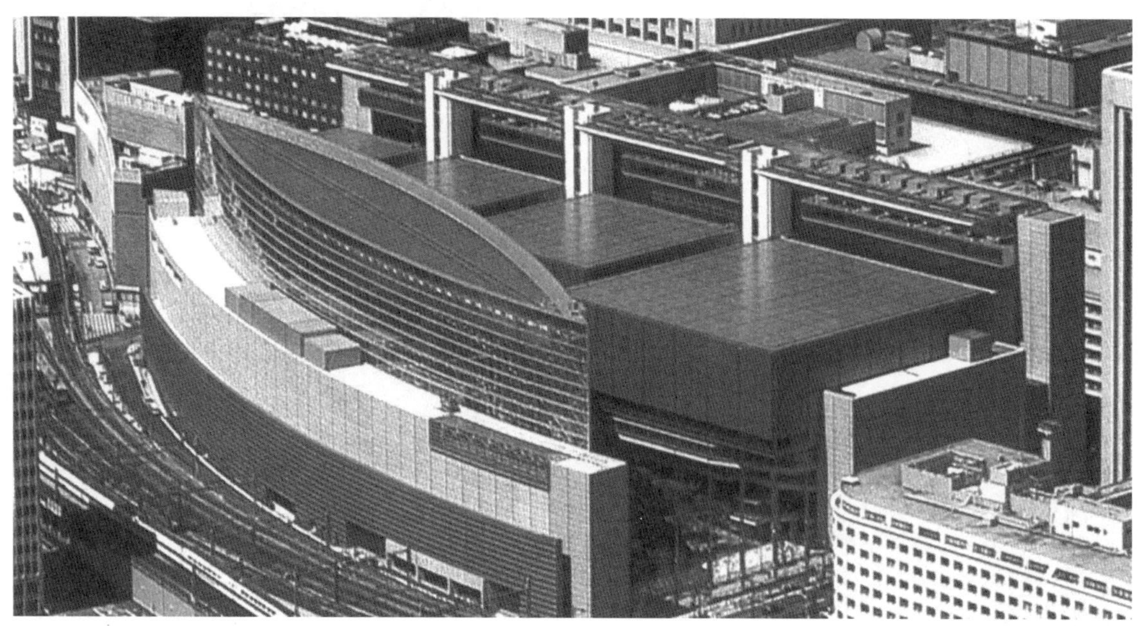
3.3.20-3 东京国际论坛鸟瞰

3.4

从风格到手段：高技派

（1960 年代— 1990 年代）

3.4.01 阿波罗登月计划

高技派作为一种设计倾向，通常被认为具有积极开创更新、更复杂的技术手段来解决建筑甚至城市问题，同时在建筑形式上全力表达新技术下的新建筑美学的特点。

所谓“高技派”在 1960 年代末就已初见端倪，当时人类科学技术的重大飞跃，为整个社会带来普遍的技术乐观主义态度，高技派倾向由此孕育而生。英国人历来对新技术抱有高度的热情，此时出现的“阿基格拉姆派”（Archigram，也称“建筑电讯派”）提出“插入式城市”设想，主张在城市交通和其他市政设施的网状结构上插入各种建筑或结构，并可每 20 年轮换拔除和插入一批，以便完成对城市建筑和设施周期性地更新。在日本，“新陈代谢派”（Metabolism）也提出相似的主张，希望通过采用高新技术，使建筑获得与生命体相似的生长、变化过程，为城市发展、人口密度增长带来的压力提供应对之策。美国建筑师、技术发明家富勒（Richard Buckminster Fuller）很早就开始追求技术带来的“动态 + 效率”（Dynamism plus Efficiency），并终于在当时的技术条件下实现了“最短程线式网架穹隆”（geodesic dome）。

这种技术理想在 1970 年代逐渐褪去了它强烈的乌托邦色彩，但以新技术手段创造性地解决建筑问题以及表现独特建筑美学的尝试仍在继续，建筑师们不再像以前那样坚持技术的主导作用，而是更加关注如何在新技术影响下拓展建构语言，改良建造方式，他们开始表现出对环境、生态甚至文化历史的深度思考与关怀。

1980 年代以后，高技倾向有所转变。在经历并认识了由于盲目信仰技术而带来的社会、环境与人类生存危机的种种问题以后，西方的技术乐观主义有所降温，所谓高技派也从带有形式表现色彩的风格化倾向转变为更加切实地运用新技术手段，冷静地看待技术对于建筑发展的影响，客观地审视工业革命以来不断涌现的、强调新技术的建造方式及其建筑美学，并借此积累经验，展开新的建筑探索。

3.4.02 蒙特利尔世博会美国馆（American Pavilion at Expo ’67，Montreal，1967，设计者：富勒｜ Richard Buckminster Fuller）富勒设计的这座美国馆是当时整个博览会的主体建筑，是他设计构想的合乎逻辑的具体呈现：富勒认为球体在所有几何形体中能以最小的表面积容纳最大的体积，而网架是最高效发挥材料强度的结构，因此，他提出“最短程线式”结构设计原理，并据此创造出用三角形或多边形的金属网架组成正多面体穹隆，以极少的材料建造出轻质、高强的屋盖，轻巧地覆盖很大的室内空间。

在这座空间网架结构的博览会主体建筑中，大量观众乘坐电梯、小型火车和自动扶梯在高约 61 米、直径 76.2 米的巨大球体中穿梭。建筑穹顶表面面积 141 000 平方英尺（约 13 099.3 平方米），外层为三角形单元构件，内层为六角形单元构件，两层间的金属杆件相互连接，共同形成穹顶的结构骨架，骨架外部用透明的塑料膜覆盖，并可启闭。夜间，透明球体的内外灯火通明，传达出人类身处技术至上时代的高昂激情。

3.4.02-1 蒙特利尔世博会美国馆鸟瞰

3.4.02-2 蒙特利尔世博会美国馆外观

3.4.03 蒙特利尔世博会西德馆（German Pavilion at Expo '67，Montreal，1967，设计者：奥托｜ Feri Otto，古特布罗德｜ Rolf Gutbrod）该西德馆犹如一个复杂的大帐篷，面积为 80 000 平方英尺（约 7432.2 平方米）。它采用张力蒙皮结构（stressed-skin），以 8 根高桅杆作为竖向支撑，张拉起网状钢索，屋面在半透明的聚乙烯薄片上覆聚酯纤维，并通过起拱线和起拱板与网状钢索接合在一起。这种轻盈、自由的结构用料经济，施工方便，建造速度快，并且空间可以任意拼接、延展。随着计算机技术的快速发展，复杂张力结构的计算与实际应用逐渐得到普及。

3.4.03-1 蒙特利尔世博会西德馆外观

3.4.03-2 蒙特利尔世博会西德馆细部

3.4.04 山梨县文化会馆（Yamanashi Press and Broadcasting Center，Koufu，1961－1966，设计者：丹下健三）位于甲府市的山梨县文化会馆

是当地一座包括报纸、广播和印刷等功能的综合性信息中心。丹下健三考虑到建筑未来将增加的、不可预见的使用功能，将会馆设计成一个开放、便于扩建、并可在长宽高三个方向加以扩展的空间结构。它基本的竖向结构是 16 个直径 5 米的中空钢筋混凝土竖筒，筒内空间可用作楼梯、电梯或其他辅助设施。竖筒之间穿插着一层层大“抽屉”，内设办公室、播音室和印刷车间等，各层之间留出很多空间作为空中花园，这也是为将来扩建预留的空间。这一设计构思是开放的，使建筑具有随时间推移而不断成长和变化的可能性，反映了当时日本新陈代谢派强调建筑应像生命体一样有着自身独特的生长过程，以及积极采用高新技术解决建筑问题的主张。

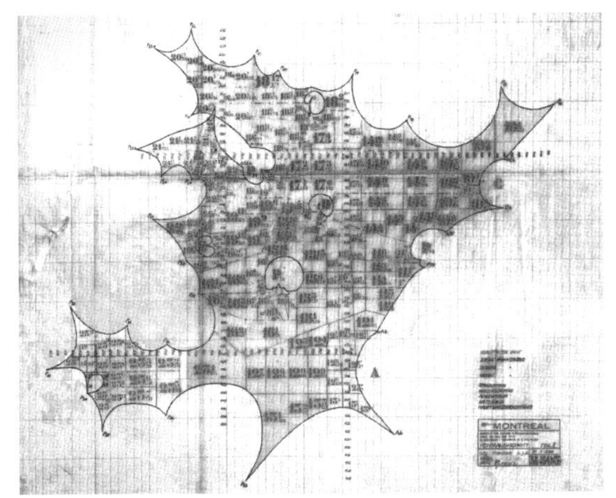

3.4.03-3 蒙特利尔世博会西德馆平面模式图

3.4.04 山梨县文化会馆

3.4.05 中银舱体大楼（Nakagin Capsule Tower，Tokyo，1970－1972，设计者：黑川纪章 | Kisho Kurokawa）这座大楼是黑川纪章在日本新陈代谢派活跃时期的代表作。他受到当时苏联工业化建筑形态的影响，认为在价值观剧烈变化的现代，建筑形态将呈现单元化的状态。

大楼包含 140 个正方体的“居住舱体”，全都悬挂在两个内部设有电梯和管道的钢筋混凝土井筒上，采用预制的、有利于现场装配的方式进行施工。所有舱体的结构都是一样的，其形状和大小达到一个最小的独立居住单元的最低限度，其中的卫生和舒适性全靠完善的电子设备来保证——这使得中银舱体大楼成为象征建筑高新技术的符号，并代表着未来一种标准化、纯净化的生活方式。这些可整体调动的舱体隐喻了新陈代谢派所主张的建筑可变性原则。单元设计高度理性，而其组合方式则充满了感性色彩。

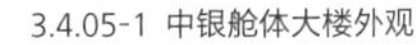
3.4.05-1 中银舱体大楼外观

3.4.05-2 中银舱体大楼室内

3.4.06 蓬皮杜国家艺术与文化中心（Le Centre National d'Art et de Culture Georges-Pompidou，Paris，1971 –1977，设计者：皮阿诺 | Renzo Piano，罗杰斯 | Richard Rogers）这座建筑被认为是充分体现阿基格拉姆派建筑设计思想的第一个建成作品，表现出设计者对技术手段的极大信心。

建筑主体是一座长 168 米，宽 60 米，高 42 米的 6 层大楼，内部两排钢管柱将空间纵向分为中间宽两旁窄的三部分，平面布局自由。各层水平向结构由跨度 48 米并向两边各悬挑 6 米的桁架梁组成，桁架梁通过特制的套筒销钉连接到钢管柱上，这样，各层楼板可以自由地升高或降低。可变动的平面与层高使得内部空间极为灵活。大楼的外观开敞，暴露出它所有的结构构架和设备。立面上吊挂着五颜六色的各种管道，以及像巨龙一般蜿蜒的由有机玻璃围护着的自动扶梯和外走廊。

蓬皮杜中心的设计指导思想在于反映各种变化，不仅容纳展品，更鼓励并展示人们在其中的各种活动。尽管建成之初，它那化工厂般的外貌让世人惊异，但时至今日，它已完全被纳入了巴黎的大众文化和生活之中。这说明某些曾被看作异想天开的设计构思，完全有可能利用现代高新技术达成——这正是高技派追求的重要目标之一。

3.4.06-1 蓬皮杜国家艺术与文化中心正面外观

3.4.06-2 蓬皮杜国家艺术与文化中心侧面外观

3.4.06-3 蓬皮杜国家艺术与文化中心细部

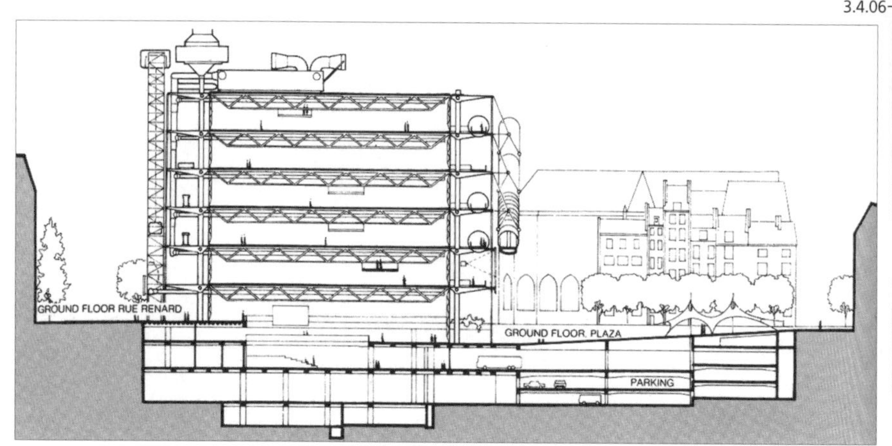

3.4.06-4 蓬皮杜国家艺术与文化中心管道

3.4.06-5 蓬皮杜国家艺术与文化中心剖面图

3.4.07 伦敦劳埃德大厦（Lloyd's Building, London，1978－1986，设计者：罗杰斯）劳埃德大厦位于伦敦拥挤的市中心商业区，四周多是传统的建筑体块，文化环境可谓相当保守。业主劳埃德保险公司要求建筑不仅要体现公司形象，还要提高空间利用率和灵活性。罗杰斯将办公部分安排在12层大厦的主体内，并围绕中庭布置，辅助设施和结构柱被放在主体周围的6座服务性塔楼中，以便于维修和更换，并为办公区留出了完整连续的面积。外观上，12部露明电梯沿建筑外表面时上时下，格外引人注目，为这片沉闷的区域带来了生气；6座塔楼充分利用基地不规则的角落，而拥有不锈钢面层的闪亮塔身与拥有大量反射玻璃的主体立面，和周围建筑形成了鲜明对比。

3.4.08 欧洲人权法庭（European Court of Human Rights, Strasbourg, 1989－1993, 设计者同上）这座建筑位于法国斯特拉斯堡的伊尔河东岸，周围环绕大片绿地。罗杰斯在这里延续了伦敦劳埃德大厦高技术的表现手法。建筑体型设计没有采用纪念性建筑的体量处理，而是根据功能需要合理拆分：主法庭、图书馆等公共部分放在建筑前端

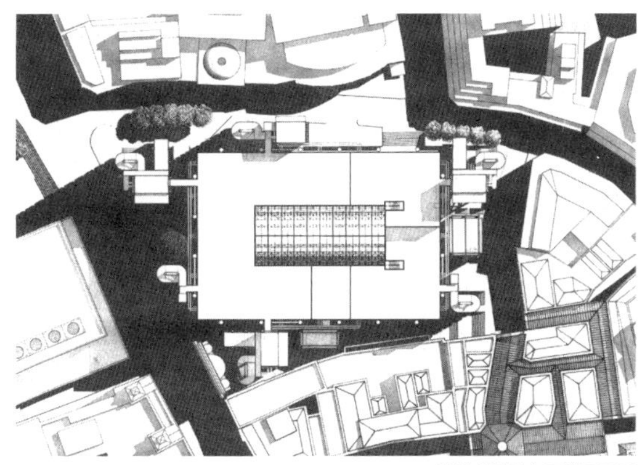
3.4.07-1 伦敦劳埃德大厦总平面图

3.4.07-2 伦敦劳埃德大厦外观一

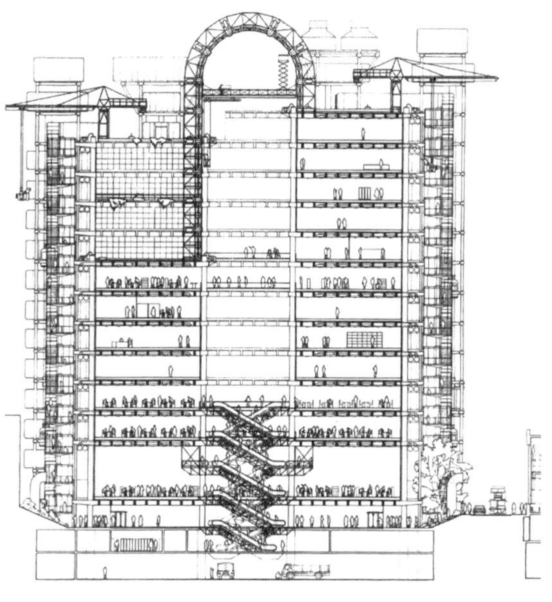
3.4.07-4 伦敦劳埃德大厦剖面图

3.4.07-3 伦敦劳埃德大厦外观二

由几个圆形平面组合的体量中，弯曲的后段体量是办公室部分，两者之间的连接体内安排辅助用房。建筑外表面大量采用不锈钢面板和玻璃，部分露明钢架、室外楼梯以及室内主楼梯吊顶钢架采用了鲜艳的红色，形成强烈的视觉印象。为了取得更好的节能效果，设计充分利用自然采光和通风，并在办公部分的立面处设计了遮阳板和花池，屋顶也进行了绿化处理，空调系统则是通过 10 米深的地下水进行冷热交换。

3.4.08-1 欧洲人权法庭外观

3.4.08-2 欧洲人权法庭入口透视图

3.4.09 梅尼尔博物馆（De Menil Collection, Houston，1981－1986，设计者：皮阿诺，Peter Rice）这座博物馆位于气候炎热的得克萨斯州休斯顿市郊一座小公园中，用于展示梅尼尔（Dominique de Menil）女士收藏的部落艺术品，并为文化艺术与教育提供活动场所。建筑中穿插着绿化的庭院，显得灵活而开敞。皮阿诺经过细致、周密的考虑，设计了一种简单的建筑装置——外廊顶面成排拉伸混凝土页片的遮阳板，可以根据光线强度和角度调

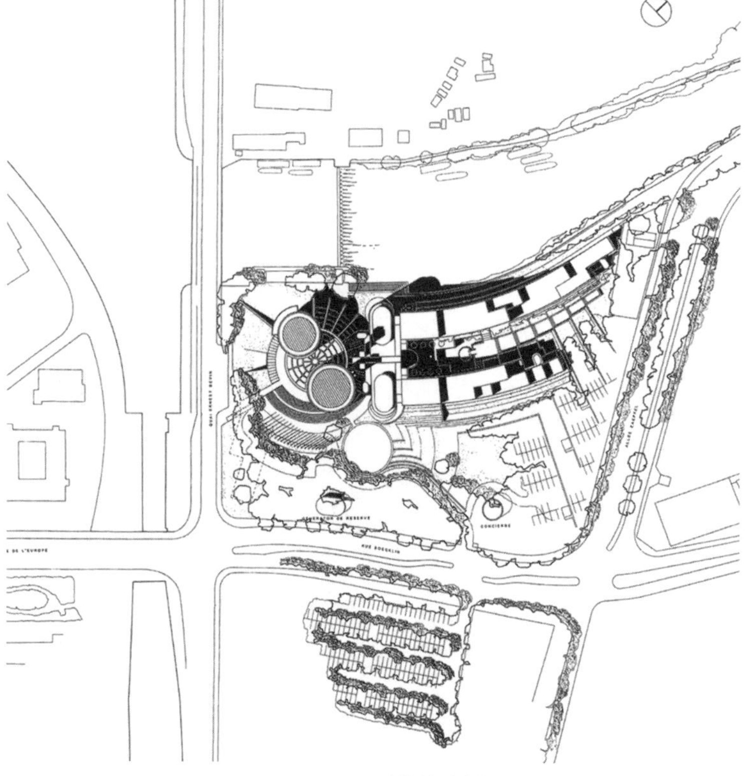

3.4.08-3 欧洲人权法庭总平面图

3.4.08-4 欧洲人权法庭主楼梯

整并转动方向，以便过滤白天强烈刺目的阳光，使其柔和地射入博物馆内部和庭院中。在柔和、均匀的光照下，参观者可以清晰、舒适地一睹艺术品的原貌。整个建筑外观为几个单纯的方盒子，上挂轻盈的遮阳板，凸显了简洁、纯粹的美感。

3.4.10 关西国际机场航站楼（Kansai International Airport Passenger Terminal Building，1988 –1994，设计者：皮阿诺）皮阿诺在日本关西国际机场航站楼的设计中又一次展示了其超人的设计能力和技术素养。关西国际机场的建设是为了分担东京空中过重的交通负担，该机场位于大阪附近海面一座通过填海造地形成的人工岛上。建筑面积近 30 万平方米，将包括到达休息厅和候机厅在内的一系列大空间组织在一起，总长度达 1.71 千米，堪称世界上最长的航站

3.4.09-1 梅尼尔博物馆室内

3.4.09-2 梅尼尔博物馆细部

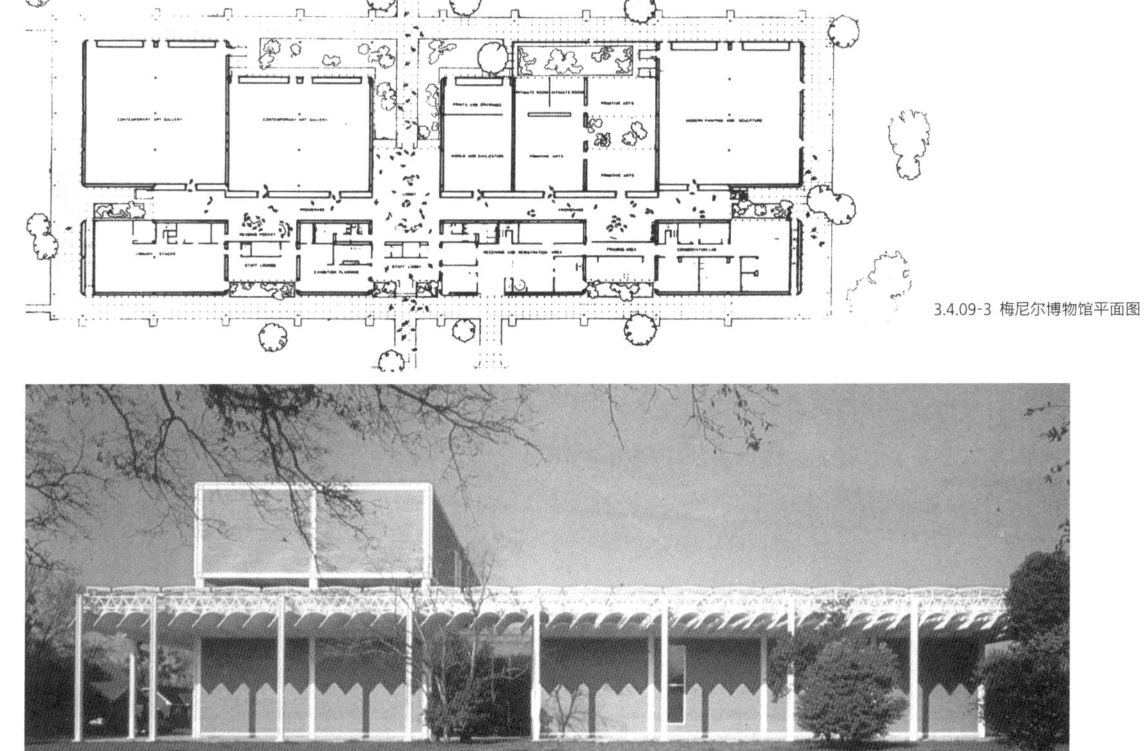

3.4.09-3 梅尼尔博物馆平面图

3.4.09-4 梅尼尔博物馆外观

楼。它的屋顶根据流体力学原理设计成起伏状，以有效抵御海上风荷载，为使用者构建出一道轻盈、安全的庇护，并把可视与不可视的“流动”——人、车、飞机、海风、海潮，乃至信息与时间的流动都囊括其中。这座超大规模的建筑一方面尺度惊人，另一方面又要坚守服务于人的基本理念，对于人体与巨大空间之间的尺度差异，外露的结构构件起到了很好的过渡作用，使人身处其中，倍感轻松。航站楼机翼状的金属屋顶为人在空中俯瞰做了特别的设计，其美好、亲切的姿态是致以乘客最美好的欢迎词。

这座航站楼在自然象征与现代技术的最终表现之间起到了融合作用。皮阿诺通过对自然与人关系的思考，运用现代高技术手段，创造了一座具有时代精神的“通天塔”。

3.4.10-1 关西国际机场航站楼鸟瞰

3.4.10-2 关西国际机场航站楼大厅

3.4.11 塞恩斯伯里视觉艺术中心（Sainsbury Centre for Visual Arts，Norwich，Norfolk，1974–1978，设计者：福斯特 | Norman Foster）这是一座多功能的建筑，包括展览厅、研究室、会场、俱乐部、艺术工作室、餐厅等诸多设置。福斯特将所有使用功能置于一个屋顶下，以促使艺术作品的研究、应用与社会公众的关注点之间在这里能够实现最大程度的相互交流与影响。建筑的竖向结构与横向结构均采用桁架，所有设备管线以及辅助用房都布置在结构构架中，外墙和屋面采用规格统一的铝板或玻璃，可以根据需要方便地改变材质间的组合。

塞恩斯伯里视觉艺术中心表达简洁，注重实用。福斯特为相当复杂的艺术工作提供了一个外观极其统一、设计和建造良好的“车间”。

3.4.10-3 关西国际机场航站楼外观

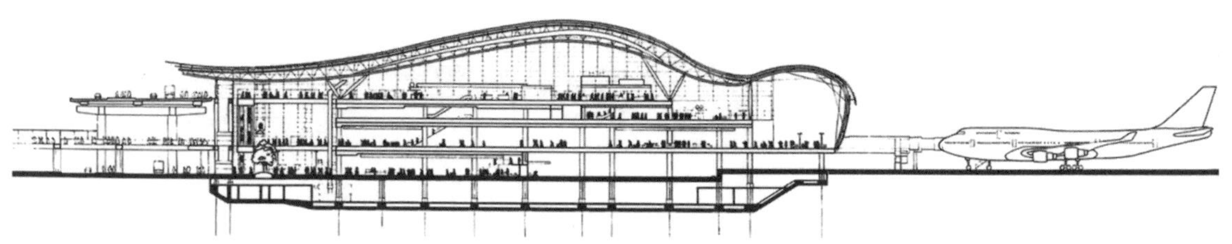

3.4.10-4 关西国际机场航站楼剖面图

3.4.12 吉达阿卜杜勒 - 阿齐兹国王国际机场朝觐者航站楼（Hajj Terminal，King Abdulaziz International Airport，Jeddah，1975–1981，设计者：SOM 事务所，工程师 Fazlur Rahman Khan）这座国际机场航站楼位于麦加以西约 70 公里处，主要目的是为每年至少 2 百万穆斯林朝圣者提供宽敞舒适的候机服务，方便他们经此辗转往返圣城。该航站楼建立之时，是当时世界上规模最大的斜拉式织物屋顶建筑，它包括两部分对称的帐篷结构，每部分的平面尺度约为 320 米 ×685 米。21 个小帐篷顶为一组，形成 10 个模块，每个模块由 45 米高的钢塔柱支撑，并由张拉钢缆加固，以增强其稳定性。帐篷顶采用玻璃纤维织物涂覆特氟龙，强度极高，且能反射大部分阳光，每组帐篷顶的侧边留出开口，用以捕捉沙漠中的微风，因此建筑室内不仅光线柔和，而且温度适宜。该建筑是在石油危机之后建造的，作为一座现代化的航站楼，它没有围墙，没有玻璃窗，没有空调，而是采用开敞式的巨大“遮阳伞”的形态，其类锥形的外观独具特色，让人回忆起游牧民族在阿拉伯沙漠中曾经的居住方式，塑造出一种现代沙漠“帐篷城”的意向。

在这个项目中，设计者没有偏执地走技术“羽化主义”道路，而是发掘地方传统建筑文化的精髓，使之既满足了建造目的，又与周围的环境相协调，不仅成为低能耗建筑设计的典范，而且成为一座名副其实的地标性建筑。

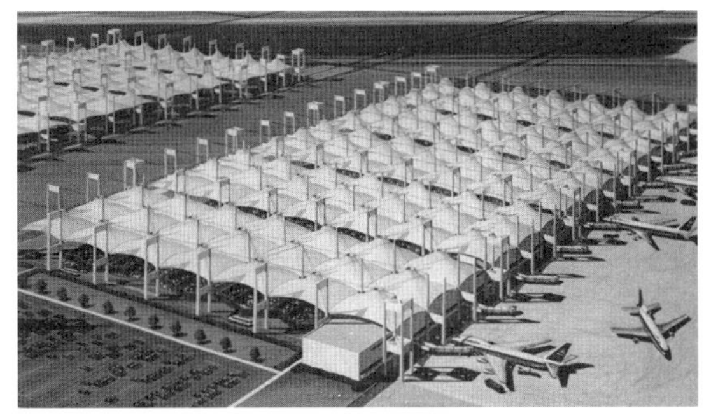
3.4.12-1 吉达阿卜杜勒 - 阿齐兹国王国际机场朝觐者航站楼鸟瞰

3.4.12-2 吉达阿卜杜勒 - 阿齐兹国王国际机场朝觐者航站楼室内

3.4.11 塞恩斯伯里视觉艺术中心外观

3.4.12-3 吉达阿卜杜勒 - 阿齐兹国王国际机场朝觐者航站楼屋顶细部

3.4.13　雷诺公司产品配送中心（Parts Distribution Center for Renault Ltd.，Swindon，1980 –1983，设计者同上）福斯特在雷诺公司产品配送中心设计中，再次与工程师阿勒普合作，开创了巨型悬挂结构的新领域，表现出这一结构体系令人震撼的力量感和美感。建筑是标准模数化结构单元的集合体，代表雷诺公司的独特的明黄色标准单元平面 24 米见方，由四角 16 米高的支撑桅杆通过钢索张拉拱形空腹钢架共同组成结构体系。这种模数化设计和建造方式，方便建筑增建与扩展，在时间、投资和使用寿命之间建立一种动态平衡。

3.4.14　特克诺系列家具（Furniture System for Tecno，Milan，1985 –1987，设计者：福斯特）福斯特为特克诺公司设计的系列家具和他设计的建筑一样，充分发挥了高技的造型潜力，可用于办公、商业、家庭等多种场合，并且便于装配和调整。

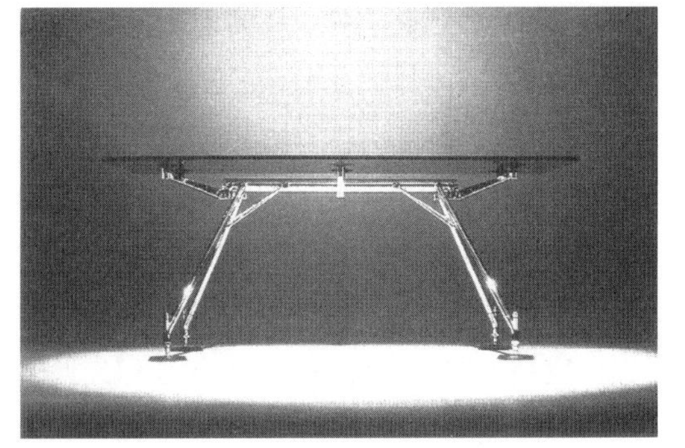

3.4.14　特克诺家具

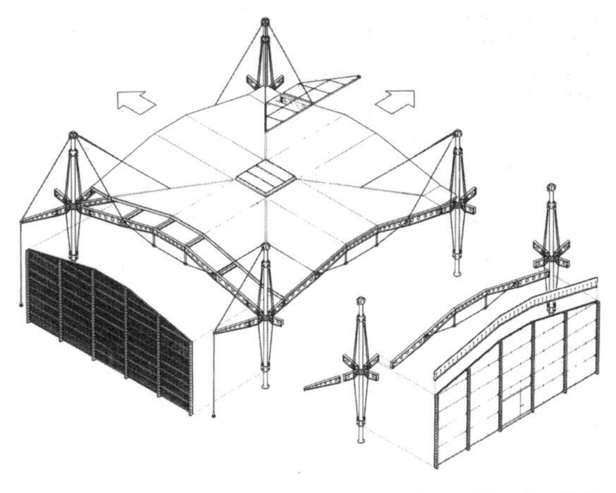

3.4.13-1　雷诺公司产品配送中心单元构件

3.4.13-3　雷诺公司产品配送中心细部

3.4.13-2　雷诺公司产品配送中心外观

3.4.15 施拉姆伯格研究中心（Schlumberger Research Centre，Cambridge，1985－1986 年，设计者：霍普金斯｜Michael Hopkins）霍普金斯曾与福斯特共事，深受后者影响，他对帐篷结构的探索使高技派建筑的应用范围进一步得以拓展。

施拉姆伯格研究中心最突出的是三个帐篷式屋顶，材料为涂有半透明特氟隆面层（teflon-coated）的重磅纤维玻璃织物，用门形构架、桅杆、拉索组成的结构系统加以固定，形成朝多个方向变化的屋顶曲面，为它所处的“半田园”的乡村环境增添了一派轻盈灵动的景象。

3.4.15 施拉姆伯格研究中心

3.4.16 塞维利亚世界博览会英国馆（British Pavilion，Seville，1991－1992，设计者：格里姆肖｜Nicholas Grimshaw）塞维利亚为欧洲夏季最炎热的地区之一，格里姆肖在该设计中尝试通过技术手段控制室内小气候。这座建筑使用了三种不同形式的围护：东面是一片水墙，通过水的循环把外墙上的热量带走，达到降温目的；西墙受太阳辐射较强，为此，建筑师使用装满水的集装箱充当高蓄热墙体，并使之成为建筑的补充能量来源。在直射阳光较少的南、北两面，采用大片玻璃幕墙，并在屋顶上张挂白色的 PVC 织物遮阳，弯曲的钢架上片片织物犹如白帆，使建筑充满诗情画意。虽然采用看起来耗能的水瀑布以及大面积玻璃而引发争议，但这座建筑的实际耗能仅为一般同类建筑的 1/4。

3.4.16 塞维利亚世界博览会英国馆

3.4.17 巴黎阿拉伯世界研究中心（The Arab World Institute，Paris，1981－1987，设计者：努维尔｜Jean Nouvel）这座建筑的与众不同之处在于它所注重的不仅是建造技术与结构逻辑的合理性及其美学表达，而且更重要的是，它通过高技术和象征性手段在现代与传统之间、西方文化与阿拉伯文化之间，建立起一种和谐的对话关系。

该建筑由两个平行的、相互连接的体量组成，之间有一个类似阿拉伯建筑内院的露天中庭。北

3.4.17-1 巴黎阿拉伯世界研究中心临河外观

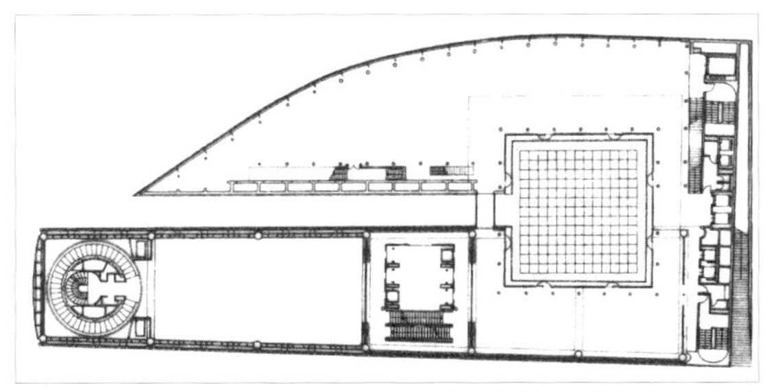
3.4.17-2 巴黎阿拉伯世界研究中心平面图

侧弧形部分的立面为大片金属框玻璃幕墙，像凸面镜一样映照出塞纳河沿岸的风景。南侧较高的长方体部分是根据阿拉伯几何艺术的传统主题设计的，它的每一格窗扇布满大大小小的孔洞，根据照相机光圈原理，由光电传感器控制以调节室内受太阳光照射的程度。整个南立面像一扇巨大的布满细密图案的阿拉伯透空屏风，为这座建筑引入奇妙的光色。

3.4.18 塞维利亚阿拉米罗大桥（Alamillo Bridge，Serville，1987－1992，设计者：卡拉特拉瓦｜Santiago Calatrava）卡拉特拉瓦集建筑师、结构工程师与雕塑家于一身，善于发挥材料特性，创造独特的建筑结构形态。他从生物骨骼的形态中得到启发，通过独特的结构设计，创作出一系列富于诗意的建筑艺术作品，他设计的许多桥梁也成为著名的公共环境艺术品。

3.4.18-1 塞维利亚阿拉米罗大桥远眺

3.4.18-2 塞维利亚阿拉米罗大桥桥面

3.4.17-3 巴黎阿拉伯世界研究中心阅览室

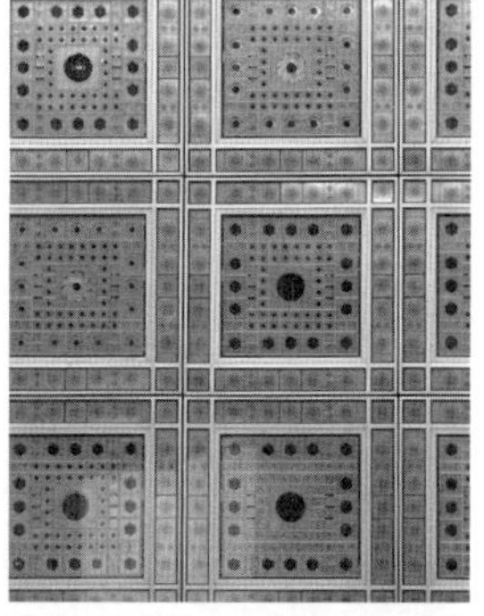

3.4.17-4 巴黎阿拉伯世界研究中心立面细部

3.4.17-5 巴黎阿拉伯世界研究中心南面外观

阿拉米罗大桥是新型斜拉桥的典范。它的跨度为 200 米，由 13 对钢索斜拉固定在 142 米高的斜向桥塔上。桥塔与地平面呈 58° 角，内有一部通往塔顶的服务楼梯。这座用混凝土填充的钢制桥塔本身重量足以与桥面保持平衡，因此不再需要一般斜拉桥中常规的后拉索。桥面以六边形钢制箱梁作为主脊，拉索就固定在主脊上。从主脊上向两侧悬挑出两个翼缘，作为机动车道，高出翼缘 1.6 米的主脊正好作为车道的中央隔离带，其顶面是步行和自行车道，其高度足可以让行人的视野越过车顶，尽览周围景色。

3.4.19-1 巴伦西亚科学城全景

3.4.19 巴伦西亚科学城（City of Science, Valencia，1991 –2000，设计者同上）卡拉特拉瓦通过设计竞赛赢得了在家乡巴伦西亚建造这座科学城的机会。该科学城包括由天文馆、科学博物馆、美术馆等组成的建筑群和一座海洋公园，它为这个城市边缘地带的振兴带来了希望。

3.4.19-2 巴伦西亚科学城天文馆

最早建成的天文馆造型及其运作过程十分诱人。球形的天文馆被覆盖在一个长 110 米，宽 55.5 米的拱形罩下，一个直径 24 米、倾角 30° 的圆球可将天空星座尽数投射到拱形的顶棚上。在拱形罩侧边，一扇巨大的门可以上下开启与闭合，配合着里面的球形天文馆，仿佛一只望向天空的“巨眼”。

3.4.19-3 巴伦西亚科学城科学博物馆外观

天文馆一侧的科学博物馆采用横向同一截面，按照模数制重复排列的方式形成长 241 米，宽 104 米的大厅。内部一排混凝土树状结构是主要承重构件，竖向交通与服务管线也设置在其中。建筑的两个端头对称，由一系列三角形斜拉构件构成，强调出建筑的入口特征。

3.4.19-4 巴伦西亚科学城科学博物馆立面局部

3.5

为未来喊话：解构主义

（1980 年代 —1990 年代）

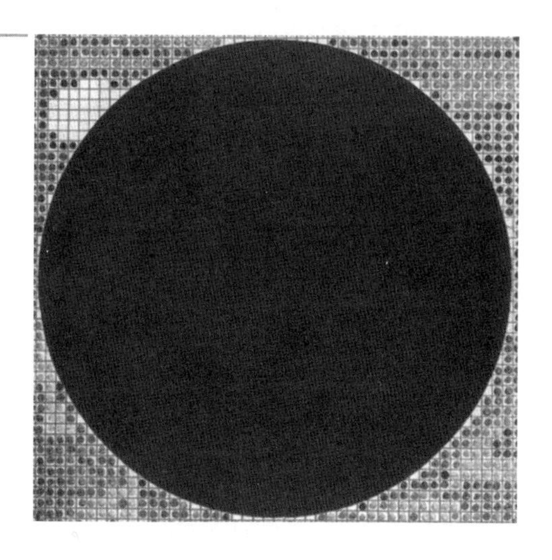

3.5.01 巴特利特（Jennifer Bartlett）的搪瓷艺术《狂想曲》

1980 年代后期，一种被称为“解构主义”的新思潮出现在西方建筑界，它不仅质疑现代建筑，还对现代主义之后已经出现的那些历史主义或通俗主义的思潮和倾向都持批评态度，具有广泛的批判精神和大胆创新的姿态，颇具先锋性。

标志着解构主义兴起的是 1988 年夏天的两次重要活动。一次活动是纽约现代艺术博物馆举办“解构主义建筑”（Deconstruction Architecture）七人作品展，参展的七位建筑师是：美国的盖里（Frank O. Gehry）、埃森曼（Peter Eisemnan），法国的屈米（Bernard Tschumi），英国的哈迪德（Zaha Hadid），德国的李伯斯金（Daniel Libeskind），荷兰的库哈斯（Rem Koolhaas），以及奥地利的蓝天设计组（Coop Himmelb(l)au）。另一次活动是伦敦泰特美术馆举办“建筑与艺术中的解构主义”（Deconstruction in Architecture and Art）国际研讨会，并随后出版了相应的专刊。以上两次活动旨在推出一些人物及其作品，以引发公众关注一种正在形成的全新的建筑观念。

“解构主义”这一名称有两个来源：一个是以法国哲学家德里达（Jacques Derrida）为代表的解构主义哲学；另一个是 1920 年代俄国的先锋派构成主义。

1970 年代出现的解构主义哲学，是在对结构主义哲学的继承与批判中建构起来的。结构主义认为，人类对知识与概念的表述要依靠语言，而语言系统是一个符号系统，有一定的规则，能传达意义；语言的意义取决于语言符号的差异性，符号传达的意义是约定俗成的，人们只有遵循语言规则和约定的语意才能达成相互的交流。解构主义对此提出质疑，认为如果语言的意义是由语言符号的差异性所决定，那么寻求符号含义的过程只能是一个新的符号取代另一个待解符号的过程。这样，语言系统自身是不稳定的，意义也是不稳定的，所要表达的概念永远处于“缺席”（absence）状态。解构主义的代表人物德里达为此自造了一个概念术语“延异”（differance），以融合符号的“差异”（difference）、意义的必然“扩散”（differre）以及意义最终是永无止境的“延宕”（deferment）这三层意思。德里达在其文学评论中传播这种理论，阐释文学艺术作品是一个“文本”，而文本是独立的，它传达的最终含义并非作者的最初意图，因为不同的读者对文本可以有多种解读方式，因而会产生出各种“读本”。

结构主义人类学及符号学理论一度在西方建筑界产生很大影响，建筑形式也曾被看作一种传达意义的符号系统，用以批判现代主义建筑一味强调技术与功能而忽视传达人文意义的偏失。然而，许多打着符号学旗号的建筑实践常将意义的传达简单理解为“贴符号”“贴标签”，因而难免流于形式主义。推崇解构主义的建筑师们普遍意识到，进入后现代时期，建筑很难以一种用符号传达意义的方式去回应各种社会问题，甚至不应再把建筑看作可以传达意义、可以交流的符号系统，他们认为，解构主义哲学才有助于思考如何回应当代的建筑课题。

虽然，由活动推出的部分建筑师已被公认为解构主义的代表人物，但其彼此之间还是有着明显的差异。其中一些人更倾向于理论思考和研究，例如屈米的建筑思考是以解构主义哲学为依托，他与德里达有过直接的交流，他的设计向传统、惯性的建筑结构提出了挑战，通过置换、重组等策略提供了一个重构分裂世界的可能性。埃森曼不断发展自己充满哲理的建筑理论，并运用于实践，与解构主义哲学家的观念一样，他认为后现代时期建筑的形式和功能不再有对应的关系，形式的意义也与功能、美学没有直接的联系，建筑已不再具有原初的社会文化意义，不存在确定的美学和功能的表达，而是相当于哲学中的“文本”，总是被错置，只是作为一种“之间的状态”（state of between）存在。因此，文脉中的时间可以被引入建筑之中，形成一种不仅能错置记忆和固有时间，而且能将当前、原初、场所、尺度等所有方面错置的建筑。与前两者相比，库哈斯更关注对大都市问题的研究。他认为，以纽约为代表的大都市极度丰富和疯狂聚集的生活方式形成了一种特殊的“拥挤的文化”，都市建筑促成了这种“拥挤”状态，同时也是这种文化的代表，是一个社会散乱片段的聚合器，它容纳的内容不是单一和固定的，而是可以根据需要变化或更新，建筑的内外也会具有完全不同的性质，因而真正重要的是建筑本身对变化的包容性。这些建筑师在设计手法上多少都带有构成主义的痕迹。解构主义的另一些代表人物则在建筑形式创新方面倾注了更多精力，例如，哈迪德从 20 世纪初俄国先锋派艺术中获得建筑形式创作的灵感，同时受其导师库哈斯相关城市理论的影响，比较重视个体建筑与城市肌理的关系，加上她擅长运用电脑作为创作手段，从而使其作品表现出与众不同的强烈个性。盖里致力于建筑实践，倾向于从感性出发，以艺术家的敏感去表达时代精神，在追求形式与把握功能之间求得平衡，为 20 世纪末建筑发展贡献了大量有影响力的鲜明、生动的建筑作品。

解构主义建筑思潮的形成并非是一种哲学使然，它是对时代多元文化思考的折射。当启蒙运动所开启的理性精神为西方带来了进步与繁荣之后，又不得不担起各种现代性问题的“病因”之责，成为各种反思的众矢之的。解构主义建筑力图消解被强加的一种形式与意义的所谓逻辑对应关系，在形式上突破传统，开创了一个时代的新的建筑美学观。

3.5.02 拉维莱特公园（Parc de La Villette，Paris，1982－1989，设计者：屈米 | Bernard Tschumi）屈米在拉维莱特公园的国际设计竞赛中一举夺魁，从此名声大振，成为解构主义的中心人物，拉维莱特公园也成为解构主义思潮中最重要的作品之一。

公园位于巴黎东北角，由一处肉禽屠宰场改造而成。屈米在图纸上建立以 120 米为长度单位的网格划分公园场地，并在每个网格交叉点上放置一个被他称作“伏利耶”（folie，有“疯狂”之意）的红色建筑小品。虽然，“伏利耶”包含许多潜在的可能性，但它们并无特定的功能。而且构成一个“点”的系统，其形式各异，细部有意采用工业设施的样式，很容易使人联想到俄国构成主义作品。穿插和围绕着“伏利耶”，屈米组织起道路系统。这些道路有的按几何形布置，有些又十分自由，它们共同组成公园“线”的系统。在点和线的系统之下还有“面”的系统，包括公园周围的科学城、广场、巨大的环形体和三角形的围合体等。这样，公园实际上是由“点”“线”“面”三个不同系统叠合形成。每个系统自身完整有序，叠置起来后产生相互作用，从而完成某种“杂交”后的畸变（“hybrid” distortion）。

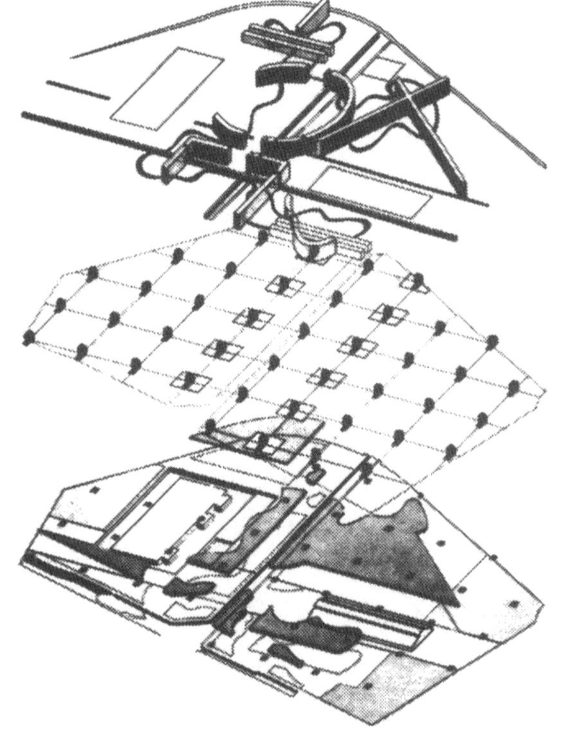

3.5.02-1 拉维莱特公园规划图

3.5.02-2 拉维莱特公园“伏利耶”一

3.5.02-3 拉维莱特公园“伏利耶”二

3.5.02-4 拉维莱特公园“伏利耶”三

3.5.03 维克斯纳视觉艺术中心（Wexner Center for the Arts，Columbus，Ohio，1983－1989，设计者：埃森曼）美国俄亥俄州立大学的维克斯纳视觉艺术中心是由一道白色金属方格构架、一组砖砌体、一组重叠断裂的混凝土体块，以及一片植物平台这几套不同系统叠置而成。它们分别按城市和校园的两套互成角度的网格系统定位，建筑的布局就在这两套网格的相互作用中成形。

斜穿建筑中间的白色金属架是最引人注目的部分，它与一条延续城市道路系统的步行道正交，示意出建筑的主入口，并将基地上原有建筑与新增的一系列混凝土体块的展厅、剧场、声乐室、图书馆、教室以及管理用房拉结在一起，组成了一个相互关联的艺术综合体。入口处残破的拱和断裂的塔楼等砖砌体则使人联想到基地上曾经有过的一座已毁损的军火库。

该艺术中心颠倒场地造就建筑的过程，以建筑成就场地，以抽象的构架虚化整个建筑的中心，在肢解、扭曲和撕裂的片段中注入历史印记，以此完成若干系统的错置。

3.5.03-1 维克斯纳视觉艺术中心鸟瞰

3.5.03-2 维克斯纳视觉艺术中心外观

3.5.04 阿罗诺夫设计与艺术中心（Aronoff Center for Design and Art，Cincinnati，1988－1996，设计者同上）该艺术中心是辛辛那提大学设计、建筑、艺术与规划等专业的学院大楼，建造在校园的一块坡地上。主入口位于建筑的第四层，另外在最高的第六层沿城市道路一侧和底层面向校园内一侧也各有出入口。平面大致由一组折线与一组曲线交叠而成，原有建筑被组织进折线部分，互相连接，折线与曲线之间的不规则空间是顶部采光的多功能共享中庭。

该建筑的设计图纸繁杂，且数量惊人，几乎每隔几厘米就需要画一个剖面。实地施工难度极大，甚至采用了激光定位。可以说，埃森曼通过这座建筑为人们提供了认识解构主义建筑的一部活教材。

3.5.03-3 维克斯纳视觉艺术中心室内

3.5.05 海牙国立舞剧院（National Dance Theatre，Hague，1984－1987，设计者：库哈斯）这座剧院选址在一个城市轨道交通与巴士公共交通的中转区附近，与八车道的高架道路和呆板的混凝土政府办公楼相邻，属于那种环境“险恶”的城市无人区。库哈斯没有为建筑披上通俗文脉主义的温情面纱，而以一座硬边建筑（hard edge）回应苛刻的都市现状：剧院主入口做得像次入口；面对喧闹道路的立面故意做成铁板一块；建筑的背面更像车库……这座外表“邋遢”的舞剧院，室内设计却极富吸引力和感官刺激：倒置的锥体、波浪形和卵形曲线、鲜艳的色彩等大量不稳定的元素聚集在一起，传达着一种由身体运动产生的、极为敏捷又有所控制的“舞蹈”的感觉。

3.5.05-1 海牙国立舞剧院外观

3.5.04-1 阿罗诺夫设计与艺术中心入口

3.5.05-2 海牙国立舞剧院前厅

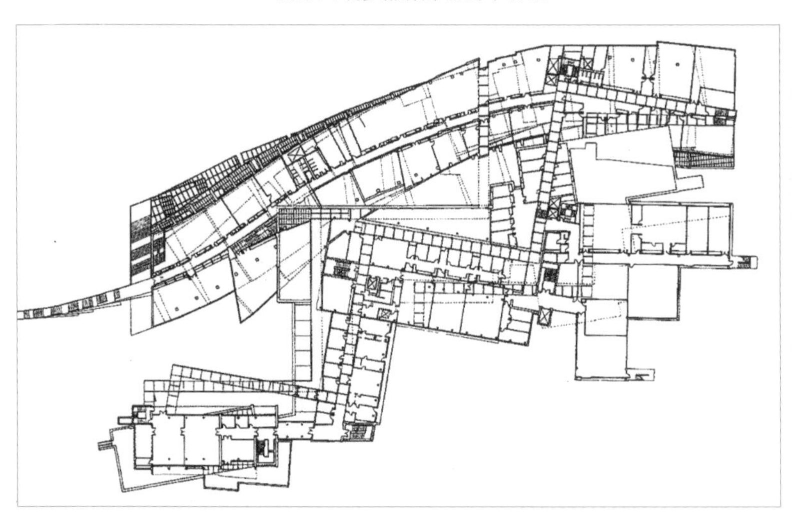
3.5.04-2 阿罗诺夫设计与艺术中心平面图

3.5.04-3 阿罗诺夫设计与艺术中心中庭

3.5.06 波尔多住宅（Maison à Bordeaux，1998，设计者同上）在波尔多一座可以俯瞰城市全景的小山上，库哈斯为因车祸致残的男主人设计了一个复杂而方便的建筑装置。它像三幢房子的叠加：最低一层是在小山上挖出的一系列洞穴，向内院开敞，用于家庭中最为亲密的活动；最高一层是黝黑、沉实的混凝土盒子，安排业主夫妇卧室和小孩的房间，墙面上开有无序的孔洞，使透入的光线在室内复杂地交织；夹在中间的是一个开敞的、几乎虚无的玻璃体起居室。建筑的“心脏”是一架长 3.5 米、宽 3 米的只有底面没有侧壁的电梯。借助电梯和轮椅，男主人可以在各处自由穿行。当电梯停在某层或悬在空中时，其角色以及建筑的布局也相应发生变化。紧贴电梯贯通各层的是一整面墙体，上面摆放着业主收藏的书、工艺品和来自地窖的葡萄酒。

对于行动不便的男主人来说，一座简单的住宅有可能意味着枯燥乏味得像“囚室”，而一座如此复杂的住宅则定义了他可以感受和操控的自由世界。

3.5.06-1 波尔多住宅外观

3.5.06-2 波尔多住宅室内

3.5.07 柏林犹太人博物馆（Jewish Museum，Berlin，1989－1999，设计者：李伯斯金｜Daniel Libeskind）李伯斯金出生在波兰，曾在以色列、美国和英国学习音乐、建筑和哲学，丰富的知识背景使他的建筑创作呈现出与众不同的特殊气质，且富于哲学抽象和历史意味。

柏林犹太人博物馆的基地原有一座巴洛克式的柏林老博物馆，李伯斯金设计的扩建部分与前者对比极其强烈。虽然没有外观形式上可见的联系，但在地下空间新旧两馆是相连的，以此暗示因摧残犹太人的生命而形成的柏林历史和文化方面的隔阂以及犹太人与柏林不可能被清洗和焚化分离的深层联系。

博物馆思路源于因残酷的历史而消失了的物质形态的柏林犹太人文化遗痕，建筑师运用想象中的线条将柏林城地图上犹太名人的地址联结成建筑的折线形平面，仿佛斯特拉文斯基的不和谐

3.5.07-1 柏林犹太人博物馆鸟瞰

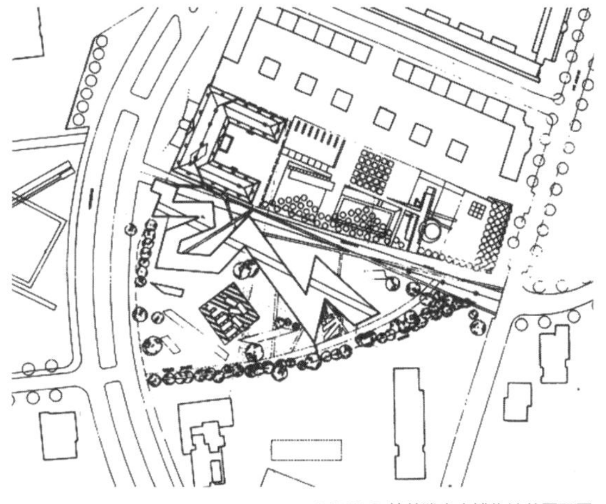

3.5.07-2 柏林犹太人博物馆总平面图

音乐，暗示了犹太人曲折多舛的命运。建筑的立面像被残酷割裂的皮肤，遍布着不同方向的裂纹和断口，形成尖锐的角和狭长的缝，令人触目惊心。

博物馆的主入口是通过老馆地下层进入的，由此引向三条交错的路径：第一条较短的廊引向一个死胡同，象征毁灭之路，其尽头是大屠杀塔（Holocaust Tower）——一个极其阴森恐怖的“烟囱式”空间，里面存放着当年被驱逐出城再遭屠杀的犹太人的最后签名；第二条路径的侧墙上布满了大流散（diaspora）中犹太人逃往世界各地的城市名，路的尽端通向霍夫曼花园，园中密布着空心混凝土柱，内填泥土，从中生长出茁壮的植物，象征犹太人流浪迁徙的历程和收留、滋养他们的土地；在第三条、也是最长的路径空间里，陈列着当年犹太社区幸存下来的各种遗物，这个空间将引导参观者返回博物馆入口——一个重新审视历史和寻找希望的新起点。

在折线形平面中有一条断续的直线，形成“虚空”（void）的鸿沟，以混凝土墙与其他空间硬性分割开来，像一把无形的利剑刺穿整个建筑。李伯斯金正是通过这个“缺席的空间”（space of absence）象征柏林犹太人群体曾被彻底根除的状态，并以此提示出通过深层次的信任而非显表的形式，将柏林与犹太人的历史从不可治愈的创伤中重新融合起来的希望。

3.5.08 东京札幌餐厅（Monsoon Restaurant Sapporo, Tokyo，1989，设计者：哈迪德｜Zaha Hadid）哈迪德的这个室内设计以“冰”与“火”为主题，充满了激情和动感。底层餐饮部分呈现冷灰色调，材料是冷硬的金属和玻璃，餐桌的形状犹如尖利的碎冰在空中穿刺；楼层上供闲坐的沙发围绕着鲜明的红、橙、黄色的火焰象征物。

3.5.07-3 柏林犹太人博物馆外观

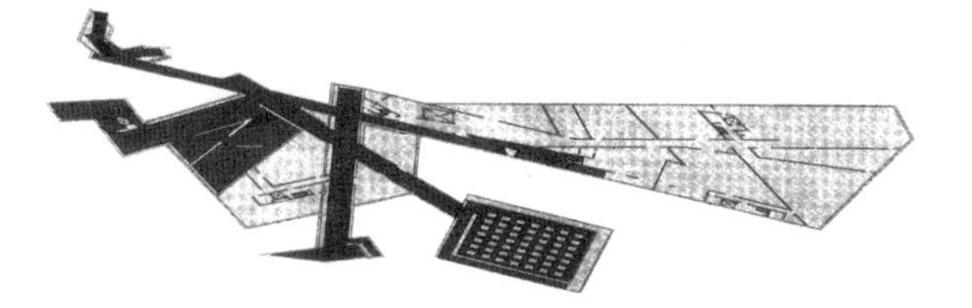

3.5.07-4 柏林犹太人博物馆地下层平面图

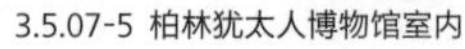

3.5.07-5 柏林犹太人博物馆室内

3.5.08-1 东京札幌餐厅楼层

3.5.08-2 东京札幌餐厅底层

3.5.09 维特拉消防站（Vitra Fire-Station，Weil am Rhein，1993，设计者同上）一直以方案令人称奇的哈迪德借此完成了其设计生涯中第一个建成的建筑作品。消防站位于维特拉家具厂厂区的边缘，动态构成的消防站不仅符合这类建筑的特性，也成为工厂网络中的特殊元素，犹如环境中铁路和规整农田的相对关系。

消防站主要由两部分组成：一部分是车库，另一部分包括更衣室、训练室、俱乐部兼会议、餐厅等辅助用房。入口前长12米的雨篷向上倾斜，悬挑的角像一把尖刀，投射到墙上的阴影随日照而变化，与钢管束柱构成一幅抽象图案。建筑的构成元素都呈现出极不规则、极不稳定的状态，无论是墙体还是天棚都少有平行或直交的关系，使人有随时都会“采取行动”的紧张感。

3.5.09-1 维特拉消防站外观

3.5.10 维也纳屋顶加建（The Rooftop Remodeling，Vienna，1983－1989，设计者：蓝天设计组｜Coop Himmelb(l)au）这个加建项目位于维也纳传统居住区的一幢老房子的顶部，其功能为一个律师事务所的会议室和办公室。这个像大蜻蜓一样趴在屋顶上的加建房使建筑内外之间的关系发生反转和扭曲，构筑出一个明亮而富于生气的“浮游”空间。

3.5.09-2 维特拉消防站门厅

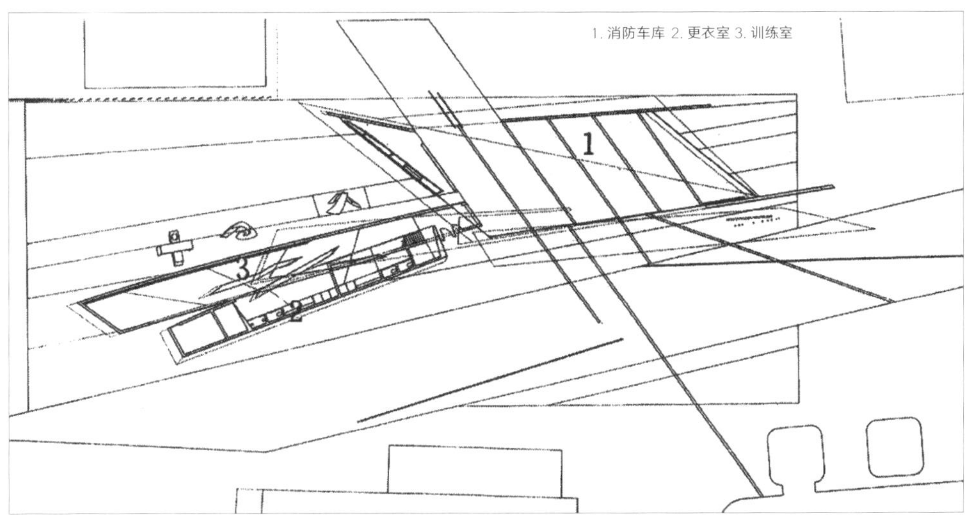

3.5.09-3 维特拉消防站平面图

3.5.11 方德尔工厂 3 号厂房（Funder Factory Works 3，St. Veit an der Glan，Kärnten，1988–1989，设计者同上）位于奥地利圣法伊特镇的这座工厂也是蓝天设计组的代表作之一。它的主要部分——生产大厅本是一个扁长的白色方盒子，却被彻底颠覆、解构：屋顶翘起；墙面倾斜；平整的外墙面上东一处西一处地挑出雨篷，尤其是作为人员主要出入口的血红色锯齿形雨篷和一堆钢与玻璃的架子更是具有戏剧性；旁边发电站的烟囱像跳舞般地歪斜着……

3.5.10-1 维也纳屋顶加建外观

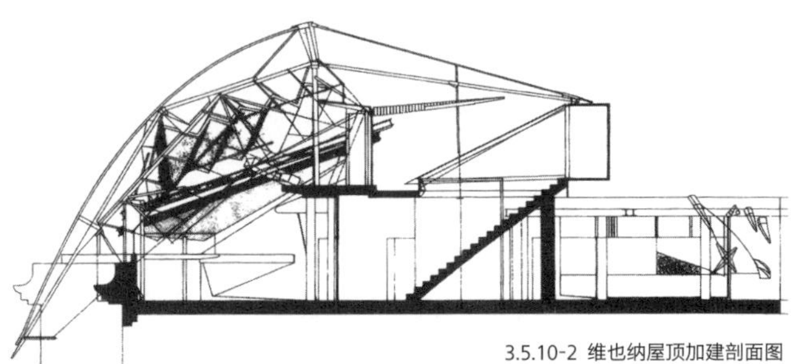

3.5.10-2 维也纳屋顶加建剖面图

3.5.11-1 方德尔工厂 3 号厂房人员入口

3.5.10-3 维也纳屋顶加建室内

3.5.11-2 方德尔工厂 3 号厂房外观

3.5.12 斯图加特大学太阳能研究所（Hysolar Research Institute，University of Stuttgart，1986 –1987，设计者：贝尼希 | Günter Behnisch）这是一座实验室建筑，由高低错落的几个单体构成，其性质恰好通过外观直接反映出来：互不搭界的不锈钢结构，倾斜的门窗组合，外部的太阳能收集器，以及斜穿整个建筑的巨大的红色管子……竟意外地组合成奇特的协调整体。贝尼希提倡的是一种偶然，甚至是无秩序的、轻易进行的"即兴创作"（improvisational）式设计。

3.5.13 盖里自用住宅加建（Gehry House，Santa Monica，California，1978，设计者：盖里 | Frank O. Gehry）这本来是一座很普通的孟莎（Mansart）式屋顶的两层住宅，加建工程包括：将底层向三面扩建，用作厨房和餐厅；二层增加一个平台。加建部分虽紧紧围绕着老宅，却一点也没有丧失其自身的独立性。扩建的厨房的窗是个斜放的、由木框和玻璃组合成的立方体，像是偶然掉落到厨房的上空，不仅给予室内充足的采光，而且透过顶部玻璃还可以观赏到宅旁的大树。餐厅在转角处有一个倾斜的大角窗。加建使用的是瓦楞铁板、铁丝网、木条、粗制木夹板、钢丝网玻璃等廉价的工业材料，看似随意组合，不仅与原建筑的任何一条边都不存在呼应关系，而且仿佛永远都处于未完成状态。

3.5.12-1 斯图加特大学太阳能研究所外观

3.5.12-2 斯图加特大学太阳能研究所主入口

3.5.13-1 盖里自用住宅加建外观

3.5.13-2 盖里自用住宅加建轴测图

3.5.14 维特拉家具设计博物馆（Vitra Furniture Design Museum, Weil am Rhein, 1987–1988，设计者：盖里）位于莱茵河畔魏尔镇的维特拉家具厂延请名师做建筑设计，工程最先告竣的是盖里的家具设计博物馆，这也是标志其风格成形的一个重要作品。

博物馆由展室、图书室、会议室、仓库等组成，外观为白色粉墙，钛锌板屋面。建筑采光全部来自天窗（没有侧窗），因此形体的雕塑感很强。一眼看去，建筑像被旋风吹散了架后，又被迅速重新装配在一起的没有章法的构筑物。不过，仔细分析就会发现：形体变化主要来自对建筑的

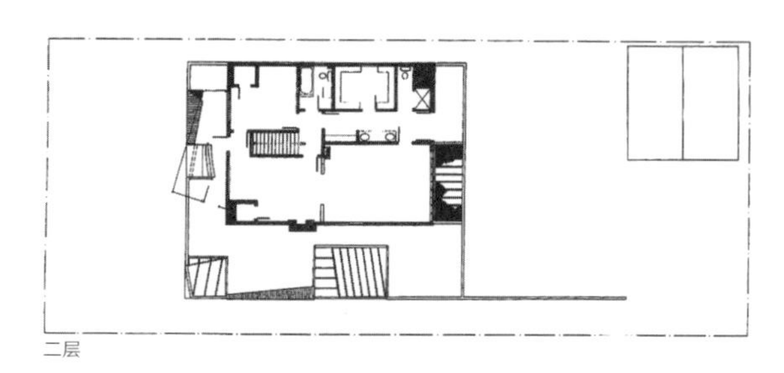

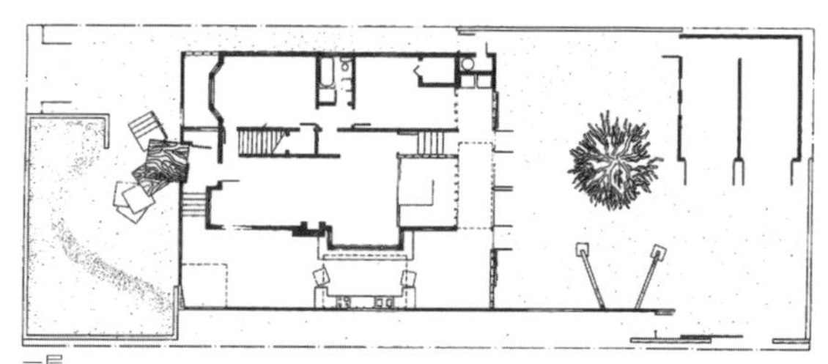

3.5.13-3 盖里自用住宅加建平面图

3.5.14-1 维特拉家具设计博物馆外观

3.5.13-4 盖里自用住宅加建厨房

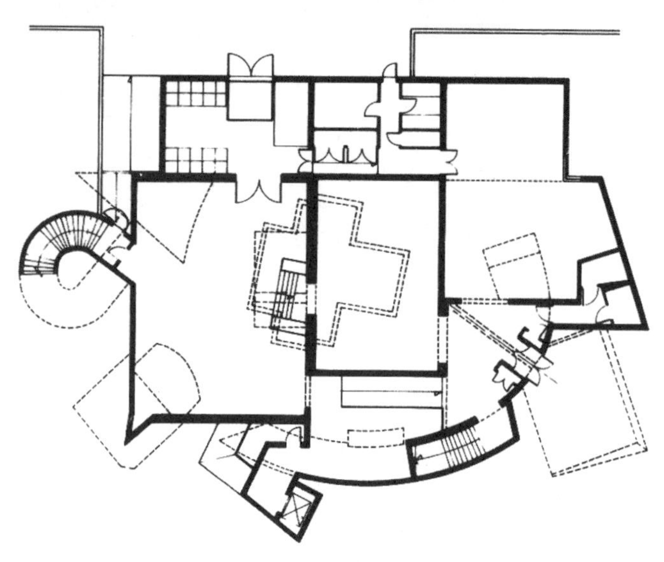

3.5.14-2 维特拉家具设计博物馆平面图

3.5.14-3 维特拉家具设计博物馆室内

入口门厅、雨篷、楼梯、电梯、天窗等非主体功能部分的造型加工，局部的造型变化还同时考虑到实用性和室内空间效果。天窗的扭转不仅丰富了外部造型，而且直接造成了室内的光影变化，形成了统一、和谐的室内空间。虽然建筑形体十分复杂，布局却相当合理。

3.5.15 布拉格尼德兰大厦（Nationale-Netherlanden Building, Prague, 1994－1996, 设计者同上）尼德兰大厦位于布拉格市历史文化保护区内，处在交通要道的转角处，面向伏尔塔瓦河。基地周围云集中世纪、文艺复兴、巴洛克和新艺术运动等时期的建筑。

尼德兰大厦的独特之处在于转角处理。盖里采用别致的双塔造型，通过虚实对比，仿佛一对亲密的舞伴：通体流动透明、腰部内收、上下犹如衣裙向外倾斜的“舞女”（玻璃塔），斜倚着“男伴”（实墙面塔），男伴坚实、挺立，沿街曲面仿佛飘扬的斗篷。玻璃塔顶部出挑，可俯瞰布拉格风光；沿街实墙面上的窗洞上下错落，墙面上还增加了波浪状装饰线，以强调动感，并与沿街相邻建筑不同的层高相呼应。

3.5.16 毕尔巴鄂古根海姆博物馆（Guggenheim Museum，Bilbao，1991－1997，设计者同上）这座博物馆位于西班牙北部巴斯克的毕尔巴鄂市内尔比翁（Nervión）河畔。此地原是码头仓储区，这个项目是该地区复兴计划的第一步。

这座 240 000 平方米的建筑由多个曲面块体组成，外覆 0.38 毫米厚的钛金属面板，呈现为闪闪发亮的“金属花朵”的形状——源于“分形形式”（fractal forms），利用航空设计软件建模成形。这个极其依赖计算机技术的建筑设计说明后工业时代的重点已从机械学转向了电子学，这种转向引起了造船工业的衰落，继而又引起了港口城市毕尔巴鄂的衰落，而这座新建的博物馆正试图遏制这一趋势。建筑的室内空间采用常规做法。博

3.5.15-1 布拉格尼德兰大厦外观

3.5.15-2 布拉格尼德兰大厦草图

3.5.16-1 毕尔巴鄂古根海姆博物馆北面外观

物馆的三个侧翼从55米高的中庭向外辐射，并在尺度和形状上形成对比。古典式样的矩形陈列室永久收藏着早期现代主义作品，其他6个陈列空间的外观富于表现力，其中收藏有当代和当地特色的艺术作品。曲线形的主陈列空间内未设柱，其空间比例像一条修长的船。沿河的建筑主要立面丰富多彩，其高高升起的末端使人想起象征当地航海历史的船头形象，外墙面采用波状钛金属贴面；背河的立面平直且棱角分明，外饰西班牙石灰石贴面。通过以上两种形态与材质的并置，引发自然状态的河水与毕尔巴鄂严整城市规划格局之间的对话。

这座博物馆展现了一种全新定义的、复杂的、富于冒险精神的建筑美学，超凡的形态创作反映了建筑师用建筑语言表达社会价值的永不厌倦的探索精神，这为盖里赢得了极大声誉。

具有强烈吸引力的建筑形式是如此激动人心，古根海姆博物馆已成为毕尔巴鄂的地标建筑，推动了当地旅游业的发展。

3.5.16-2 毕尔巴鄂古根海姆博物馆南面外观

3.5.16-3 毕尔巴鄂古根海姆博物馆入口

3.5.16-5 毕尔巴鄂古根海姆博物馆门厅

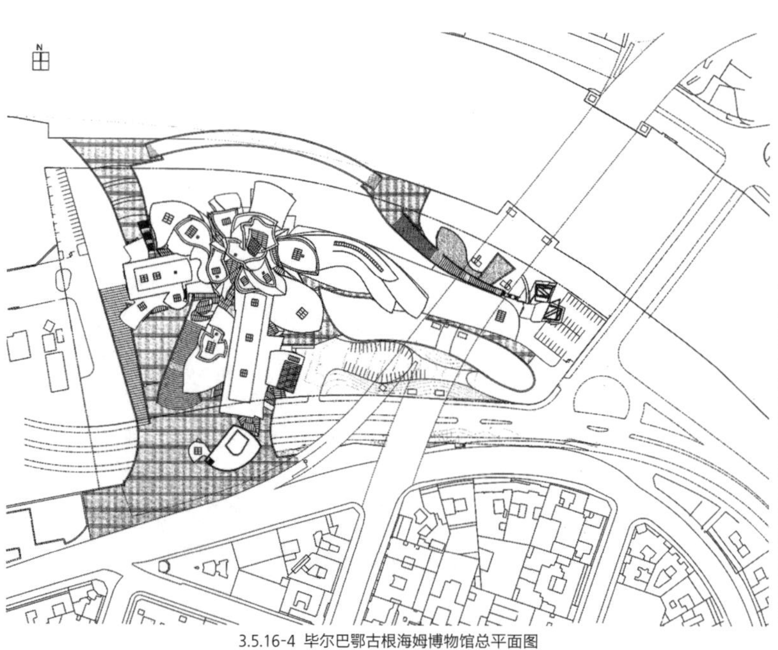

3.5.16-4 毕尔巴鄂古根海姆博物馆总平面图

3.5.16-6 毕尔巴鄂古根海姆博物馆雕塑展厅

3.6

文化吸收与批判：新地域主义

（1970 年代—1990 年代）

c3.6.01 托库塔巴（Cyprien Tokoudagba）的绘画《多格索》

“新地域主义”是一种遍布广泛、形式多样的建筑实践倾向。这些实践有一个共同的思想基础和努力目标，就是认为建筑总是联系着一个地区的文化与地域特征，应该创造适应和表达地方精神的当代建筑，用以抵抗国际式现代建筑的无尽蔓延。

1970 年代以来的新地域主义实践不盲从任何权威性设计原则与风格，全面而深刻地关注建筑所处的地方文脉和都市生活现状，试图从场地、气候、自然条件以及传统习俗和都市文脉中去思考当代建筑的生成条件与设计原则，使建筑重新获得场所感与归属性。

地域主义的思想由来已久，在西方建筑发展的历史上，各个时代都有融合地方特性的建筑现象存在，构成每一个时代丰富多彩的建筑文化景观，即便在第二次世界大战后现代建筑广泛传播时期，仍然有像芬兰建筑大师阿尔托一样的出色人物，致力于创造有地方特色的现代建筑。

20 世纪后半叶，技术、经济、政治与文化的世界性交流日益频繁，现代主义的建筑思想与实践不仅在西方国家得到广泛传播，而且迅速波及越来越多的国家和地区，几乎成为一种走出传统、建立新时代建筑与城市发展道路的必然模式。现代建筑日渐国际化的趋势和“国际式”风格的无限蔓延甚至对其的拙劣模仿，带来了建筑文化的单一化和地方精神的失落。

从 1970 年代起，地域性问题逐渐受到广泛关注，欧洲中心论的观念开始受到普遍质疑和批判，西方世界自身也逐渐认识到在现代化进程中其内部存在着差异和因循单一模式的弊端。

1970 年代后期，受到来自美国、德国、英国和意大利等国现代建筑广泛影响的西班牙表现出对本土传统文化的自觉意识，新地域主义的建筑实践很快活跃起来。在与西班牙相邻的葡萄牙，以及北欧、荷兰甚至美国等地的一些建筑师也努力将建筑场地的特点、地方文脉与现代建筑的先进因素相结合，在环境中设计，同时赋予环境以新的生命。

对于众多发展中国家来说，如何化解接受西方现代化模式与保存民族传统文化之间的矛盾冲突，寻找现代建筑的地方精神是值得深究的重要课题。

在绝大多数情形下，本土建筑师始终是对寻求地方精神最为热心的探索者，而跨越国界或文化的地域主义的建筑实践也早已有之。例如 1950 年代，柯布西耶为昌迪加尔行政中心所做的现代建筑充满乡土气息，他的实践影响了一代印度本土建筑师。1980 年代以来，越来越多享有国际声誉的西方建筑师在欧美以外的地区获得实践的机会，承担一些重要公共建筑的设计，他们中不少人都抱有从地方文化中寻找设计的灵感的强烈愿望。

新地域主义的设计策略显现出极为宽泛的灵活性和综合性特征，并不是感情用事地模仿乡土建筑，而是既响应场所精神，又积极建立新的时代品质。新地域主义对“国际式”的抵制并非意味着对现代建筑的全然排斥，而是以本土文化中深藏已久的价值观和想象力转换外来的范例，自觉地去瓦解和消化世界性的现代主义。新地域主义的生命力在于批判性地对待外来文化和传统文化，质疑各种现存事物的先验合法性，通过“再创造的能力”在世界文化的背景中培育具有当代特征的地方精神。

3.6.02 国立罗马艺术博物馆（National Museum of Roman Art，Mérida，1980－1984，设计者：莫内奥｜ Rafael Moneo）在古罗马帝国末期，梅里达是西班牙最重要的城市之一。博物馆建在梅里达城古罗马时期的遗址上，因此其本身成为一种具有文化意义的“陵寝”般的作品，呈现出当年这座城市不可替代的重要地位。

3.6.02-1 国立罗马艺术博物馆外观

虽然没有去迎合或模仿古罗马建筑，但博物馆那暗沉的外观、内部一系列的大券门，以及与古罗马砖同样尺寸的由塞维利亚地方手工制造的砖，明显透露出建筑中对地方与历史元素的运用，这使其中的展品与建筑达到了异乎寻常的统一。连贯的室内展览空间尤其富于情调：阳光通过平易的天窗的过滤照射进来；红砖砌筑的平坦墙面衬托着大理石雕像的细腻与温润。

更令人印象深刻的是，新建的博物馆与位于地下室的原有的遗址建筑形成两个相对独立又互相叠置的空间系统。这种关系不仅形成了动人的、呈现历史的场景特征，也引发了关于如何延续当今都市生活与社区感的深度思考。

3.6.02-2 国立罗马艺术博物馆展厅夹层

3.6.03 加利西亚当代艺术中心（Galician Center of Contemporary Art，Santiago de Compostela，1988 –1993，设计者：西扎 | Álvaro Siza）圣地亚哥· 德孔波斯特拉是中世纪天主教的朝圣地。葡萄牙建筑师西扎为这座古城设计的当代艺术中心与一座 17 世纪的修道院相邻，两者一起形成并共享一个新的城市广场。该艺术中心的平面由两个“L”形穿插起来，呼应着修道院教堂前那连续变化、层层跌落且互不平行的场地。建筑形体之间形成两层高且通过天窗采光的三角形大厅。屋顶平台作为陈列雕塑的空间，其上设有一条坡道引导参观者登高远眺城镇全景，这成为艺术中心参观路线的高潮。整个建筑外观坚实、光洁，其大理石贴面与相邻的巴洛克修道院的外墙形成呼应，并与修道院入口达成默契。建筑灵活交汇的形体既融入环境，又整合了环境。

3.6.03 加利西亚当代艺术中心

3.6.02-4 国立罗马艺术博物馆展厅室内一

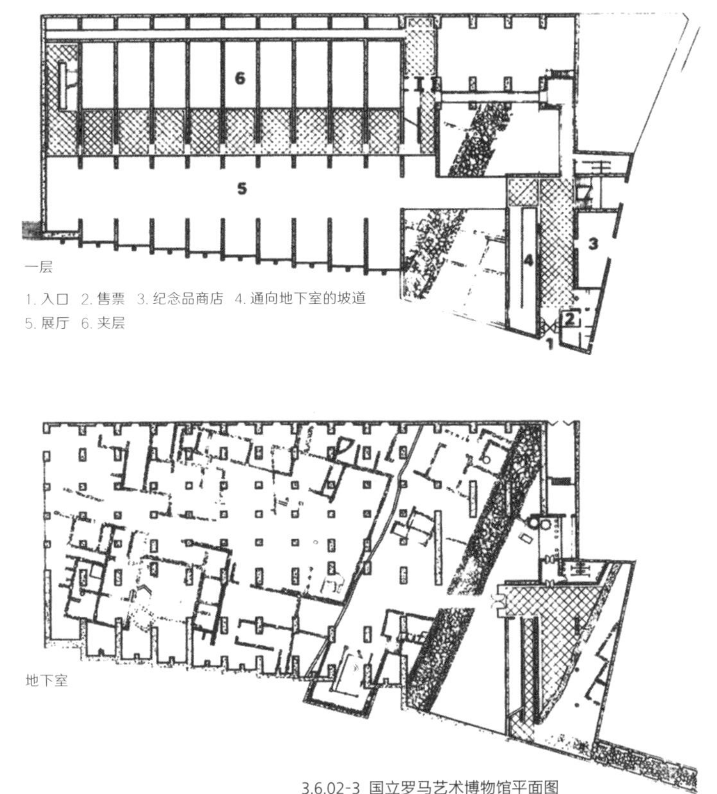

3.6.02-3 国立罗马艺术博物馆平面图

3.6.02-5 国立罗马艺术博物馆展厅室内二

3.6.04 阿姆斯特丹 NMB 银行总部（NMB Bank Headquarters，Amsterdam，1983 –1988， 设计者：Anton Alberts，Max van Huut）这座银行总部位于阿姆斯特丹新区，建筑面积约 50 000 平方米，提供 2500 名职员的办公场所外，还包括 4 家餐厅、多个会议室和 1 座小剧场。银行总部并非独栋建筑而是 10 个体量的连接与组合，围绕一个开敞的小广场，像一座小镇，四处蔓延着地方传统的亲切氛围。由于建筑的空间、形体、尺度、采光、通风、色彩、家具等都做了缜密的设计，所以建筑中不仅满含阿姆斯特丹古老城市的意象，而且建筑能耗低，使用舒适。建筑采用预制装配式混凝土平板建造，并用手工砖作面层，表现出了强烈的地方特色。

3.6.04 阿姆斯特丹 NMB 银行总部

3.6.05 芬兰总统府（Official Residence of the President，Helsinki，1983 –1993， 设计者：Reima Pietilä）建筑师的设计追求是基于现场条件和周围环境中具有芬兰地方特色的有机建筑，并在转译乡土风格的同时秉持自己的设计理念。这是芬兰总统府设计竞赛中的中选方案。建筑群低伏在地面上，紧靠自然山岩构成的崖壁，将形体向大海方向凸出，起伏多变，形成项链状的复杂平面。该设计中的总统府建筑像一座绵延的山，与大地稳固地融为一体。建筑室内舒适亲切，毫无奢华的声势，特别设计的天窗使高纬度地区特有的阳光能够平射入内，凸显出室内空间的明朗与质朴。

3.6.05-1 芬兰总统府外观

3.6.05-3 芬兰总统府室内

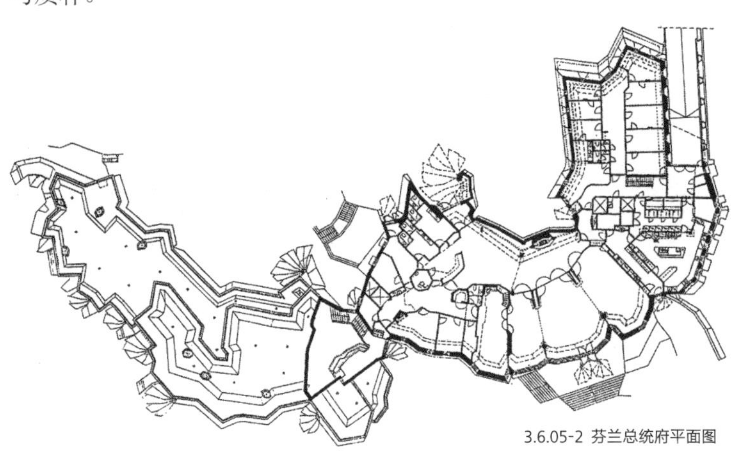

3.6.05-2 芬兰总统府平面图

3.6.06 奈尔森美术中心（Nelson Fine Arts Center，Arizona State University，Tempe，Arizona，1989，设计者：普雷多克 | Antoine Predock）美国建筑师普雷多克通过深入挖掘原住民文化，设计了多座适应地理和气候条件的地方建筑。他在美国西南部所做的一些设计，灵感来自对当地西班牙移民或印第安部族传统的深度研究而非肤浅的模仿。这座位于亚利桑那州的奈尔森美术中心泥浆色的外墙、要塞般的形体与周围山体、戈壁和仙人掌的环境连成一体，交相辉映，让人联想起原住民的“泥浆建筑”，而其外观上显露出的色彩强烈的钢构件，出乎人意料的同时，让人明确无误地体会到该建筑的时代感。

3.6.07 牛津库克住宅（Cook House，Oxford，Mississipi，年代不详，设计者：莫克比 - 科克尔建筑事务所 | Mockbee / Coker Architects）库克住宅位于密西西比州奥克斯福德空旷、宁静的荒原之上，其造型设计汲取了当地乡土建筑多样且典型的要素，如牲畜棚、草料屋、二坡屋顶的农舍等，采用新颖的当代形式构成和比例组合使之成为一个有机整体。住宅由薄金属板条组装的屋顶以钢柱支撑，仿佛悬浮在建筑厚重的墙体之上，轻巧而空灵。建筑的外墙和富于表现力的壁炉烟囱采用了十分粗犷的混凝土砌块砌筑，反衬着未加涂饰的银灰色波纹金属板外墙，形成强烈的对比。这些纯朴、价廉的建筑材料使得整座建筑具有一种简洁、原始、粗犷、生动的表现力，与乡村荒野的场景十分相宜。这座建筑使人联想起那些乡间的老宅，数代人居住

3.6.07-1 牛津库克住宅外观一

3.6.07-2 牛津库克住宅外观二

3.6.07-3 牛津库克住宅室内

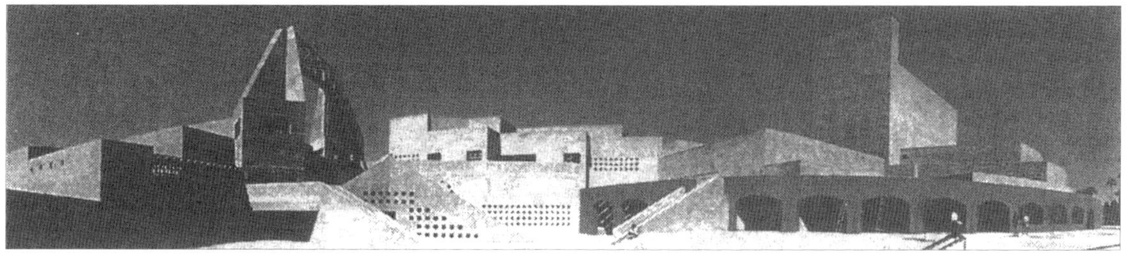
3.6.06 奈尔森美术中心

其中，经年累月的精心修缮使老宅仿佛也具有了生命和生长进化的过程……

3.6.08 沙特阿拉伯外交部大厦（Ministry of Foreign Affairs，Riyadh，1981 –1984，设计者：拉森｜ Henning Larsen）丹麦建筑师拉森接到的设计要求是将该建筑作为迎接外宾的国家“大门”来设计，除了必要的办公面积外，还要有举行典礼的宏伟空间，用以显示该国在阿拉伯世界的中心地位。拉森将平面为直角三角形的大厅安排在整组建筑中央，建筑周围由四层通高的整体性墙体围合，墙上分散而倾斜的开洞在视觉上强调出墙体的厚度。天棚与侧墙之间有缝隙，光线从隙缝泻下，凸显空间的恢宏气势。大厅由巨大的门洞通向有顶部采光的走廊，再现了伊斯兰集市巴扎（bazaars）街道空间的趣味。办公部分布置着阿拉伯式的庭园。建筑采用框架结构，外墙封闭、厚实，圆弧形的体量拱卫着主入口。建筑的功能、结构、设备都是现代化的，而造型与格局使人联想起当地传统的土筑城堡，极富阿拉伯地区特色。

3.6.08-1 沙特阿拉伯外交部大厦大厅

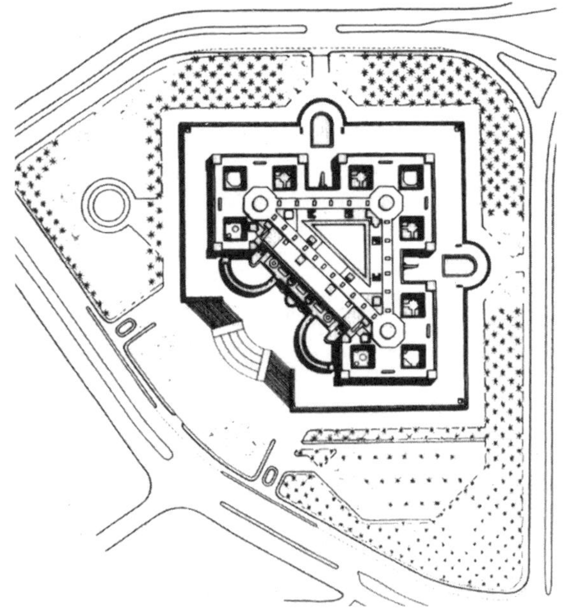

3.6.08-2 沙特阿拉伯外交部大厦平面图

3.6.08-3 沙特阿拉伯外交部大厦外观

3.6.09 以色列最高法院（Israeli Supreme Court，Jerusalem，1987－1992，设计者：卡尔米姐弟｜Ada Karmi-Melamede，Ram Karmi）耶路撒冷是一座以石材建筑为主的沙漠城市。新建的以色列最高法院坐落于城市入口处的小山坡上，登上屋顶可眺望这座城市的全景。建筑的主要轴线以耶路撒冷老城的网格为参照，次要轴线则与以色列议会相关联。在建筑构图中，圆形与直线之间的张力仿佛印证着真理的相对性和法律的变化无常。由毛石和光滑石材砌筑的墙体在阳光照射下泾渭分明，激发出建筑的庄严感和独特的场所精神。

3.6.10 干城章嘉公寓（Kanchanjunga Apartments，Mumbai，1970－1983，设计者：柯里亚）以印度传统的带檐廊平房为参考，柯里亚设计了位于孟买的干城章嘉公寓，这一开发项目花费 10 多年时间才告竣。该公寓包括 32 套跃层豪华房型，每套 3 ～ 6 间卧室，并有 1 个两层挑空的转角平台花园，以便住户能充分享受孟买港的海风与海景，其上层另有向平台花园开敞的小阳台。房间的窗户较小，东西两侧都布置有阳台和盥洗室，可减少日晒和季风侵袭的影响。建筑师悉心的设计使每家每户到处都有连续的穿堂风。建筑的施工技术先进，是印度第一座采用钢

3.6.09-1 以色列最高法院鸟瞰

3.6.09-2 以色列最高法院细部

3.6.10-1 干城章嘉公寓外观

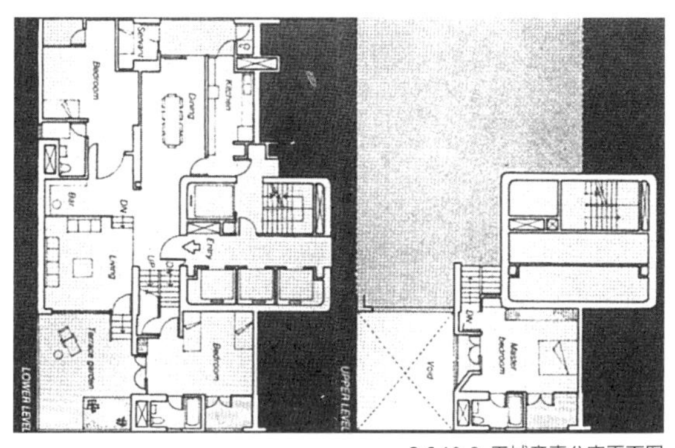

3.6.10-2 干城章嘉公寓平面图

3.6.10-3 干城章嘉公寓平台花园

筋混凝土滑模技术的高层建筑。该公寓外形是简洁的方盒子，但一个个错开的转角平台打破了高层建筑形态常有的千篇一律，令人印象深刻。

3.6.11 斋普尔市博物馆（Jawahar Kala Kendra，Jaipur，1987 -1992，设计者同上）该博物馆的平面形式援用了印度教中象征宇宙和“梵我合一”至境的“曼荼罗”（mandala）图形。由代表“九大天体”的九个方块单元组成的平面中，角上的一个方块旋转移位，标志出建筑的主入口位置——这种处理手法是对 18 世纪斋普尔城平面布局的借鉴。行政部门、图书馆、演出中心、展览中心等多种功能被分配到中心单元之外的 8 个单元中。中心单元被空出，作为广场，体现着“无即是有”的哲学观。9 个单元彼此联系紧密，但又相对独立，同时也符合了博物馆各部分分期投资建造的客观需求。建筑外侧 8 米高的围墙使用当地的红砂岩贴面。

3.6.11-1 斋普尔市博物馆入口

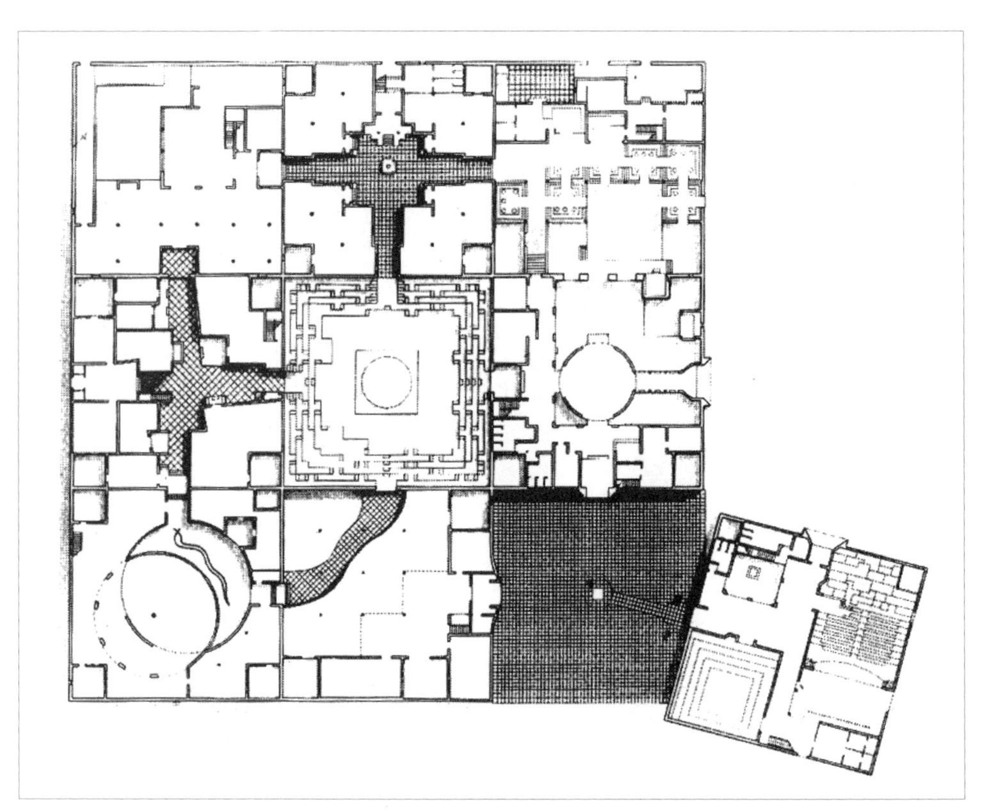

3.6.11-2 斋普尔市博物馆平面图

3.6.12 “双屋顶”住宅（Roof-Roof House, Kuala Lumpur，1984－1986，设计者：杨经文 | Ken Yeang）马来西亚建筑师杨经文致力于生态建筑理论与设计，其作品富于创造性地利用新技术，使建筑在当地特殊的气候环境中成为巧妙的环境过滤器（environmental filter）。

杨经文为自己设计的这座实验性小住宅位于靠近赤道的吉隆坡，造型上最有特点的是其遮阳板，它们排列成伞状罩在高低错落的建筑形体之上，以免居住用房受到直射太阳光的炽热烘烤。在住宅上风口方向建了一座水池，掠过水面的凉爽微风可以调节、改善室内温度和湿度。建筑师通过现代技术手段，通过调节建筑的小气候，形成了一种反映当地特殊气候环境和地方特色的现代建筑语言。

3.6.12-1 “双屋顶”住宅外观

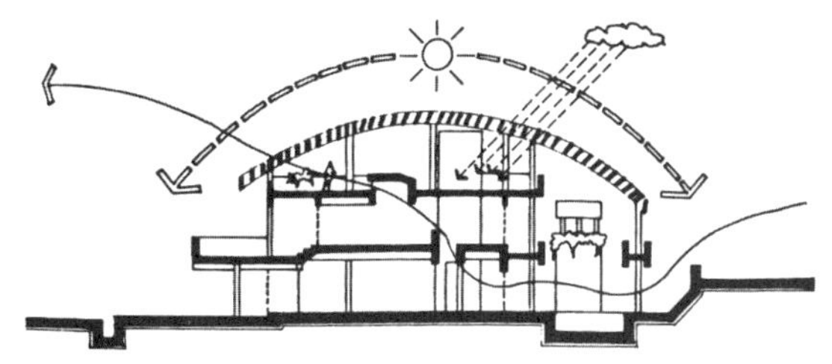
3.6.12-2 “双屋顶”住宅剖面气候分析图

3.6.13 梅纳拉·梅西加尼亚商厦（Menara Mesiniaga，Selangor，1992，设计者：杨经文，哈姆扎 | T. R. Hamzah）该商厦体现了建筑师成熟的设计理念。杨经文运用生物气候学的原理，改变了高层建筑因室内密闭不得不采用空调而形成的封闭外观。这座大楼布局开敞，螺旋式向上地穿插着内凹的平台和高效的遮阳设施，层层跌落的无土栽培植物为建筑创造了一个清凉而富含氧气的环境。考虑到将来可能安装太阳能电池，屋顶被一个由钢和铝合金构成的遮阳棚架临时遮盖着。

3.6.13 梅纳拉·梅西加尼亚商厦

3.6.14 新德里中央教育技术学院（Central Insititute of Educational Technology，New Delhi，1975－1989，设计者：里瓦尔 | Raj Rewal）这是里瓦尔设计的重要作品之一，通过轴线的转换，屋顶平台、挑廊、台阶，以及门洞的运用，使庞大的建筑群进一步细分成接近人体尺度的小空间，和谐地融于环境之中。中央封闭的庭院中一棵保留下来的原有大树成为历史与传统在新建筑上的烙印。建筑平面布局和淡红色的砂岩饰面，使人联想起16世纪莫卧儿王朝的古

3.6.14-1 新德里中央教育技术学院外观

老宫殿。圆形断面的支柱、曲折凸凹的外墙，以及建筑表面的开孔、分格等细部处理，使得建筑外表肌理更加丰富。

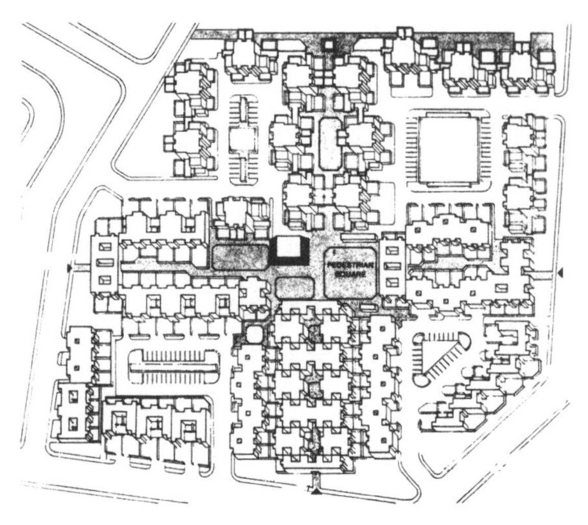

3.6.15-1 新德里亚运村总平面图

3.6.15 新德里亚运村（Asian Games Village，New Delhi，1982，设计者同上）里瓦尔借鉴印度北方拉贾斯坦传统的城市形态，通过新德里亚运村的设计尝试解决大规模住房问题。亚运村是专供亚运会期间运动员和来宾居住的小区，在设计伊始便考虑到大会之后可以转型成为面向社会高收入阶层的商品房。这里有 200 套独立住宅和 500 套公寓，各自有内院或露台。里瓦尔抛弃了单一类型重复使用的公寓形式，而代之以步行街和广场为网络的小区布局模式，使动感与连续感贯穿整个小区。亚运村内的道路系统实行人车分流，汽车由外围的城市道路直达小区停车场，而贯穿小区的中央干道只供步行者使用，并借此密切联系各个广场和通往各公寓单元的步行道。传统的狭窄的步行道联系着每一个公寓单元，广场为人们提供了相互交往的便利场所。步行道与广场以宜人的尺度，使居住者可以放松身心，舒适地生活在其中。

3.6.14-2 新德里中央教育技术学院内院

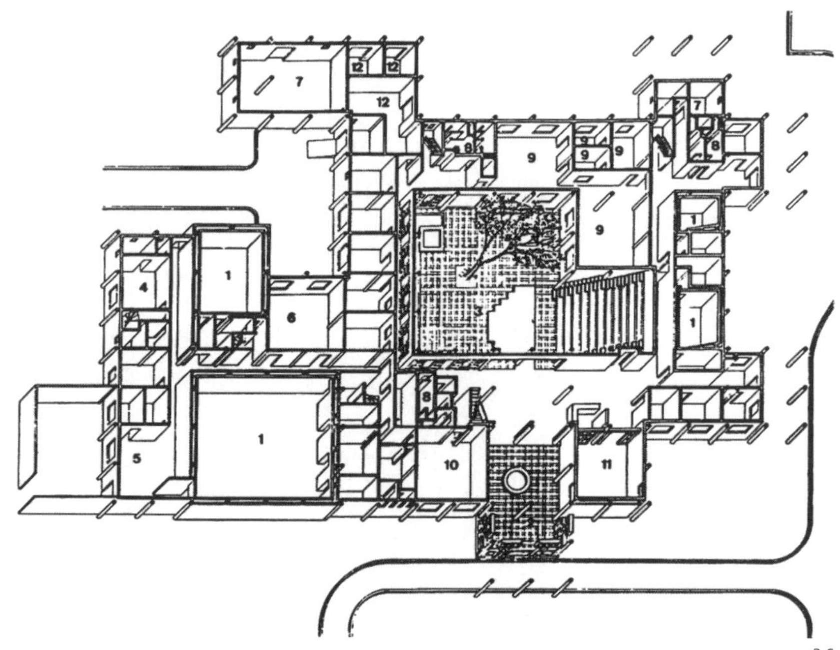

3.6.14-3 新德里中央教育技术学院剖切轴测图

3.6.16 桑珈建筑事务所（Architectural Office Sangath，Ahmedabad，1979－1981，设计者：多西｜Balkrishna Doshi）“桑珈”（sangath）在印度古吉拉特邦地方语中的意思是“共享”与“共同活动”。位于艾哈迈达巴德的多西自己的建筑事务所在节约能源、建筑与环境和谐共生等方面都做出了有益的尝试，其多重拱顶的形式正与桑珈的动态概念相吻合，同时也体现出多西对印度新建筑的深刻思考。筒形拱顶的造型使人联想起“支提窟”的屋顶，它们与周围的台阶、水池、草坪等共同构成了丰富多彩的室外景观。连续拱围合成的各式空间既有地下的，又有高出地面的，既有充满阳光的大空间，又有矮小的黑空间，不仅可以满足不同的功能需要，而且在空间的相互交错中给人以动感。利用地下半层产生隔热效应，利用屋面白色碎瓷贴面反射阳光，利用双层外墙形成良好通风，利用排水渠、水池配合拱顶收集雨水以降温，等等，这些兼具技术与艺术的设计不仅适应当地气候，满足使用要求，而且成就了建筑自然纯朴之美，打造出一派田园风光。

3.6.15-2 新德里亚运村步行道

3.6.15-3 新德里亚运村的一组住宅

3.6.16-1 桑珈建筑事务所效果图

3.6.16-2 桑珈建筑事务所外观

3.6.16-3 桑珈建筑事务所室内

3.6.17 侯赛因-多西画廊（Husian–Doshi Gufa，Ahmedabad，1995，设计者同上）这里专门用来陈列印度著名艺术家侯赛因（M. F. Husain）的作品。这座由自然有机形态构成的具有表现主义倾向的建筑，具有旧石器时代的“洞穴”意象，画廊中埋入地下且彼此相连的空间及其外形使人联想到印度佛教的窣堵坡和支提窟。建筑场地保留了原有微微起伏的地形，平面为一系列的圆和椭圆，以钢筋混凝土的大小不一的壳体覆盖，通过优化应力分布取消了建筑的基础。鼓起的壳体结构类似印度城乡中常见的湿婆（Shiva）神龛的穹顶，其上一只只眼睛般的窗孔在达到采光与隔热最佳平衡的同时，带给室内动态而又自然的圆形光斑。在施工期间，多西鼓励工匠参与建造设计，他们采用陶瓷碎片镶嵌出含有神秘母题的图形，侯赛因本人也在洞窟壁上创作了蛇形图案的壁画。丰富的元素和设计手法为该建筑增添了莫名的美感。

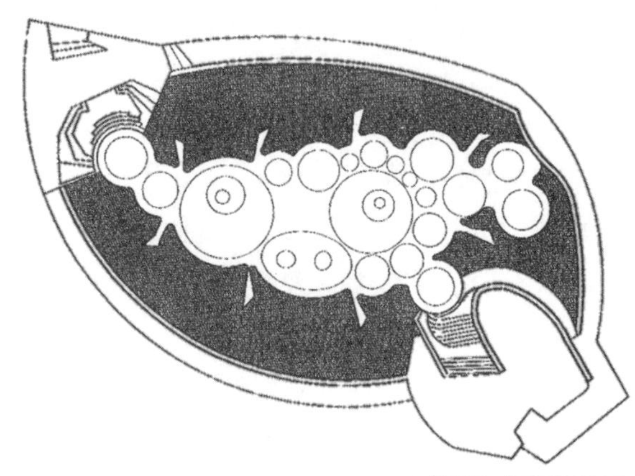
3.6.17-1 侯赛因 - 多西画廊平面图

3.6.17-2 侯赛因 - 多西画廊入口

3.6.17-3 侯赛因 - 多西画廊室内

3.6.17-4 侯赛因 - 多西画廊外观

3.6.18 新德里国立时装技术学院（National Institute of Fashion Technology，New Delhi，1991－1997，设计者同上）这座建筑是反映多西应用地区象征主义和联想设计手法，体现地区精神的佳作。建筑选址在传说中有一片圣水的地点，此处原有的一片聚落随着都市文明的扩张而解体，水池也已消失。为了延续和发扬这一具有神圣特征的场所精神，有效联结过去与现在，在这块狭小的不规则用地中，多西采用院落式空间布局，把建筑单元融入都市形态之中。他首度尝试使用镜面玻璃反映出该建筑的现代属性，而不同的院落、高低错落的台阶、成序列的水渠与水池、富于变化的廊道营造出的仍然是浓浓的印度地域特色。这里为户外活动以及现代时装秀提供了丰富的场景。

3.6.19 吉巴欧文化中心（Tjibaou Cultural Centre，Nouméa，New Caledonia，1991－1998，设计者：皮阿诺）这座文化中心位于西南太平洋法属新喀里多尼亚首府努美阿的 Tino 半岛，并以民族独立运动领袖吉巴欧（Tjibaou）的名字命名的，旨在振兴当地美拉尼西亚人（Melanesian）特有的卡纳克（Kanak）文化。文化中心由法国政府斥资兴建，并于 1991 年为之举办了国际设计竞赛，皮阿诺的方案最终夺冠。

建筑沿半岛微曲的轴线一字排开，一条室内通廊贯穿南北。通廊西侧是临时展厅、表演中心和办公用房等大小不同的低平的矩形空间，面对着宁静的潟湖、舒缓的坡地和葱茏的树林；朝向海湾的东侧串联着十个高耸的圆形平面体量，其中容纳了展厅、咖啡厅、多媒体图书馆、会议室、青少年活动中心等功能。这些高度在 20 米～ 28 米之间的体量分成 3 组，构成总体建筑形象。凭海临风，这些体量像是融入树林的新成员，又似扩大版的卡纳克土著棚屋。

该文化中心转译了传统建筑“编织”式的构造方式，其略带弯曲的外皮是模仿棚屋用以抵抗

3.6.18-1 新德里国立时装技术学院外观

3.6.18-2 新德里国立时装技术学院内院

3.6.18-3 新德里国立时装技术学院室内

3.6.19-1 吉巴欧文化中心环境鸟瞰

来自南太平洋强劲海风的木肋结构，而原来编织在肋架上起固定作用的棕榈树叶被换成了胶合板与不锈钢连接件，其内层是钢与玻璃的百叶窗，根据使用功能处理成虚实不同的状态，由机械自动控制，可以顺应风力和光线变化自动开合，以调节室内小气候与明暗，甚至能够回应海风与林涛之声。在弯曲的外皮和竖直的内皮之间，海风在上部形成的压力抽吸下部空气，带动室内空气的流通。整个系统，包括“棚屋”东高西低的剖面设计，都是历经无数次电脑模拟和风洞试验得来的结果。

皮阿诺以其掌握的娴熟的现代技术重新诠释了这个文明初开的岛屿上的自然环境与民间文化。“棚屋”开放性的外壳所形成的“未完成”形象正隐喻着卡纳克文明的振兴与发展之路。一位卡纳克老者意味深长的评价也许最能反映这座文化中心所带来的全新价值：“它已经不再是我们了，但它仍然是我们。”（It's not us anymore, but it's still us.）

3.6.19-2 吉巴欧文化中心外观

3.6.19-3 吉巴欧文化中心展厅室内

3.6.19-4 吉巴欧文化中心通廊室内

3.6.19-5 吉巴欧文化中心模型

3.6.19-6 吉巴欧文化中心剖面图

附录

参考书目

1. Arthus-Bertrand Y. Paris vu du Ciel. Paris: Éditions du Chêne, 2002.
2. Gössel P, Leuthäuser G. Architecture in the Twentieth Century. Köln: TASCHEN, 1991.
3. Gympel J. The Story of Architecture from Antiquity to the Present. Cologne: KÖNEMANN, 1996.
4. Jencks C. The New Moderns. New York: RIZZOLI, 1990.
5. Jodidio P. Santiago Calatrava. Köln: TASCHEN, 2003.
6. Kirsch K. Werkbund-Ausstellung‘Die Wohnung’Stuttgart 1927 Die Weißenhofsiedlung. Stuttgart: Deutsche Verlags-anstalt, 1992.
7. Martin H. Guide to Modern Architecture in Paris. Paris: Éditions Alternatives, 2001.
8. Powers A. Modern: The Modern Movement in Britain. New York: MERRELL, 2005.
9. Rothenstein J, et al. The New International Illustrated Encyclopedia of Art. New York: Greystone Press, 1967.
10. Anon. Barcelona Architecture Guide. Madrid: H KLICZKOWSKI, 2004.
11. Anon. Gaudi. Barcelona: [s.n.]，[1970].
12. Anon. Guggenheim. Madrid: H KLICZKOWSKI, 2004.
13. Anon. Institut du Monde Arabe. Paris: livret IMA, 2001.
14. Anon. London: A Colour Guide. London: Thomas & Benacci Editions Ltd., 1970.
15. Anon. Paris Illustre. Paris: [s.n.], 1982.
16. Anon. Paris in 4 Days. Paris: [s.n.], 1982.
17. 阿纳森 . 西方现代艺术史 . 邹德侬 , 巴竹师 , 等 , 译 . 天津 : 天津人民美术出版社 , 1986.
18. 阿纳森 . 西方现代艺术史·80 年代 . 曾胡 , 钱志坚 , 等 , 译 . 北京 : 北京广播学院出版社 , 1992.
19. 本奈沃洛 . 西方现代建筑史 . 邹德侬 , 巴竹师 , 等 , 译 . 天津 : 天津科学技术出版社 , 1996.
20. 勃罗德彭特 , 等 . 符号· 象征与建筑 . 乐民成 , 等 , 译 . 北京 : 中国建筑工业出版社 , 1991.
21. 赛维 . 现代建筑语言 . 席云平 , 王虹 , 译 . 北京 : 中国建筑工业出版社 , 1986.
22. 赛维 . 建筑空间论——如何品评建筑 . 张似赞 , 译 . 北京 : 中国建筑工业出版社 , 1985.
23. 詹克斯 . 后现代建筑语言 . 李大夏 , 摘译 . 北京 : 中国建筑工业出版社 , 1986.
24. 陈志华 . 外国古建筑二十讲 . 北京 : 三联书店 , 2002.
25. 陈志华 . 外国建筑史（19 世纪末叶以前）. 2 版 . 北京 : 中国建筑工业出版社 , 1997.
26. 夏普 . 20 世纪世界建筑——精彩的视觉建筑史 . 胡正凡 , 林玉莲 , 译 . 北京 : 中国建筑工业出版社 , 2003.
27. 窦以德 , 等 . 诺曼·福斯特 . 北京 : 中国建筑工业出版社 , 1997.
28. 窦以德 , 等 . 詹姆士·斯特林 . 北京 : 中国建筑工业出版社 , 1993.
29. 惠特福德 . 包豪斯 . 林鹤 , 译 . 北京 : 三联书店 , 2001.
30. 弗兰姆普敦 . 现代建筑 : 一部批判的历史 . 张钦楠 , 等 , 译 . 北京 : 三联书店 , 2004.
31. 格兰西 . 建筑的故事 . 罗德胤 , 张澜 , 译 . 北京 : 三联书店 , 2003.
32. 李大夏 . 路易·康 . 北京 : 中国建筑工业出版社 , 1993.

33. 刘先觉 . 阿尔瓦·阿尔托 . 北京 : 中国建筑工业出版社 , 1998.
34. 刘先觉 . 密斯·凡·德·罗 . 北京 : 中国建筑工业出版社 , 1992.
35. 米德尔顿 , 沃特金 . 新古典主义与 19 世纪建筑 . 邹晓玲 , 向小林 , 等 , 译 . 北京 : 中国建筑工业出版社 , 2000.
36. 罗小未 . 外国近现代建筑史 . 2 版 . 北京 : 中国建筑工业出版社 , 2004.
37. 马国馨 . 丹下健三 . 北京 : 中国建筑工业出版社 , 1989.
38. 塔夫里 , 达尔科 . 现代建筑 . 刘先觉 , 等 , 译 . 北京 : 中国建筑工业出版社 , 2000.
39. 希可丝特 . 建筑大师莱特 . 成寒 , 译 . 上海 : 上海文艺出版社 , 2001.
40. 佩夫斯纳 . 现代建筑与设计的源泉 . 殷凌云 , 等 , 译 . 北京 : 三联书店 , 2001.
41. 邱秀文 , 等 . 矶崎新 . 北京 : 中国建筑工业出版社 , 1990.
42. 沈玉麟 . 外国城市建设史 . 北京 : 中国建筑工业出版社 , 1989.
43. 梅因斯通 , 梅因斯通 , 琼斯 . 剑桥艺术史（2）. 钱乘旦 , 译 . 北京 ; 中国青年出版社 , 1994.
44. 雷诺兹 , 兰伯特 , 伍德福特 . 剑桥艺术史（3）. 钱乘旦 , 罗通秀 , 译 . 北京 ; 中国青年出版社 , 1994.
45. 汤义勇 . 招贴设计 . 上海 : 上海人民美术出版社 , 2001.
46. 童寯 . 日本近现代建筑 . 北京 : 中国建筑工业出版社 , 1983.
47. 王建国 , 张彤 . 安藤忠雄 . 北京 : 中国建筑工业出版社 , 1999.
48. 王受之 . 世界当代艺术史 . 北京 : 中国青年出版社 , 2002.
49. 王受之 . 世界现代建筑史 . 北京 : 中国建筑工业出版社 , 1999.
50. 王瑗 , 朱易 . 全彩西方建筑艺术史 . 银川 : 宁夏人民出版社 , 2002.
51. 王天锡 . 贝聿铭 . 北京 : 中国建筑工业出版社 , 1990.
52. 吴焕加 . 雅马萨奇 . 北京 : 中国建筑工业出版社 , 1993.
53. 项秉仁 . 赖特 . 北京 : 中国建筑工业出版社 , 1992.
54. 德比奇 , 法弗尔 , 等 . 西方艺术史 . 徐庆平 , 译 . 海口 : 海南出版社 , 2000.
55. 佐尼斯 . 圣地亚哥·卡拉特拉瓦 : 运动的诗篇 . 张育南 , 古红樱 , 译 . 北京 : 中国建筑工业出版社 , 2005.
56. 张钦哲 , 朱纯华 . 菲利浦·约翰逊 . 北京 : 中国建筑工业出版社 , 1990.
57. 赵恒博 . 查尔斯·柯里亚 . 北京 : 中国三峡出版社 , 2006.
58. 郑时龄 , 薛密 . 黑川纪章 . 北京 : 中国建筑工业出版社 , 1997.
59. 格兰锡 . 20 世纪建筑 . 李洁修 , 段成功 , 译 . 北京 : 中国青年出版社 , 2002.

图片来源

Gössel P, Leuthäuser G. Architecture in the Twentieth Century. Köln: TASCHEN, 1991.
1.1.07; 1.1.09; 1.1.12; 1.1.13-2; 1.1.14-3; 1.2.06-1—1.2.06-3; 1.2.17; 1.3.06-1; 1.3.07; 1.3.08-2; 1.3.11-2; 1.3.12-1; 1.3.14-2; 1.3.18-1, 1.3.18-3; 1.4.05-1, 1.4.05-3; 1.4.06-1; 1.4.09; 1.4.10-2; 1.4.12-1; 1.4.13; 1.4.14-1; 1.4.19-1; 1.4.20-3; 1.5.04; 1.5.08; 1.5.13-1, 1.5.13-3; 1.5.14-1; 1.5.15-1; 1.5.16; 1.6.04-1; 1.6.07; 1.6.14-2; 1.6.15-1, 1.6.15-2; 1.7.02-1, 1.7.02-2; 1.7.03-1, 1.7.03-2; 1.7.06; 1.7.10-1; 1.7.14-3, 1.7.14-4
2.1.04-1; 2.1.06-1; 2.1.07-1—2.1.07-3; 2.1.11-1, 2.1.11-3, 2.1.11-4; 2.1.16-1, 2.1.16-2; 2.1.20; 2.1.21-3; 2.1.22; 2.1.23-3; 2.1.24-1;2.1.26-1, 2.1.26-2; 2.1.27-2, 2.1.27-3; 2.1.28-1, 2.1.28-3; 2.1.36; 2.1.37; 2.1.40; 2.2.02-1, 2.2.02-2; 2.2.05-1, 2.2.05-7; 2.2.06-1, 2.2.06-2; 2.2.10-1—2.2.10-3; 2.3.05-1, 2.3.05-2; 2.3.06; 2.3.07-1, 2.3.07-2; 2.3.08-1, 2.3.08-5; 2.3.10-3; 2.3.12-2; 2.3.16-1, 2.3.16-6; 2.4.07-1, 2.4.07-2;2.4.08-1; 2.4.09-3, 2.4.09-4; 2.4.13-1, 2.4.13-2; 2.4.15-3, 2.4.15-4; 2.4.17-12.4.17-3; 2.4.18-1—2.4.18-4; 2.4.19; 2.5.11-1, 2.5.11-2, 2.5.11-4; 2.6.03-1, 2.6.03-2; 2.6.07-2, 2.6.07-3; 2.6.08-3, 2.6.08-6; 2.7.05; 2.7.11-1; 2.7.16-2, 2.7.16-3; 2.7.19-1, 2.7.19-2; 2.7.21-2; 2.7.22; 2.8.05-1, 2.8.05-2; 2.8.06-2; 2.8.09-1; 2.9.03-4; 2.9.06-1, 2.9.06-2; 2.9.14-1
3.1.02; 3.1.03-1—3.1.03-3; 3.1.04.1; 3.1.06; 3.1.12-2, 3.1.12-3; 3.2.03-1; 3.2.04-1; 3.2.06-1, 3.2.06-2; 3.2.07-1; 3.2.12-1, 3.2.12-2; 3.3.02-1; 3.3.03; 3.3.04-1, 3.3.04-2; 3.3.05-2; 3.3.07-1—3.3.07-3; 3.3.08-1, 3.3.08-2; 3.4.03-2, 3.4.03-3; 3.4.04; 3.4.07-2, 3.4.07-3; 3.4.09-1，3.4.09-4; 3.4.13-1, 3.4.13-3; 3.5.02-2, 3.5.02-3; 3.5.11-1, 3.5.11-2; 3.5.12-1, 3.5.12-2; 3.5.13-1; 3.6.02-1

Anon. Barcelona Architecture Guide. Madrid: H KLICZKOWSKI, 2004.
1.3.13-3; 1.3.14-1

Anon. Gaudi. Barcelona: [s.n.], [1970].
1.3.13-2; 1.3.16-2, 1.3.16-3

Anon. Guggenheim. Madrid: H KLICZKOWSKI, 2004.
3.5.16-4

Martin H. Guide to Modern Architecture in Paris. Paris: Éditions Alternatives, 2001.
1.6.03-1; 1.6.05; 1.6.06-1
2.1.30-1—2.1.30-3; 2.3.03-1; 2.3.12-1; 2.7.04-1
3.3.15-1; 3.4.06-1

Anon. Institut du Monde Arabe. Paris: livret IMA, 2001.
3.4.17-2, 3.4.17-5

Anon. London: A Colour Guide. London: Thomas & Benacci Editions Ltd., 1970.
1.1.11-1; 1.2.11-1; 1.2.24

Powers A. Modern: The Modern Movement in Britain. New York: MERRELL, 2005.
2.1.33-1—3; 2.1.34-1; 2.2.13-1—2.2.13-3; 2.3.11-3

Anon. Paris Illustre. Paris: [s.n.], 1982.
1.2.02-1; 1.2.03; 1.2.04-2; 1.2.29-2; 1.2.30-1, 1.2.30-3; 1.2.31-1

Anon. Paris in 4 Days. Paris: [s.n.], 1982.
1.2.05; 1.2.30-4

Arthus-Bertrand Y. Paris vu du Ciel. Paris: Éditions du Chêne, 2002.
1.2.31-2
3.3.12-2; 3.3.16-5

Rothenstein J, et al. The New International Illustrated Encyclopedia of Art. New York: Greystone Press, 1967.
1.1.01; 1.1.03; 1.1.13-4; 1.1.14-1; 1.2.10-1; 1.2.10-3; 1.2.19; 1.2.25-2; 1.3.10-3, 1.3.10-5; 1.4.01; 1.4.02-2; 1.4.21-1; 1.5.02; 1.5.10-1; 1.5.11; 1.6.11-1
2.1.08-2; 2.1.10; 2.1.39; 2.3.11-2; 2.3.18-2, 2.3.18-5; 2.4.10-3; 2.5.16-1; 2.7.15-3; 2.8.13-1; 2.8.15-3; 2.9.08

Jencks C. The New Moderns. New York: RIZZOLI, 1990.
2.8.05-4; 2.8.12-1; 2.9.07-1; 2.9.11-2
3.1.09-1—3.1.09-3; 3.2.04-2; 3.3.02-2; 3.3.06; 3.3.08-3, 3.3.08-4; 3.3.17-4; 3.4.13-2; 3.4.15; 3.5.03-1; 3.5.05-1, 3.5.05-2

Gympel J. The Story of Architecture from Antiquity to the Present. Cologne: KÖNEMANN, 1996.
1.1.13-1; 1.2.02-4; 1.2.13; 1.2.18; 1.2.27-1; 1.3.12-2
2.1.03-1; 2.2.02-3; 2.3.17-1; 2.4.15-5; 2.7.17-2; 2.9.09-2
3.5.10-1

Kirsch K. Werkbund-Ausstellung 'Die Wohnung' Stuttgart 1927 Die Weißenhofsiedlung. Stuttgart: Deutsche Verlags-anstalt, 1992.
2.1.23-1, 2.1.23-2, 2.1.23-4, 2.1.23-5; 2.2.09-1—2.2.09-4; 2.3.07-3

格兰锡．20 世纪建筑．李洁修，段成功，译．北京：中国青年出版社，2002.
1.3.18-4; 1.4.12-2; 1.4.21-2
2.1.05-2; 2.1.06-2; 2.4.16-1; 2.5.04-1

夏普．20 世纪世界建筑——精彩的视觉建筑史．胡正凡，林玉莲，译．北京：中国建筑工业出版社，2003.
1.3.04; 1.3.09; 1.3.14-3; 1.3.21-1—1.3.21-3; 1.4.04; 1.4.08-1, 1.4.08-2; 1.4.18-2; 1.6.08-1, 1.6.08-3; 1.6.14-1; 1.7.07-2; 1.7.08-2; 1.7.09; 1.7.11-1—1.7.11-4; 1.7.12-3; 1.7.14-1
2.1.09-2; 2.1.14; 2.1.25-2; 2.1.27-1; 2.1.31; 2.1.32; 2.1.34-2; 2.1.35-1; 2.1.41; 2.2.05-3; 2.2.09-5; 2.2.13-2; 2.2.14-1, 2.2.14-2; 2.2.15-1, 2.2.15-4; 2.3.18-4;

2.4.06-1; 2.4.13-4; 2.4.14-1, 2.4.14-2, 2.4.14-4; 2.4.18-5; 2.5.05-1, 2.5.05-2;
2.5.11-3; 2.5.12-1; 2.5.16-2, 2.5.16-3; 2.6.07-1; 2.6.13-1; 2.6.15-1; 2.7.02-1;
2.7.03-1; 2.7.06-1—2.7.06-4; 2.7.08-1; 2.7.09; 2.7.10-2; 2.7.11-2，2.7.11-3;
2.7.13-1, 2.7.13-2; 2.7.14-1; 2.7.17-1; 2.7.18-3; 2.7.20-1, 2.7.20-2; 2.7.24; 2.8.02-1;
2.8.06-1; 2.8.07-1，2.8.07-2; 2.8.08-1; 2.8.09-2; 2.8.10; 2.8.15-1; 2.8.16-2;
2.9.05-1，2.9.05-2; 2.9.06-3; 2.9.07-2; 2.9.09-1; 2.9.13-1, 2.9.13-2; 2.9.16-2
3.1.04-2; 3.1.05; 3.1.12-1; 3.2.11-1; 3.2.13-1, 3.2.13-2; 3.3.10-2; 3.3.13-1; 3.3.16-3;
3.3.19-3; 3.3.20-2; 3.4.02-1; 3.4.05-2; 3.4.10-1, 3.4.10-4; 3.4.16; 3.6.03; 3.6.04;
3.6.08-2, 3.6.08-3; 3.6.09-1, 3.6.09-2; 3.6.10-2; 3.6.11-2

刘先觉．阿尔瓦·阿尔托．北京：中国建筑工业出版社，1998.
2.6.01; 2.6.02-1, 2.6.02-2; 2.6.03-3, 2.6.03-4; 2.6.04-1, 2.6.04-3, 2.6.04-5;
2.6.05-1; 2.6.06-4; 2.6.08-1, 2.6.08-2, 2.6.08-5; 2.6.10-1—2.6.10-3; 2.6.11-1,
2.6.11-2; 2.6.12-1—2.6.12-3; 2.6.13-2—2.6.13-4; 2.6.14-1—2.6.14-5

惠特福德．包豪斯．林鹤，译．北京：三联书店，2001.
1.3.19-3; 1.4.12-4; 1.4.16; 1.4.17; 1.7.04-1; 1.7.12-1, 1.7.12-4
2.2.01; 2.2.03; 2.2.05-4; 2.2.08-1; 2.4.01

王天锡．贝聿铭．北京：中国建筑工业出版社，1990.
2.9.17-2

赵恒博．查尔斯·柯里亚．北京：中国三峡出版社，2006.
2.9.15-2; 3.6.10-1

马国馨．丹下健三．北京：中国建筑工业出版社，1989.
2.9.13-3; 2.9.14-2

张钦哲，朱纯华．菲利浦·约翰逊．北京：中国建筑工业出版社，1990.
2.4.17-2

邱秀文，等．矶崎新．北京：中国建筑工业出版社，1990.
3.1.15-1

梅因斯通，梅因斯通，琼斯．剑桥艺术史 (2). 钱乘旦，译．北京； 中国青年出版社，1994.
1.2.01

雷诺兹，兰伯特，伍德福特．剑桥艺术史 (3). 钱乘旦，罗通秀，译．北京；中国青年出版社，1994.
1.3.20-2; 1.4.06-4

希可丝特．建筑大师莱特．成寒，译．上海：上海文艺出版社，2001.
2.5.01; 2.5.03-1; 2.5.04-3; 2.5.05-4; 2.5.07-4, 2.5.07-5; 2.5.09-2; 2.5.11-5; 2.5.12-4;
2.5.14-5; 2.5.16-4

格兰西．建筑的故事．罗德胤，张澜，译．北京：三联书店，2003.
1.2.04-1; 1.2.07-2; 1.2.09-2; 1.2.14; 1.2.20; 1.2.28; 1.3.02-1; 1.3.03; 1.3.06-4
2.1.18; 2.1.28-2; 2.3.01; 2.6.06-2
3.1.08; 3.4.05-1; 3.4.10-3; 3.4.11; 3.5.14-3

项秉仁．赖特．北京：中国建筑工业出版社，1992.
1.5.15-2
2.5.04-2; 2.5.05-3, 2.5.05-5; 2.5.06-1, 2.5.06-3; 2.5.07-1; 2.5.08-1;2.5.09-1;
2.5.10-1—2.5.10-3; 2.5.12-2; 2.5.13-2; 2.5.14-3; 2.5.15-1

李大夏．路易·康．北京：中国建筑工业出版社，1993.
2.9.02-1—2.9.02-3; 2.9.03-1—2.9.03-3; 2.9.04-1—2.9.04-3

刘先觉．密斯·凡·德·罗．北京：中国建筑工业出版社，1992.
2.1.13; 2.4.02-2; 2.4.04-1; 2.4.05; 2.4.06-2; 2.4.09-1; 2.4.10-1, 2.4.10-4, 2.4.10-5;
2.4.11-1; 2.4.12-1, 2.4.12-3; 2.4.13-3; 2.4.15-2; 2.4.16-2, 2.4.16-3

窦以德，等．诺曼·福斯特．北京：中国建筑工业出版社，1997.
3.4.14

王瑗，朱易．全彩西方建筑艺术史．银川：宁夏人民出版社，2002.
1.2.15; 1.2.21
2.1.15; 2.4.08-4; 2.4.15-1; 2.5.16-5; 2.6.06-3; 2.7.12-2; 2.9.16-1
3.1.13-4

王受之．世界当代艺术史．北京：中国青年出版社，2002.
3.6.01

沈玉麟．外国城市建设史．北京：中国建筑工业出版社，1989.
1.3.05-1, 1.3.05-2

陈志华．外国古建筑二十讲．北京：三联书店，2002.
1.2.02-2; 1.2.10-2; 1.2.12; 1.2.16; 1.2.30-2

陈志华．外国建筑史（19 世纪末叶以前）．2 版．北京：中国建筑工业出版社，1997.
1.2.02-3; 1.2.11-2

罗小未．外国近现代建筑史．2 版．北京：中国建筑工业出版社，2004.
1.2.29-1; 1.5.09-1, 1.5.09-2
2.2.05-2; 2.2.15-2, 2.2.15-3; 2.3.08-3; 2.3.11-1; 2.3.16-2; 2.4.11-2; 2.4.18-6;
2.5.14-4; 2.5.15-2; 2.6.04-2; 2.6.06-5; 2.6.08-4; 2.6.09-2; 2.6.15-2; 2.6.16-4;
2.7.03-2; 2.7.04-2; 2.7.08-2; 2.7.15-1, 2.7.15-2; 2.7.16-1; 2.8.04-2, 2.8.04-3;
2.8.17-2; 2.9.11-1; 2.9.15-1; 2.9.16-3
3.1.13-2; 3.1.15-2; 3.3.05-1; 3.3.13-2; 3.5.02-1; 3.6.06; 3.6.10-3

本奈沃洛．西方现代建筑史．邹德侬，巴竹师，等，译．天津：天津科学技术出版社，1996.
1.1.02; 1.1.10; 1.1.13-3; 1.1.14-4; 1.2.22; 1.3.01; 1.3.06-2, 1.3.06-3; 1.3.10-6; 1.3.19-1, 1.3.19-2; 1.3.23-1, 1.3.23-2; 1.4.02-1; 1.4.08-3; 1.4.10-1, 1.4.10-3; 1.4.18-1; 1.5.07; 1.5.13-2; 1.6.03-2; 1.6.04-2, 1.6.04-3; 1.6.08-2; 1.6.10-2, 1.6.10-3; 1.6.12-1—1.6.12-3; 1.6.13-1, 1.6.13-2; 1.7.13-2
2.1.03-2; 2.1.08-1; 2.1.12-2; 2.1.21-1, 2.1.21-2，2.1.21-4—2.1.21-7;2.1.25-1; 2.2.06-3; 2.2.08-2; 2.2.11-2; 2.2.12-2; 2.2.16-1, 2.2.16-2; 2.3.03-2; 2.3.09; 2.3.10-1; 2.3.13-2; 2.3.15-1, 2.3.15-2; 2.3.16-4, 2.3.16-5; 2.3.18-1; 2.4.07-3; 2.4.12-2; 2.6.03-5; 2.7.14-2

阿纳森．西方现代艺术史．邹德侬，巴竹师，等，译．天津：天津人民美术出版社，1986.
1.2.25-1; 1.3.10-2, 1.3.10-4; 1.3.11-1; 1.3.20-1; 1.4.11-1; 1.4.12-3; 1.4.15-1; 1.5.01; 1.5.03; 1.5.05; 1.7.07-1
2.1.11-2; 2.1.12-3; 2.3.02-1, 2.3.02-2; 2.5.12-3; 2.7.01; 2.7.21-1; 2.8.01; 2.9.01
3.3.01

阿纳森．西方现代艺术史・80 年代．曾胡，钱志坚，等，译．北京：北京广播学院出版社，1992.
3.5.01

德比奇，法弗尔，等．西方艺术史．徐庆平，译．海口：海南出版社，2000.
1.6.01; 1.7.01
2.1.12-1; 2.3.14-1; 2.4.10-2
3.2.01

塔夫里，达尔科．现代建筑．刘先觉，等，译．北京：中国建筑工业出版社，2000.
1.1.04; 1.4.11-2; 1.4.19-2; 1.5.06; 1.5.12; 1.5.14.2; 1.6.10-4; 1.6.11-2; 1.7.03-3; 1.7.04-3, 1.7.04-4; 1.7.08-1; 1.7.10-2; 1.7.14-2
2.1.38; 2.2.07-1; 2.3.08-2; 2.3.10-2; 2.3.13-1; 2.3.16-3; 2.3.17-3; 2.4.03; 2.4.09-2; 2.5.08-2; 2.6.05-2; 2.7.02-2; 2.8.04-1; 2.9.09-3

弗兰姆普敦．现代建筑：一部批判的历史．张钦楠，等，译．北京：三联书店，2004.
1.1.05; 1.2.07-1; 1.3.02-2; 1.3.10-1; 1.3.15-3; 1.3.18-2; 1.4.05-2; 1.4.14-2; 1.4.20-1, 1.4.20-2; 1.5.10-2; 1.6.02; 1.6.06-2; 1.6.09; 1.6.10-1; 1.7.12-2; 1.7.13-1
2.1.02; 2.1.04-2; 2.1.08-3; 2.1.09-1; 2.1.16-3; 2.1.24-2; 2.1.35-2; 2.2.04; 2.2.07-2; 2.2.11-1; 2.2.12-1; 2.3.04-1, 2.3.04-2; 2.3.14-2; 2.3.17-5; 2.3.19-1; 2.4.02-1; 2.4.04-2; 2.4.14-3; 2.5.02; 2.5.03-2; 2.5.06-2; 2.5.14-1; 2.6.04-4; 2.6.06-1; 2.6.09-1; 2.7.23; 2.8.02-2; 2.8.03; 2.9.11-3
3.1.11; 3.1.13-1; 3.4.03-1; 3.4.06-5

佩夫斯纳．现代建筑与设计的源泉．殷凌云，等，译．北京：三联书店，2001.
1.4.15-2

米德尔顿，沃特金．新古典主义与 19 世纪建筑．邹晓玲，向小林，等，译．北京：中国建筑工业出版社，2000.
1.2.02-5; 1.2.08-1, 1.2.08-2, 1.2.08-4; 1.2.09-1, 1.2.09-3; 1.2.23; 1.2.27-2

窦以德，等．詹姆士・斯特林．北京：中国建筑工业出版社，1993.
2.8.05-3; 2.8.06-3

汤义勇．招贴设计．上海：上海人民美术出版社，2001.
1.3.10-2; 1.3.17; 1.4.07; 1.7.04-5
3.1.01

世界建筑 1984（4）
2.7.18-1, 2.7.18-2
世界建筑 1986（8）
3.2.11-2, 3.2.11-3

世界建筑 1987（3）
2.3.17-4, 2.3.17-6

世界建筑 1988（1）
2.9.17-1, 2.9.17-3; 3.5.13-2

世界建筑 1988（4）
3.3.17-1—3.3.17-3

世界建筑 1988（6）
2.9.10; 3.2.03-2; 3.4.09-2, 3.4.09-3

世界建筑 1990（2）
3.1.07; 3.1.13-3

世界建筑 1990（6）
3.6.14-1—3.6.14-3; 3.6.15-1, 3.6.15-2; 3.6.16-1—3.6.16-3

世界建筑 1991（2）
3.5.14-1, 3.5.14-2

世界建筑 1991（4）
3.5.08-1, 3.5.08-2

世界建筑 1992（2）
3.5.10-2, 3.5.10-3; 3.6.02-2; 3.6.08-1

世界建筑 1993（2）
2.5.07-2, 2.5.07-3; 2.5.13-1

世界建筑 1996（1）
3.3.16-1, 3.3.16-4; 3.5.13-3, 3.5.13-4

世界建筑 1996（2）
2.6.14-6

世界建筑 1996（3）
3.4.10-2

世界建筑 1996（4）
3.6.12-1, 3.6.12-2; 3.6.13

世界建筑 1997（1）
3.6.07-1—3.6.07-3

世界建筑 1997（4）
2.6.16-1—2.6.13-3; 3.6.05-1—3.6.05-3

世界建筑 1998（2）
3.3.20-1, 3.3.20-3

世界建筑 1998（4）
3.3.09-1—3.3.09-3; 3.5.09-1—3.5.09-3; 3.5.15-1, 3.5.15-2; 3.5.16-6

世界建筑 1999（2）
3.3.10-1, 3.3.10-3, 3.3.10-4

世界建筑 1999（3）
3.6.19-1—3.6.19-3, 3.6.19-5, 3.6.19-6

世界建筑 1999（4）
2.1.23-6, 2.1.23-7; 3.5.03-2, 3.5.03-3; 3.5.04-1—3.5.04-3;

世界建筑 1999（8）
2.3.18-3; 2.8.13-2, 2.8.13-3; 3.6.11-1; 3.6.17-1—3.6.17-4; 3.6.18-1—3.6.18-3;

世界建筑 1999（10）
3.5.07-1—3.5.07-5

世界建筑 2001（2）
3.3.14; 3.3.19-2

世界建筑 2001（9）
3.2.07-2; 3.2.08-1, 3.2.08-2; 3.2.09-1, 3.2.09-2

世界建筑 2001（11）
3.4.19-2

世界建筑 2002（2）
3.3.15-2, 3.3.15-3; 3.4.17-1

世界建筑 2003（2）
3.5.06-1, 3.5.06-2

世界建筑 2003（6）
3.3.18-1, 3.3.18-2

世界建筑导报 1997（4）
3.2.05-1—3.2.05-4

世界建筑导报 1997（5）/1997（6）
3.2.02; 3.4.07-1, 3.4.07-4; 3.4.08-1—3.4.08-4

SOM 事务所网站
https://www.som.com/china/projects/king_abdulaziz_international_airport__hajj_terminal__structural_engineering
3.4.12-1—3.4.12-3

邓靖摄影
1.4.03-1, 1.4.03-2; 1.4.06-2, 1.4.06-3; 1.6.03-3
2.3.08-4; 2.3.16-7; 2.3.17-2; 2.3.19-2, 2.3.19-3; 2.7.07-1, 2.7.07-2; 2.7.10-1
3.1.11; 3.1.14; 3.3.11-1—3.3.11-4; 3.3.12-1; 3.3.16-2; 3.4.06-2—3.4.06-4; 3.5.02-4; 3.6.19-4

余蓝摄影
1.1.06-2; 1.2.32
3.2.10

毛坚韧摄影
1.1.14-2; 1.2.08-3; 1.3.12-3; 1.3.13-1, 1.3.13-4; 1.3.15-1, 1.3.10-2, 1.3.10-4, 1.3.10-5; 1.3.16-1
2.1.19; 2.4.08-2, 2.4.08-3, 2.4.08-5; 2.9.12-1—2.9.12-4
3.4.17-3, 3.4.17-4; 3.4.18-1, 3.4.18-2; 3.4.19-1, 3.4.19-3, 3.4.19-4; 3.5.16-1—3.5.16-3，3.5.16-5; 3.6.02-3, 3.6.02-4

图书在版编目（CIP）数据

外国现代建筑史图说 ：十八世纪—二十世纪 / 毛坚韧编著. -- 上海 ：同济大学出版社，2020.10
ISBN 978-7-5608-9374-7

Ⅰ. ①外… Ⅱ. ①毛… Ⅲ. ①建筑史—世界—现代—图解 Ⅳ. ① TU-091.15

中国版本图书馆CIP数据核字（2020）第130754号

外国现代建筑史图说（十八世纪—二十世纪）
毛坚韧 编著

责任编辑 武蔚
责任校对 徐春莲
版式设计 曾增
封面设计 完颖
封面摄影 王可可

出版发行 同济大学出版社 http://www.tongjipress.com.cn
地址：上海市四平路1239号 邮编：200092 电话：021-65985622
经　　销 全国各地新华书店，建筑书店，网络书店
印　　刷 上海丽佳制版印刷有限公司
开　　本 787mm×1092mm 1/16
印　　张 16.5
字　　数 412 000
版　　次 2020年10月第1版 2020年10月第1次印刷
书　　号 ISBN 978-7-5608-9374-7
定　　价 58.00元